梁思成全集

第一卷

中国建筑工业出版社

图书在版编目（CIP）数据

梁思成全集. 第一卷/梁思成著. —北京：中国建筑工业出版社，2001.4（2022.3重印）
ISBN 978-7-112-04425-2

Ⅰ.梁… Ⅱ.梁… Ⅲ.①梁思成－全集②建筑学－文集

中国版本图书馆CIP数据核字（2000）第85073号

责任编辑：彭华亮　李　鸽
总体设计：冯彝诤

梁思成全集　第一卷

*

中国建筑工业出版社出版、发行（北京西郊百万庄）
各地新华书店、建筑书店经销
北京文思莱图文设计有限公司制作
天津翔远印刷有限公司印刷

*

开本：889×1194毫米　1/16　印张：22　字数：420千字
2001年4月第一版　2022年3月第五次印刷
定价：81.00元
ISBN 978-7-112-04425-2
　　（9895）

版权所有　翻印必究
如有印装质量问题，可寄本社退换
（邮政编码 100037）

梁思成 1901~1972

1907年与父亲姐弟合影，左梁思成

左起思忠、思成、思庄、母李夫人、思达、思永

1924年与陈植在美国宾夕法尼亚大学

在清华学习期间担任校军乐队队长兼第一小号手，左一梁思成

1928年与林徽因在加拿大渥太华结婚时合影

1929年在东北大学教师住宅门前,坐者左起第二人傅鹰、陈植、蔡方荫、梁思成、徐宗漱

1932年在北平中山公园,营造学社办公室前

1932年摄,左起梁思成、林徽因、费慰梅

1933年梁思成(左)与莫宗江(右)考察测绘赵州桥

在正定隆兴寺转轮藏殿檐下

1936年，调查邢台天宁寺塔

1934年调查晋汾地区古建筑途中，前面车上是梁思成、林徽因，后面车上是费慰梅(费正清 摄)

1936年赴安阳参观考古发掘工作，左梁思永，右梁思成

1937年骑驮骡进五台山寻找佛光寺

1937年在佛光寺大殿测绘

1939年考察白崖汉崖墓

1940年测绘西康雅安高颐阙

1946年在美国耶鲁大学讲学

1940年四川李庄的工作室

1947年在纽约建筑师协会讨论联合国大厦设计方案

1947年在纽约与国际著名建筑师一起讨论联合国大厦设计方案。左二勒·柯布西埃、左四梁思成、左五尼迈耶

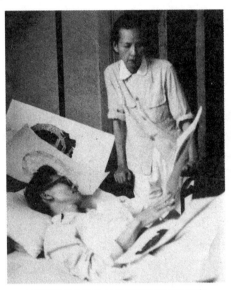
1950年梁思成在病中与林徽因讨论国徽图案

1953年中国科学院访苏代表团。梁思成(左)、华罗庚(中)

1950年送别女儿梁再冰参加南下工作团

1954年在中南海，左起华罗庚、老舍、梁思成、梅兰芳

1956年与学生李道增(左)、林志群(右)合影

1956年访问波兰，右一梁思成、右二周荣鑫、后右一林乐义

1959年捷克斯洛伐克Octrava市长接见中国建筑师代表团

1958年梁思成(左二)，辅导青年教师潘国强(右三)、张家璋(左一)、研究生沈玉芝(女，右一)

1961年登桂林叠彩山留影

与中国建筑学会领导人合影,前排梁思成(左)、杨廷宝(中)、刘秀峰(右)、后排刘云鹤(左一)、杨春茂(左二)、王唐文(左三)、戴念慈(右一)

1962年梁思成与林洙唯一的一张合影

1956年周恩来总理在中南海与孟昭英(左二)、梁思成(右二)、马大猷(右一)讨论科学规划

视察赵州桥维修工程,前排右三梁思成,最后排左三汪季琦

1966年完成了《营造法式》注释的全部文字工作

《梁思成全集》编辑委员会名单

主　　编：吴良镛
副 主 编：傅熹年
编　　委：(按姓氏笔画为序)
　　　　王世仁　　王贵祥　　左　川　　孙大章
　　　　林　洙　　杨鸿勋　　徐伯安　　秦佑国
　　　　郭黛姮　　梁从诫

书名题字：赵朴初
封面肖像：王天锡

出 版 说 明

值此我国著名建筑学家梁思成先生(1901年4月20日~1972年1月9日)诞辰百年之际,我社正式出版并在国内外发行《梁思成全集》是我国建筑学界的一件大事,值得庆幸,更令我们倍感欣慰。

2000年春天,清华大学建筑学院与我社共同发起编辑出版《梁思成全集》。为此,邀请梁思成先生亲手培养的一些专家教授组成了编辑委员会。经过他们短短几个月的努力,终于在各方面的支持和帮助下,对搜集到的梁先生文章专著逐篇校阅整理并注释,编辑成九卷《梁思成全集》。

第一卷编入20年代后期至1932年写的古建筑调查报告、文章和《中国雕塑史》等,由傅熹年校阅并注释。

第二卷主要内容是1933年至1935年期间古建筑调查报告,由孙大章校阅并注释。

第三卷主要内容是1935年至1946年期间的文章及古建筑调查报告《西南建筑图说》等,由杨鸿勋校阅并注释。其中,《西南建筑图说》由王世仁校阅并注释。

第四卷主要内容是《中国建筑史》、《中国建筑之两部"文法课本"》、《记五台山佛光寺的建筑》等,由王世仁校阅并注释。其中,《中国建筑史》由杨鸿勋校阅并注释。

第五卷主要内容是1945年至1971年期间的文章和书信。由左川校阅并注释。

第六卷是《清式营造则例》和《建筑设计参考图集》,由郭黛姮校阅并注释。

第七卷是[宋]《营造法式注释》,由徐伯安和王贵祥校阅并注释。

第八卷是《图像中国建筑史》,由梁从诫翻译、校阅并注释。

第九卷主要内容是设计作品、建筑绘画及梁思成年谱,由林洙编辑。

应当说明的是1982~1986年间由我社出版的《梁思成文集》中,由专家校阅所作的注释均未加改动,并在注释文后分别注明校阅者。

为了做好《全集》的编辑出版工作,我社各有关部门在第一编辑室的统筹安排下,通力合作,只用了短短九个月时间就及时出版了这套《梁思成全集》。编校仓促,难免有不妥甚至错误,敬希读者指正。

中国建筑工业出版社
2001年2月

前　言

吴良镛

世纪之交，祖国建设事业蓬勃发展，恰逢梁思成先生诞辰100周年，出版《梁思成全集》，意义深远。

历史上，中国建筑、村镇和城市在技术、艺术等诸多方面都取得了辉煌的成就，但在封建社会，匠人的社会地位很低，限于文化程度，难以将经验总结为可世代相传的文字，从而束缚了建筑的发展。差不多到了20世纪初期，从思想家、教育家蔡元培提倡近代建筑艺术、留学生陆续回国、西方建筑师涌入沿海商埠开始，近代建筑才有所发展。此时，建筑界的先进人物如梁思成先生等继往开来，披荆斩棘，功不可没。这次承中国建筑工业出版社提出编辑《梁思成全集》之议，清华大学建筑学院积极邀请有关专家，成立编辑委员会，在诸位编者的积极努力下，以近一年的时间，陆续发现佚文，重新校阅，使我们对梁思成先生毕生的学术建树又有进一步的认识。

一、梁先生毕生为近代中国建筑学术发展建立了不可磨灭的功勋

梁先生是近代建筑教育事业的奠基者之一。

直到1923年苏州工专设立建筑科，1927年并入中央大学，成立我国第一个建筑系为止，建筑的传授都只靠师徒相袭。梁先生是近代教育事业的一位开拓者，1928年，他创办东北大学建筑系，"九一八事变"后学校南迁，在校学生毕业后停办；1945年，抗日战争胜利前夕，为了迎接战后复兴的需要，梁先生致书当时清华大学校长梅贻琦，畅叙建筑教育发展方向，并建议创办清华大学建筑系。通过建筑教育，梁先生培养了一大批人才，为祖国建设作出了卓越的贡献。梁先生常说"君子爱人以德"，他以满腔热情，无微不至地关心学生的全面发展，也因此受到了普遍的爱戴。例如，他早期的学生、建筑大师张镈直至晚年仍尊称梁先生为恩师。梁思成很早就将西方建筑教育观念介绍到中国，其教育思想也不断随时代而发展，《全集》中收录了新中国成立前夕梁先生比较系统地阐述建筑思想的文章。1947年梁先生自美讲学归国，将一般建筑概念扩展到"体形环境"（即"物质环境"，physical environment），并于建国前夕将建筑系改名为营建系，设建筑组与市镇规划组，将城市设计首次引入中国，并成立园林组、工艺美术组、清华文物馆等，以拓展建筑之外延。今天看来，当时这些主张与举措都是超前的，虽然梁的观点仍然较偏重美学，但已明确强调整体环境，透露出卓越的人文主义眼光，而在西方一般建筑教育中，"环境设计"观念之树立则是60年代的事了。

他是古建筑研究的先驱者之一。

梁先生接受的是西方建筑教育，在东北大学授课过程中，深感建筑史不能只讲西方的，中国应该有自己的建筑史。从沈阳清东陵调查开始，梁先生以毕生的精力，对中国

古建筑研究做开拓性的工作。梁先生的贡献在于，坚持调查研究，从总结匠人抄本经验起步，用现代的建筑表现方法，记录整理古代建筑遗产。他首先调查现存的清代古建筑，整理清代《清工部工程作法》，以不长的时间总结归纳成《清式营造则例》；继之顺藤摸瓜，逐步上溯，调查辽、金古建筑，对宋代《营造法式》进行研究注释，并发现当时中国最早的唐代木构建筑佛光寺等。在基本弄清了中国建筑结构演变后，梁先生着手撰写《中国建筑史》与《图像中国建筑史》，堪称当时第一部高水平的中国建筑史。基于这些成就，李约瑟在《中国科技史》中称他是"中国古代建筑史研究的代表人物"[①]。

在致力于建筑史研究的同时，梁先生还旁及中国雕塑史。基于其博古通今的学术素养和对造型艺术特有的敏感，对此梁先生有独到的心得与见解。在对一些文物建筑的调查报告中，他能对寺庙、岩洞中的古代雕塑娓娓道来，就足以证明了这一点。1930年，梁先生写成《中国古代雕塑史》讲课提纲；1945年梁先生示我《图像中国建筑史》原稿，我知道他原计划撰写《中国美术史》，分为"建筑篇"和"雕塑篇"，说明他对中国雕塑史已成竹在胸了。抗战胜利迅速到来后，"雕塑篇"未能续笔，且梁先生当年目睹的雕塑亦已遭到大量破坏，这不能不令人遗憾。

他是中国近代城市规划事业的推动者。

早在1930年，梁先生就与张锐合作完成《天津特别市物质规划方案》，这是继南京《首都规划》后，首次通过竞赛，由中国建筑师完成的规划设计。在1945年抗日战争胜利前夕，梁先生不顾牙齿全部拔除的苦痛，孜孜不倦地阅读沙里宁新著《城市：它的产生、发展与衰败》，有感而发，写成《市镇的体系秩序》，发表于《大公报》上，呼吁社会重视城市规划。在清华建筑学院图书室梁先生的赠书中，有亨利·邱吉尔的《都市即人民》等书，页边都写满了梁先生注的中文提要，足见其用功之勤。解放后，梁先生又与夫人林徽因写成《城市计划大纲》序，继续提倡现代规划理论。1950年，他与陈占祥合作，积极为首都未来发展献计献策。"关于中央人民政府行政中心区位置的建议"主张发展新区，保护旧城；《关于北京城墙存废问题的讨论》一文提出保护北京城墙，可惜这些卓越见解未被采纳。如今，不但与旧城行政中心、保护与发展的矛盾继续存在，而且新形势下大体量的、与日俱增的商贸办公楼等充斥旧城，这势必要带来更为严重的破坏，"保护与发展"的矛盾也将更为严峻。相反，如果从现在开始，我们不再立足于以旧城为中心的发展，解决问题的途径则可以宽广得多。

他是中国历史文物保护的开创者。

早在30年代，梁先生就拟定了曲阜孔庙的修葺计划、故宫文渊阁楼面修理计划

[①] "The doyen of Chinese architectural historians." 第4卷，第60页。

等。在抗战胜利前1944~1945年间，为了大反攻的需要，他负责"战区文物保存委员会"，在军用地图上标明古建筑遗产所在的位置，编写中国古建筑目录等，并把这份材料托人送给当时在中共重庆办事处的周恩来。1948年，梁思成先生答朱自清问，结合北京城市建设历史与现实，写了"北平文物必须整理与保存"，这是一篇很重要的文献。建国后，梁先生更积极参与北京及其他城市保护工作，著文、演讲、向中央写信、翻译《苏联卫国战争中被毁地区之重建》一书，并阐述体会，不遗余力，发挥了一定的作用，也挽救了不少有价值的建筑，北海团城即为一例。梁先生还深入浅出地提出文物保护的一些理论，如"整旧如旧"之类，他在审查西安小雁塔顶修缮方案时，有句隽语"但愿延年益寿，不希望返老还童"，至今流传久远。

他是建国初期几项重大工程的主持人与设计者。

梁先生没有把精力过多地用在建筑设计领域，但从20年代末设计吉林大学起，也从事了一些工程的设计，后听朱启钤之劝，集中精力从事古建史研究，暂时搁笔。建国后，他以充沛的热情投入新中国的重大建设，他是中国人民英雄纪念碑的设计者与国徽设计清华小组的领导者，这两项设计的水平远在时代的前列，并得以批准实施。他在60年代所设计的鉴真纪念堂，"文革"后得以建成，如今已被视为文物建筑。

他是新中国一些建筑学术团体的创建者和组织者之一。

对中国建筑学界产生重大影响的中国建筑学会和《建筑学报》，就是梁先生与同道汪季琦先生共同投入极大的精力，于1953年正式促成的。后来，中国建筑学会因与国外学术界的联系日益密切，于1955年被邀加入国际建筑师协会，这是新中国第一个为国际所承认的学术组织，率先在学术上打破了西方的封锁，周恩来总理和陈毅外长都给予关切和嘉许。

此外，梁思成、林徽因还热心倡导新中国工艺美术的振兴。例如，为了挽救濒于破产的北京"特种手工艺"，他们组织几位清华教师设计景泰蓝造型及装饰图案，取得了喜人的成就。1952年，北京召开亚洲及太平洋区域和平大会，在当时这是一项影响很大的人民外交活动，在梁、林二位先生的精心策划下，传统而新颖的大会礼品使人耳目一新，对世界认识新中国文化追求起到很好的效果。

以上只是对梁思成先生重大建树的初步梳理，难以概全，但仅上述所列，就足以说明他全面地推动了中国近代建筑事业的发展。一般说来，一个人能有上述一、二项贡献，就足以称道难能可贵了，而他能对建筑及文化事业建立如此全方位的卓越贡献，不能不令人涌起发自内腑的钦敬之情。

特别要指出，在我们纪念梁先生诞辰100周年的时候，必须道及他的前妻林徽因女士，这位中国历史上第一位多才多艺的女建筑师，感情充沛，才思敏捷，一直与梁先生并肩奋斗，共同奉献。在相当长的时期内，她都是在疾病缠绵中，以极大的热情与毅力工作的，疾病的折磨影响着她，但她从来没有停止过工作，直到生命的最后一息。在我们追思梁先生的同时，也表示对她的纪念。

二、梁先生博大的胸怀和不倦的敬业精神

梁先生的一生能取得如此巨大的贡献，这与他的家学渊源、以及坚实的国内外基础教育分不开。为了更好地向他学习，我们还应从老一代学人身上发掘更深层的蕴藏。

梁先生多方位的泓大成就在于扎实的基本功和宏博的学术视野，这是他们那一代学人的本色，是由全面的基础教育、学贯中西的涵养所造就的，他们不仅是旧文化的批判继承者，也是新文化探索的推动者。

梁先生多方位的泓大成就与他严谨的态度、"守拙"的精神（他自己谦虚地称之为"笨功夫"）分不开。只要看到他的文稿，包括大学时代西方建筑史的作业以至野外调查手稿呈现的扎扎实实、一丝不苟的态度，就更能体会到这一点。正是基于这种践履笃实的精神，才能蔚为大成。不能忽略的是，抗战期间梁先生身体一直虚弱，多病缠身。1945年晚春，我初次见到他，他当时40多岁，给我的第一个印象就是和蔼可亲，但弱不禁风，因患有脊椎组织硬化症，他身背铁马甲。在四川时，这个用钢条敲打的、类似人的肋骨的框子，外面缠以纱布，套在胸间（赴美之后才换以轻型的、紧身的马甲），更何况重庆天气炎热，一般人都受不了，他还要俯案作图，其难受程度可想而知，他把下巴顶在花瓶口上，笑称如此，线可以划得更直，实际上是找个支点，借以支持头部的重量。1944年初春第三届全国美展在重庆开幕，为了借此机会在"大后方"宣传中国古代建筑成就，梁先生尽管身体如此孱弱，仍与中国营造学社当时仅有的几位成员一道奋力赶图，最终这项专题展览取得极大的成功，当时我是中大将毕业的学生，参观后激动的心情至今不忘。梁思成先生自患背疾后，无法进行野外作业，转到宋《营造法式》等文献的研究，50年代初林徽因先生曾和我谈起当时的情况，随手取出家中的一本古籍示我，上面圈点的有关中国古建筑的史料，虽片言只语却无不是劳动的结晶。前人治学艰辛，恐怕非当今的青年学子所能想象的。解放后，这种敬业精神未尝稍减，每当一项重要的工作完成后，他们总会轮流大病一场，如人民英雄纪念碑的某方案已在天安门广场上建有大比例尺模型（一个有门洞的大台子上顶着一巨型石碑），眼见即将付诸实施时，他焦急万分，慷慨上书，写完后又病倒了。他们的道路步履维艰，但其心情总是乐观、坚定，例如赴宝坻调查广济寺，"在泥泞里开汽车……速度同蜗牛一样，但当到达目的地看到了《营造法式》所称的'彻上露明造'"……当初的失望到此立刻消失，这

先抑后扬的高兴，趣味尤丰。""在发现蓟县独乐寺等几个月后，又得见一个辽构（即宝坻广济寺三大士殿），实是一个奢侈的幸福"。这种"先抑后扬的高兴"、"奢侈的幸福"，支撑着他们克服一个又一个困难，"拼命向前"。

梁先生多方位的泓大成就还在于学术上的创新精神，他们治学不是跟着前人亦步亦趋，而有一己的敏思和创意，其学术思想是适应时代，甚至超越时代的。国际上对中国建筑研究，德国、日本学者起步较早，但营造学社所推行的科学的调查研究方法却是梁先生开创的。他的贡献不仅在于实际调查，还有理论的探索。40年代在四川李庄时，梁先生曾把语言学与建筑学结合起来，称《清工部工程作法》和《营造法式》是中国古建筑的两部"文法"课本，意在总结其内在的规律；1953年在中国建筑学会成立会上，他提出建筑的"可译性"、"翻译论"等，将中国建筑构图元素与西方文艺复兴时的建筑词汇进行对比，探索构图规律。当时，建筑界未必都能接受，在西方，也直到七、八十年代才把建筑学与符号学、语言学联系起来。再如，1932年梁、林在"平郊建筑杂录"一文中提出了"建筑意"(architecturesque)的概念，敏锐地注意到中国建筑的"场所意境"，这要比西方的诺伯舒兹(Norberg-Schulz)提出"场所精神(genius loci)要早几十年，可惜未有进一步的后续研究。

更重要的是，梁先生多方位的泓大成就应归结于其强烈的爱祖国、爱人民的激情，治学处世积极面向现实。1947年在新学年开学典礼上，他提倡"住者有其房"、"一人一床"，把建筑的方向和我们人民生活的需求直接联系在一起。1948年初，在清华同方部讲演时，他义正词严地批判国民党修筑四川广元公路时破坏一部分唐代石刻的愚蠢行为。1947年，在美国学术界做中国古代建筑讲演时，他批判西方盗卖中国古文物的行径，他说，幸亏中国的文物建筑体量太大，难以搬运，否则你们的博物馆中就装满了中国的佛寺和宝塔了！他铮铮铁骨，以一种历史使命感捍卫着民族自尊。

三、梁先生的困惑和我们不能不思考的问题

梁先生热爱专业，有专业理想和抱负，一直希望能在和平的环境投身祖国建设。解放北平前，解放军派人向他征求在战争条件下解放北平如何保护建筑，他大受感动。新中国的创立无疑是一个传大的创举，一切志士仁人平生理想的实现也寄托于此，加上当时梁先生的学术界好友吴晗、周培源、金岳霖等的影响，梁先生把自己的后半生献给了党，献给了新中国，希望在新中国的建设中，能重视建筑艺术，保护民族文化（包括不拆城墙）等等，但这些近乎单纯的愿望，换来的却是"复古主义"的批判。梁先生的困惑在于，他以一种少见的赤诚热爱党、热爱人民、热爱新社会，这与热爱专业、提倡专

业、以己专业所长全心全意地为人民服务,两者本来是绝对统一、毫无疑义的,也正因为如此,他却遭到了不公正的批判。尽管他还是以炽热的心情,不放弃任何可能的机会,发表己见,但与血脉相连的专业仿佛渐渐地疏远,以至"噤若寒蝉"了。不幸的是,与他心心相印、志同道合的夫人也在彷徨中离他而去。

从1949年起,梁先生潜心地投入建国后的专业工作、参加新中国建设时,不过48岁,这样一位饱学之士,充满激情地放手工作的时间还不足5年!在他百年之后,我们整理其著述时,不能不感慨系之。特别要指出的是,从1955年批判"复古主义"开始,"文革"暴风雨中他更累遭批判,但我们从未听到过梁先生有半点怨言,他绝对信任党的领导,绝对爱国,绝对爱自己的专业,总在苦苦思索自己的"错误"。现在看来,必须指出,被批判者是没有什么错误的,至多是学术见解上的不一致,这本来就不可能,也没有必要,强求一致。当时的批判及其对建筑学术发展所造成的影响,包括对学风的破坏,是永远值得我们深思的。

应该说明,对于梁思成的批判,政治上的"平反"早已在1972年的追悼会上澄清,学术上的"平反"在他诞辰85周年纪念会上也已得到说明,上世纪末,又以梁思成之名设立建筑最高奖,足见政府对梁先生的重视。今天,我们来纪念梁思成先生百年诞辰,是因为建筑发展的道路还很漫长,我们不仅要学习西方先进的科技与文化,还要研究发展我们的传统,要研究先贤,学习先贤,研究梁先生等人的贡献。当然,任何一位历史人物都难免有其缺陷,不能苛求古人,但像梁先生这样的学者,近代建筑史上是不多的,对于什么是"复古主义",怎么看待梁先生,这里无须赘言,有《梁思成全集》鸿文九卷在此,请科学地、深入地予以研究,相信今后还必须会有众多的中外学术著作问世。只有掸掉"大批判"落在建筑学上的灰尘,切切实实地去发掘建筑学宝库,我们才能真正找到各自的结论和我们应该走的道路。

四、向学术巨人学习,迎接新世纪中国建筑科学艺术的伟大复兴

恩格斯在《自然辩证法》中论文艺复兴时曾指出:"这是一次人类从来没有经历过的最伟大的、进步的变革,是一个需要巨人而且产生了巨人——在思维能力、热情和性格方面,在多才多艺和学识渊博方面的巨人的时代","差不多没有一个著名的人物……不在好几个专业上放射出光芒","他们的特征是他们几乎全都处在时代运动中"。只要把中国建筑发展放到世界建筑史的背景上,我们就可以看出,梁先生等人身上有类似巨人的品质,是20世纪中国的学术巨人。由于近代中国没有经历"文艺复兴"、"工业革命",没有现代化城市的兴起,加之战乱频仍,一直贫穷落后。只到20世纪20、30

年代，才有梁先生等建筑界的仁人志士，力挽狂澜，继往开来，兴办建筑教育，发掘建筑遗产，弘扬建筑文化，在有限的时间里，艰难跋涉，可以说做到了可能做的一切。他们是中国这一独特的历史时期伟大的建筑思想的启蒙者，是中国经过百年甚至更长时间的磨难后能量的集聚者、释放者。在此历史意义上说，梁先生等人和西方现代建筑思想的启蒙者具有同样的历史地位。

当前，中国面临着史无前例的大发展，但社会上又似乎存在一种不平衡现象：一方面，我们对城市化建设高潮的学术准备不足，人们都在遭受建筑学术未能大发展、建设水平不高、不能适应时代需要之苦；另一方面，社会却对建筑学缺少应有的关心和重视，甚至不把建筑当作科学和艺术，无知无畏，为所欲为，肆意破坏生态和人文环境，对此建设领导和管理部门屡禁不止，疲于应付。这种现象对我们建设宜人的居住环境极为有害，与新世纪前沿建筑学术思想背道而驰。这个问题如果不很好解决，就难以发展符合中国道路的新的建筑学术，后人也将因为我们学术上的保守、停滞不前和决策的失误等等，而背上沉重的重新整治的包袱，付出沉重的代价。所以，向梁先生等学术巨人学习，不断地根据现实需要寻找出路，发展建筑学，在今天仍然具有伟大的现实意义，也是时代交付给我们的责无旁贷的任务。

1932年，梁先生在祝东北大学建筑系第一班毕业生的信中曾说："非得社会对于建筑和建筑师有了认识，建筑不会得到最高的发达。……如社会破除(对建筑的)误解，然后才能有真正的建设，然后才能发挥你们的创造力"。在祖国奔赴实现第十个五年计划的新时期，我们要对70多年前梁思成先生的上述讲话予以新的理解，即破除对建筑的误解，发扬对新事物的敏感精神，投身改革，立志在当今大科学时代，对建筑事业进行更加伟大的开拓。

在完成建筑学伟大的历史任务的过程中，我们尤其要学习前贤爱祖国、爱人民、为人民谋福利自强不息的精神。我个人认为，爱国和为人民是最基本的。世界全球化，无论怎样，立志为吾土吾民服务，乃是中国建筑师最根本的职责。因此，我们要呼吁发展全社会的建筑学，发展人居环境科学。对此，仍然用梁先生引用过的话说，"道虽迩，不行不至；事虽小，不谋不成"，学习梁先生的伟大而现实的意义也在于此。

2001年3月17日初稿于北京清华大学
3月26日二稿于英国剑桥大学

梁思成全集总目录

【第 一 卷】

A HAN TERRA-COTTA MODEL OF A THREE STOREY HOUSE

[译文] 一个汉代的三层楼陶制明器

天津特别市物质建设方案　梁思成　张　锐

中国雕塑史

敦煌壁画中所见的中国古代建筑

蓟县独乐寺观音阁山门考

蓟县观音寺白塔记

大唐五山诸堂图考　田边泰　著　梁思成　译

宝坻县广济寺三大士殿

故宫文渊阁楼面修理计划　蔡方荫　刘敦桢　梁思成

平郊建筑杂录（上）　梁思成　林徽音

祝东北大学建筑系第一班毕业生

闲谈关于古代建筑的一点消息

【第 二 卷】

正定古建筑调查纪略

福清两石塔　艾克　著　梁思成　译

伯希和先生关于敦煌建筑的一封信

大同古建筑调查报告　梁思成　刘敦桢

云冈石窟中所表现的北魏建筑　梁思成·林徽音　刘敦桢

修理故宫景山万春亭计划　梁思成　刘敦桢

赵县大石桥即安济桥　——附小石桥、济美桥

汉代的建筑式样与装饰　鲍鼎　刘敦桢　梁思成

读乐嘉藻《中国建筑史》辟谬

晋汾古建筑预查纪略　林徽因　梁思成

杭州六和塔复原状计划

【第 三 卷】

曲阜孔庙之建筑及其修葺计划

清文渊阁实测图说　刘敦桢　梁思成

书评两篇

谈中国建筑

西南建筑图说（一）——四川部分

西南建筑图说（二）——云南部分

浙江杭县闸口白塔及灵隐寺双石塔

IN SEARCH OF ANCIENT ARCHITECTURE IN NORTH CHINA

[译文]华北古建调查报告

CHINA'S OLDEST WOODEN STRUCTURE

[译文]中国最古老的木构建筑

FIVE EARLY CHINESE PAGODAS

[译文]五座中国古塔

为什么研究中国建筑

【第 四 卷】

中国建筑史

复刊词

战区文物保存委员会文物目录

中国建筑之两部"文法课本"

市镇的体系秩序

北平文物必须整理与保存

全国重要建筑文物简目

记五台山佛光寺的建筑

【第 五 卷】

致梅贻琦信

设立艺术史研究室计划书　梁思成　邓以蛰　陈梦家

代梅贻琦拟呈教育部代电文稿

致 Alfred Bendiner 的三封信

Art and Architecture

致童寯信

致聂荣臻信

清华大学营建学系（现称建筑工程学系）学制及学程计划草案

建筑的民族形式

关于中央人民政府行政中心区位置的建议　梁思成　陈占祥

致朱德信

致周恩来信

关于北京城墙存废问题的讨论

致彭真、聂荣臻、张友渔、吴晗、薛子正信

我国伟大的建筑传统与遗产

北京——都市计划的无比杰作

致中国科学院负责同志信

《城市计划大纲》序　梁思成　林徽因

《苏联卫国战争被毁地区之重建》译者的体会　林徽因　梁思成

致周恩来信

致周恩来信

致彭真信

芬奇——具有伟大远见的建筑工程师

致彭真信稿

祖国的建筑传统与当前的建设问题　　梁思成　林徽因

人民首都的市政建设

苏联专家帮助我们端正了建筑设计的思想

古建序论

民族的形式，社会主义的内容

我对苏联建筑艺术的一点认识

中国建筑的特征

建筑艺术中社会主义现实主义和民族遗产的学习与运用的问题

祖国的建筑

中国建筑师

今天学习祖国建筑遗产的意义

中国建筑发展的历史阶段　　梁思成　林徽因　莫宗江

永远一步也不再离开我们的党

波兰人民共和国的建筑事业

致张驭寰信

整风一个月的体会

《青岛》序

党引导我们走上正确的建筑教学方向

从"适用、经济、在可能条件下注意美观"谈到传统与革新

曲阜孔庙

中国的佛教建筑

评阿谢普柯夫著《中国建筑》

建筑创作中的几个重要问题

建筑和建筑的艺术

谈"博"而"精"

拙匠随笔（一）　建筑⊂（社会科学∪技术科学∪美术）

拙匠随笔（二）　建筑师是怎样工作的？

拙匠随笔（三） 千篇一律与千变万化
拙匠随笔（四） 从"燕用"——不祥的谶语说起
拙匠随笔（五） 从拖泥带水到干净利索
漫谈佛塔
广西容县真武阁的"杠杆结构"
关于敦煌维护工程方案的意见
唐招提寺金堂和中国唐代的建筑
致车金铭信
追忆中的日本
闲话文物建筑的重修与维护
《中国古代建筑史》（六稿）绪论
人民英雄纪念碑设计的经过
致周恩来信
谭君广识传略
对于新校长条件的疑问

【第 六 卷】

清式营造则例
建筑设计参考图集
　　梁思成　主编
　　刘致平　编纂

【第 七 卷】

[宋]营造法式注释

【第 八 卷】

图像中国建筑史

【第 九 卷】

王国维纪念碑

梁启超墓

吉林省立大学礼堂图书馆

北京仁立地毯公司铺面改建

北京大学地质馆

北京大学学生宿舍

中华人民共和国国徽图案设计

任弼时墓

林徽因墓

扬州鉴真大和尚纪念堂

西方建筑史笔记

中国古代建筑史笔记

罗马古建筑（水彩）

山东长清灵岩寺慧崇塔（铅笔速写）

访苏笔记及速写

北京颐和园谐趣园（水彩）

梁思成年谱

目 录

1

A HAN TERRA-COTTA MODEL OF A THREE STOREY HOUSE
[译文] 一个汉代的三层楼陶制明器

15

天津特别市物质建设方案
梁思成　张　锐

59

中国雕塑史

129

敦煌壁画中所见的中国古代建筑

161

蓟县独乐寺观音阁山门考

225

蓟县观音寺白塔记

目　录

231

大唐五山诸堂图考
田边泰 著　梁思成 译

249

宝坻县广济寺三大士殿

287

故宫文渊阁楼面修理计划
蔡方荫　刘敦桢　梁思成

293

平郊建筑杂录(上)
梁思成　林徽音

311

祝东北大学建筑系第一班毕业生

315

闲谈关于古代建筑的一点消息

A HAN TERRA – COTTA MODEL OF A THREE STOREY HOUSE

Fogg Art Museum, Harvard University

Like most people of the ancient civilizations, the Chinese believed in the life after death. He did not think that the soul would come back to the same body, as the Egyptians, but that the deceased was to live in another world where the daily life of this world would be led as usual. He would have to be living in a house, wearing clothes and eating the same grain as he did in his life of this side, and, in an important personage, he would be needing the service and attendance of servants.

The practice of human sacrifice was therefore not uncommon with the early Chinese. But the practice was apparently abandoned later, and, in its place, clay or wooden figures were used to accompany the dead; and, with the figures, undoubtedly all kinds of utensils necessary for a comfortable living.

Evan as late as the seventh century B. C., we find in Cho Chuan, the chronology of the state of Lu, recording the funeral of Mu-kung of Chin: "Jen – hao, Court of Chin, Died. The three sons of the Tze-chu family, Yen-hsi, Chung-Hsing and Tsen-hu, were sacrificed as his attendants. All three were geniuses of Chin. The people were mournful over their death, and composed the Poem of Huang – niao (Yellow Bird):

"If only their lives could be restored,

Let every man have hundred bodies.

............................"

About seventy years after this song was sung, Confucius was born (551 B. C.) . This master's doctrines never touched anything outside of this world or this life, He evaded all questions concerning the mysterious, such as ghosts, gods, death, etc. His mention of God has always been the vague Shang – ti or Tien – ti. When he was asked on the question of spirits, his answers was "respect and keep away from them". One of his pupils asked about death, he again cunningly replied. "Not knowing life, what know I of death?"

During the century after Confucius the Middle Kingdom was producing an amazing number of thinkers. And about the fifth generation after him was Mencius, whom the Sung scholars considered the other dox of the Confucian school. Among the numerous quotations in Meng Tze is this isolated utterance of a curse: "May the originator of Yung(tomb figures) be forever void of descendants!" which is the greatest of the three infilialities??? . The cause of this curse is not explained, but it must be either that it was too mysterious and superstidious which was not Confucius' taste to practice, of that the consequent extravagance of its use was in conflict with Mencius' economic principles.

However, this art, which later flourished to its height during the Tang dynasty, was already widely practiced during the early half of the fourth century B. C. Although we find no positive record of its practice before Mencius time, we may with fair justification date it considerably back, even earlier than Chin Mu－kung.

In spite of its popularity, the late Chow tomb utensils, pottery or wood, is yet little known to us. But of the next epoch－ the Han－ various kinds of funeral accompaniments had been unearthed and a great number of them is distributed among these object are some small terra cotta models of houses.

These models of houses are not uncommon in American Museums. They represent from pig pens to palaces. Among these the new acquisition of the Fogg Museum of Harvard University is indeed a valuable example. Aesthetically it is not a masterpiece, but is of great importance to a student of architectural archaeology.

It is a three story house or palace, measuring approximately $39\frac{1}{2}$ inches in height. The terra cotta is of a reddish buff color baked from the huang tu(yellow earth) that is common in north China. Each storey is baked separately with the balcony or roof over it. Thus, the lower storey and the second storey balcony forms one section; the second storey and the third storey balcony another; and the third with the roof, another. It was glazed with a coat of green glaze, but now only a few flakes of silver gray glaze are visible. The original color is still recognizable where parts overhang allowing the dripping glaze to collect thick－ such as the lower side of the tile ends. The whole house if built up from flat 'boards' of clay, of a uniform thickness of approximately 3/8 of an inch, put together at angles. The joints are distinctly visible, and there is not a single bent or curved surface throughout. Where the short flight of steps is attached to the wall, we can still find traces of the scratched surfaces that were made to hole the two pieces securely together. The bracket and the corbels that support them seem to have been produced from moulds. The two balconies are made from flat pieces with the open work cut out. The floors of the second and third, storeys or rather, in our case, the tops of the two lower sections have each a round hole about two inches in diameter, probably for the convenience of the handling of the potter. The round windows on the side of each floor may be explained as an outlet for the hot air in the process of baking, and to prevent the thing from bursting in the kiln. The front window lattice on the second floor is likewise a cut－out piece, but the potter here failed as draughtman to lay out the crossing of laths neatly. The grille－like front of the boxwindow on the third floor is produced by a mould.

A HAN TERRA-COTTA MODEL OF A THREE STOREY HOUSE

House models like this must have been produced in great the demand of the surviving sons of daughters who were anxious to provide their parents with a comfortable lodging in the other world.

Architecturally it is of great significance. Of Han dynasty architecture, no actual edifice has come down to our time, and a future discovery is not probable. In the few reliefs in the Wu Family Tombs near Chia-hsiang Hsien, Shangtung Province, palace of one, two, or even three storeys were represented. But its drawing can give only a very vague idea of the appearance of the actual building. The other source of information is the numerous stone piers that form the monumental gateways leading to the roads of spirits of the Han tombs. These sculptural pieces almost invariably have each an elaborately carved top in the form of a cornice with a roof over it. It is an immitation of wooden structure and gives a fairly good idea of the system of construction. But the lower portion is a mere tablet, and tells noting about the habitable part of a house.

The third source, in plastic form, is the clay models that were unearthed. Whether these houses were meant for the deceased to live in the other world or not is uncertain, but outwardly they are fairly good representations of the domestic architecture of its period.

This one in the Fogg Museum has a unique combination of a number of the architectural elements. We may without much doubt assume that there is not more than one room in each story. The first floor, as we may call it, has two doorways in the front. These two doorways open out to a small porch landing which is approached by a short flight of steps running parallel to the front facade. The spirit of the deceased, who is to go in and out of these door ways by way of this porch is prevented from falling over it by a ballustrade on two sides. This ballustrade on this small landing, as well as the two larger balconies on the two upper floors, distinctly shows its wood structure. It consists, in its scheme, of three horizontals a hand rail, a base rail, and an intermediate piece – supported by studs at certain intervals. There the joints occur, nail heads are shown in the form of decorative metal buttons. Where the ballustrade of the landing meets the steps, it is ingeniously eased off in a downward curve, as can be seen in the illustration. This interesting way of ending railing is represented also in the Han model house in the Museum of the University of Pennsylvania. It probably was a common treatment of the subject by the architects in those days. At this point on the railing is a peculiar piece of horizontal board of plank, apparently nailed down in the middle on top of the railing. It may be a piece supposed to be pivoted on this rail like a turn-stile, and when turned over, could be locked, so that the advance of any intruding ghosts might be barred.

The house itself is shown in an indication of, if we may call it, "half timber construction" that is, a frame work of uprights and lintel is first constructed, and the wall spaces between are filled in with solid masonary or merely plaster on lath. The latter case is still commonly practiced in Japan today, and this model is undoubtedly the miniature of a near ancestor of the architectural forms which were introduced to the Islands at the Suiko period.

The two doorways leading to the porch are expressed structually with jambs on the sides and a common lintel over head. One of them is left ajar, and the other closed. The closed door is well rendered by a few parallel vertical lines suggesting a wood texture. The open door is slightly lower than the closed one, probably due to the inaccuracy of the potter.

The two side walls have each a round hole like a bull's-eye window. The same are also found on the two upper storeys. It is possible to explain it as an escape for hot air to prevent the house from bursting during the process of baking. But they show a very consistant architectural scheme not to be overlooked.

On the front wall are two projecting corbels, flanking the two doors. On them are the two brackets which support the second floor balcony. One of these corbels is cleverly merged with the narrow side of the ballustrade of the landing. The precise form of these brackets is not yet known to us. They are certainly not the same thing that are commonly seen in Chinese and Japanese architecture, both ancient and modern. It is an upright supporting a horizontal on top, but to assure its rigidity, another horizontal is put across the upright at a little distance down, and the ends of the horizontals are held in place by means of some almond shaped "knuts". The two horizontals are decorated with a simple panel, more likely meant to be painted on, and the short stub between them has a monster's mask with a large ring in its mouth. The short piece supporting the lower horizontal is decorated with a leaf form. These brackets were made from a mould.

Immediately above these brackets is the second floor balcony, showing the same structural detail as the smaller one underneath; but it is carried around and it overhangs the front and the sides of the house. It has three bays in front and the ends are strengthened by an extra post, with the intermediate horizontal stopping only at the inner post. Nail heads in form of bosses are used at joints, and, on the base rail, on axis of the bays. This balcony, the ones above and beneath it, as well as the timbers framed in the walls of the first floor, are all decorated with lines crossing each other to make a diamond shape, which is characteristic of many other decorated sculptures of the Han Dynasties. The balustrades at the two ends of the building are left merely a smooth low wall, undecorated. The underside of the second storey balcony is decorated with a series of closely drawn parallel line suggesting the so-called combed line ornament.

There are still two riddles in this balcony which remain unsolved. First, the little extra boards at the corners of the railings, nailed down in the same manner as the "turn stile" on the lower floor. An excuse for its presence is difficult to find. Second, the two lower corners of the balcony are smoothly sliced off. It is not likely to be a faithful reproduction of the structural detail, as the architects or carpenters of the Han would know well enough not to weaken an important joint. It is probably a potter's technicality. The balcony is much wider on the side than in front. The overhang is also braced at one end to the wall by a diagonal piece. The second storey eave receives the same treatment.

The second storey is quite different from the first. There is no doorway on any wall in spite of the balcony around it. There is only a rectangular window on the front, the frame of which projects slightly from the wall surface. Diagonals crossing each other make this a latticed opening. The wood frame and the lattice are ornamented with lines. The ornamental nail heads also appear on the window frame.

The walls of this storey have no indication of the timber frame. Two brackets like those of the lower floor project from the wall, at the corresponding position supporting a roof, instead of the balcony, which comes over the roof.

The roof is very interesting. It shows only the tiles. The rafters underneath them are innocently forgotten by the potter. The tiles are apparently similar to those of the orient today. The tubular ridges, the supposed to be concaved spaces between them, the double crested hips, all are precisely the same as those of today. The tile ends are decorated with a simple design of two concentric circles, the band between them is divided into four quadrangles with a little boss in each. Inside of the inner circle is a slightly larger boss. The potter made the tubular ridges too thin for the end design so that the jointing of the two makes a clumsy shape resembling a horse's hoof.

The third or top storey has a balcony exactly like that of the second. It is the same in every detail — even the curious corner board on the railing and the sliced off lower corners.

This floor, too, is doorless, but it has two windows in front. One is a mere rectangular opening, the jambs of which are decorated with diamond cross lines. The other window has a curious cage masking the entire opening. It looks as if a box is put against the wall. The top is taken off, and the front is in the form of a grill or lattice. The enclosed space forms a protruded sill of considerable room. The sweet daughter of the house must have carefully caressed her delicate flowers planted in pots and placed on this sill, or else she must have leaned pensively over this high window meditating about some romantic Prince charming that might one day come from a distant land to ask her father for her hand.

A pair of brackets are again placed at exactly the same position supporting the crowning roof. This one is not unlike the skirtlike roof dividing the two upper stories except that instead of carrying the balcony, the four sloping sides go up to meet in a ridge, which is in the form of a shallow crescent. The tubular ridges at the sides have no decorative tile ends, as on the second floor. The rear surface of the top roof is left simply plain, with a crude suggestion of the double crested hips. The Han potter, like some American architects of today, must have forgotten or purposely neglected the other three facades.

As a whole, the potter conceived the piece in terms of different architectural elements with no sense of scale what so ever. The brackets are huge, and also the roof tiles. The balcony is much too narrow, and its railing heavy. However, it is superfluous to criticise it from such a view point. The innocence and naivity of this ancient craftsman is most entertaining.

The question of multi-storey building may be of some interest. Although the trick of superposing one house over another was known to the ancient Chinese, the use of such for habitation is found only in a comparatively late date. Ch'in Shih-huang-ti's palace, the K'o-fang Kung is said to have a sitting capacity of ten-thousand on the upper floor, and beneath it, a flag on a fifty-foot pole could be hoisted.

The chronology shows that the early Han emperors built quite a number of t'ai (towers), mainly for sporting or religious purpose. It is not until the great Han Wu-ti that the definite evidence of upper storey living been recorded. Not satisfied with merely a glorious long reign of over fifty years, he became desirous to find the Elixir of Life, and to get into communication with the immortals. Kung-shun Ch'ing the magician said that the immortals loved living in lo (house of more than one storey), so a number of them were ordered to be constructed. Kung-shun Ch'ing was charged to live in them with all ceremonial apparatus to wait for the visit of the immortals.

The reliefs from the Wu family Tombs show a number of two or three storey buildings. Generally the first floor is for service; the second for men, and other social and business affairs, as feast scene are often shown; and the third is most logically assigned to women, as the sexes had always been most carefully separated since the earliest time.

This model is important for its completeness in showing the architectural elements. Of special significance is the use of brackets, which is a unique feature of Chinese architecture. It must have originated back of history, far beyond the memory of the B. C. chroniclers.

Curious enough is that every house in the Han reliefs has columns, but none of our Han models has any trace of it. It is not a good excuse to say that the material is not fit for it, as we can see that house models with columns of later periods have been found. Our knowledge may have to stop here for the time been. Some future discoveries may help to throw more light on this, and many other, problems. The secret remains always a secret until it is revealed.

哈佛大学福格博物馆藏汉明器

[译文]
一个汉代的三层楼陶制明器[①]
(哈佛大学福格博物馆藏)

中国人和古代文明中的大多数人一样,也相信人死后有灵魂。他们不像埃及人那样,认为灵魂还会回到原有身体里,而是死者会生活在另一世界,那里的日常生活仍同在世时一样。他将会生活在一所住宅里,穿衣、吃饭一如生前,并且如果是位重要人物,他还需要照顾和陪侍的奴仆。

因此,在中国早期,以活人殉葬的做法并不少见。但是这种做法以后似乎是废止了,而是代之以泥制或木制的人俑来陪伴死者,同人俑一起当然还有为生活舒适的各种必要用品。

甚至晚至公元前7世纪时,我们在鲁国的史书《左传》中,还读到秦穆公葬仪的记载,说到秦穆公任好亡,子车氏三子:奄息、仲行、针虎皆随而殉葬。这三个人都是秦国的良臣,时人感伤其死,乃制《黄鸟》诗篇,其中说:

"如可赎兮,人百其身。……"

这诗篇唱出后大约70年,孔子诞生了(公元前551年),这位导师的学说,从未触及现世和今生以外的任何事物。他回避全部神秘的问题,如鬼、神、死亡等等。他提到神的时候,总是模糊的上帝或天帝。当被问到神鬼问题时,他的回答是:"敬鬼神而远之"。他的一位弟子问到死亡问题,他又一次巧妙地回答说:"未知生,焉知死?"

在孔子之后的世纪中,中国产生了大批的思想家。而孔子后大概经过五代人,出现了孟子,他被宋代学者尊为儒家的正宗传人。在《孟子》书中大量的孟子语录里,有这么一句孤立的咒语,即:"始作俑(陪葬偶人)者,其无后乎?"而"无后"是三项不孝中的最大问题。这个诅咒的理由没有解释,但它很可能或是过于神秘和迷信,而与孔子的行事风格不合;或是使用过分与奢侈,而与孟子的节俭原则相背。这种在唐代以后极为盛行的艺术,无论如何在纪元前4世纪上半叶已经广为使用了。虽然我们尚未发现在孟子以前,其被使用的确切记载,我们仍可以有充分理由推前其年代,甚至早于秦穆公。

尽管它早已普及,而晚周墓穴中的陶制或木制的随葬品,我们迄今仍知之不多。但是属于下一个朝代——汉代的各式各样的随葬品已经出土,并且其中大量明器等已经散布在欧洲和美国的博物馆里了。其中最令人感兴趣的是一些陶制的房屋小模型。

这些房屋的模型(明器)在美国的博物馆中并不少见。它们表现着从猪圈到宫室。其中

[①] 本文为打字稿,现存清华大学建筑学院档案,估计作于梁思成先生第一次赴美留学期间。

[译文] 一个汉代的三层楼陶制明器

哈佛大学福格博物馆的新藏品确实是一件有价值的例子。从美学上说,它或许不是杰作,但是对于一位建筑考古的学者来说,则是非常重要的。

它是一座三层的住宅或宫室,高约 39 又 1/2 英寸。陶器是用中国北方普通的黄土烧成的,呈偏红的暗黄色。每一层楼都是连带着上面的阳台或屋顶一起分别烧成的。因此,底层和二层的阳台形成一部分;二层和三层的阳台是另一部分;三层带着屋顶是又一部分。它原涂有绿釉,但现在只有很少的银灰色残片尚能见到。而在陶器的釉子流淌聚集的部位,如瓦片的最底处,仍能辨认出原来的颜色。整个住宅是用平的泥"板"制成的,泥板的平均厚度约 3/8 英寸,将其以各种角度合在一起。结合处清晰可见,而且任何地方也没有一个折弯或曲面。在台阶与墙体的接触处,我们仍能发现刮平表面的痕迹,那是为了使两者牢固结合。托架和支承它的托臂好像是用模子制成的。两个阳台是用平片做成并切出栏杆孔眼。第二、三层的楼板,更确切说在我们这里是两个下面组件的顶部,各有一个约两英寸直径的圆孔,可能是为了陶工操作的方便。每层楼两侧的圆窗,可以解释为在烧制过程中的热气出口,以避免器物在窑内爆裂。二层楼前窗的网格也是切出来的,但是陶工在这里却没能像绘图员那样使交叉的窗棂排列匀整。三层正面的格栅似的盒窗是用模子制出的。

这种房屋模型,肯定曾经大量生产,以满足孝子贤孙们想给先人提供舒适阴宅的急切愿望。

在建筑学上,它极有意义。关于汉代建筑,没有真正的大型建筑物保存至今,并且未来的发现也不大可能。在山东省嘉祥县附近武氏祠的少数浮雕中,刻画了单层、双层甚至三层的宫室,但这种描绘只能给予实际建筑形象以非常模糊的概念。另外的信息来源是汉墓神道前形成纪念性入门的石阙。这些雕刻的石阙几乎都有带屋顶檐口形式的精心雕刻的顶部,是木结构的仿制品,而且相当准确地表达出结构系统。但是下面的部分则只不过是块平板,完全没有表现出住宅的使用部分。

第三个在造型上的来源,则是出土的陶制模型(明器)。这些住宅是否原本为死者准备的在阴间的生活之处虽然难以肯定,但是从外观上,它们却是该时代居住建筑的极好表现。

福格博物馆的这个明器,是许多建筑要素的独特组合器。我们可以不用过多怀疑地设想:它每层至多只有一个房间。我们称之为首层处,前面有两个出入口。这两个出入口开向一座小的门廊平台,它从平行于前立面的几步台阶走上来。自这个门廊出入的死者鬼魂,由两面的扶手栏杆保护着。小平台的栏杆也像上边两层较大的阳台一样,明显表现出是模仿木结构的。它的组成包括三条水平带——扶手、一基座以及中间部分——由一定间隔的立柱支承。当出现结合点处,则有表现装饰性金属圆纽形状的钉头。在平台扶手栏杆到

9

台阶处时，巧妙地变成向下的曲线，如插图中可以看到的。这种结束扶手的有趣方法，也同样表现在宾夕法尼亚大学博物馆所藏的汉代明器上。这大概是当时建筑师们的一般处理方法。在扶手的这个点上是一块特殊的水平板，表面上钉在扶手顶部的中间。它被推测为可能是可以在扶手上旋转的一块板，像一个转梃，转动后能将平台锁上，将任何闯入的恶鬼拒之门外。

这个住宅本身表现的样式，我们或可称之为"半木构架"——即先造起由立柱和梁组成的框架，再将其间的墙体部位以实砌体或板条抹灰填充。后面这种作法，在今天的日本仍然普遍实践着，而这个明器无疑是近于初始形式的建筑小模型，该种建筑形式是在推古时期（注：公元593～626年）被日本岛国引进的。

通向门廊的两个门，从结构上表现出两边有门框和顶上有一通梁。一个门半开着，另一个关着。关着的门刻画入微，以几条平行的垂直线表现着木材质感，开着的门稍低于关着的门，这可能由于陶工做得不够精确。两侧墙上各有一个像圆窗似的洞口。同样在上面两层也有。它可能解释为热气出口，以防模型在焙烧的过程中爆裂。但是它们也显示出一种不应忽视的非常协调的建筑设计。

在正面墙上，双门的两旁是两个突出的托臂，其上是两个托架支承着二层阳台。托臂之一聪明地并入了平台扶手栏杆的短边。这些托架的精确形式我们尚不清楚。它们肯定与古代或现代的中国和日本一般见到的斗栱，不是同样的东西。它是一根直立件顶上支承着一个水平件，但为了保证其刚性，又有另一水平件穿过垂直件放在稍下边，水平件尽端是用一些扁桃状的"坚果"来固定位置的。两个水平件以简单的镶板装饰，很像本应是上面涂色的，而在其间的短柱则有一个嘴里衔着大环的兽面。支承下面水平件的短件以叶形装饰。这些托架全用模子制成。

直接在这些托架上的是二层阳台，同下面较小的平台一样表现着同样的结构细部；但是它是环绕房子四周的，并且悬挑在房子前面和边上。阳台在前面分成三个柱间，在端部则另有较粗的立柱加固，只是在内柱之间带有中间水平栏板。凸圆状的钉头用于连接点，在底横杆上和柱间轴线上。这个阳台，以及它上面和下面的阳台，同首层墙上的框架木材一样，都用互交成菱形的线装饰，它是汉代许多装饰性雕刻的特点。在建筑物两头的栏杆，则仅处于光溜无装饰的矮墙状态。二层阳台的底面以一系列刻画稠密的平行线加以装饰，使人想到所谓的齿纹饰。

这个阳台仍然有两个谜团没有解开：第一，附加的小板以首层栏杆上同样的方式，钉在扶手角上，这难以找出其存在的理由。其二，阳台两个拐角的下边被整齐地切掉了。它不大可能是结构细部的忠实再现，因为汉代的建筑师或木工们也很清楚，不能削弱此重要节点。它大概是某位陶工的技术问题。侧面的阳台比正面的要宽得多。悬挑部分也由墙上伸出的斜撑加固。二层的挑檐也有同样的处理。

二层与首层完全不同。二层虽有阳台环绕,却在任何墙上全没有门。在正面上只有一个长方窗。其窗框稍稍突出于墙面。窗棂斜向交叉而成为斜条格窗。木窗框和斜条全用细线装饰。装饰性钉头也出现在窗框上。

这层墙壁并未表现出木框架的迹象。两个托架像下层一样突出于墙面,而在原阳台的位置上托起了屋檐,阳台则在屋檐的上面。

屋檐非常有趣。它只表现着屋瓦,下面的椽子则被陶工坦率地省略了。屋瓦显然与今天东方的那些类似。筒形的脊背、其间想象应是下凹的空间、双顶饰的斜脊,全正好同今天的一样。瓦端头(瓦当)简单设计成两个同心圆来装饰,两圆之间分成四个四边形,每个中间有个小凸圆饰,而在内圆的中心则是稍大的凸圆饰。陶工的筒形瓦垄做的太浅了,因而贴上圆形瓦当后成了不规矩的马蹄形了。

第三层或顶层的阳台极像第二层的那样,每个细部全相同——甚至扶手上奇特的角处板和被切掉的下边拐角。

这层也没有门,但正面有两个窗户。一个仅是长方窗,窗框饰以斜交线。另一个窗户则用奇怪的笼子遮住了整个窗口。它看上去像是个箱子贴在墙上。它的顶板已经去掉,而正面像网或格栅。闭合的空间形成一间相当大的突出的窗台。这所住宅里的可爱小姐,一定曾经细心抚弄她的娇嫩盆花,并且摆在这个窗台上,或者她一定曾经心事重重地斜倚在窗边,默想着浪漫的白马王子,他可能有朝一日,自远方来请求她的父亲把女儿嫁给他。

再一次置于相同位置上的一对托架,支承着屋面。它与将上面两层隔开的裙状屋檐样子相似,只是不再支承阳台,而是四面坡屋面向上会于一条微呈新月形的房脊上。侧面的瓦垄没有像二层的屋檐那样有端头瓦当。屋顶的后坡表面是没有装饰的,双顶饰的斜脊也做得粗糙。汉代的陶工,也像今天某些美国的建筑师一样,一定是忘掉或有意忽略其他三个立面了。

从整体看,陶工在构想这些不同的建筑组件时,毫无尺度比例的概念。托架巨大,屋瓦也是这样。阳台过于狭窄,而其扶手却极粗。然而,用这种观点去批评它未免太过分。这位古代匠师的天真和质朴是最有趣的。多层建筑物的问题可能是有意思的。虽然古代中国人已知将房屋叠加起来的手法,而将其用于住房仅发现在较晚时期。秦始皇的宫殿(阿房宫)据说:"上可以坐万人,下可以建五丈旗"。

史书记载:汉朝初年的皇帝们曾建了许多台,主要为游乐或宗教目的。直到汉武帝,才有住楼上的确切记载。他不满足于五十多年的盛世王朝,变得渴望长生不老,并且得与诸神交往。方士公孙卿进言说,诸神喜欢住在多层的楼上,因此遵旨建成了许多楼房。皇帝命公孙卿住于楼上，备好全部礼器，静待众神造访。武氏祠的浮雕上表现着许多二层或三层建筑物。一般讲，首层是为服务的；二层是为男人们的，并且是处理社会的或其他事务之处，如经常表现的宴会情景；第三层最符合逻辑的是分配给妇女们的，因为自古以来，男女从来就是严格分开的。

  这个明器，由于表现建筑物的各个组成部分的完整而具有重要性。尤其意义重大的是托架(斗栱)的使用，它是中国建筑中独有的特征。它肯定是大大早于有史书的时代所创始的。

  十分奇怪的是：汉代浮雕中每个住宅都有柱子，但是在我们的汉代明器中却没有它的踪迹。如果说这种材料不宜于表现柱子，其理由似难成立，因为我们已经发现较晚时期的有柱子的明器。我们的理解目前仅止于此。某些未来的发现将可能帮助我们更多了解这个疑问以及其他许多问题。秘密在揭露之前总还是秘密。

（英若聪　译　程慕胜　校）

天津特别市物质建设方案[1]

梁思成　张　锐[2]

序

　　近代都市，需要相当计划方案，始可得循序的进展，殆为一般人士所公认。欧美各市咸以此为市政建设之先声。东邻日本有鉴于此，年来亦复奋起直追。观其东京复兴计划之伟大周密，诚足使吾人钦佩无既。国内都市，自地方自治言，自物质建设言，均难逃欧西中世纪城市之评语。近来各地创办市政之声洋溢于耳。考其实际，成绩殊鲜。其所以致此之故固甚多，而缺乏良好之建设方案实为一极大之原因。譬之家宅，苟其布置失当，置厨灶于客厅中，设寝具于盥洗室。虽多费金钱，加以点缀，亦难得物质上之安乐，精神上之愉快。近代市政，本不只限于修筑道路。兹姑以修筑道路为例，苟无全盘之精密筹划，任意措置，其结果匪特不能增进交通之便利，且往往足以妨碍全市将来之适当发展。兴办市政者首宜顾及全市之设计，盖以此也。国民政府奠都南京之后，思建国都，为天下范。因聘中外专家，设国都设计技术专员办事处，总理首都设计事务，费时年余，规模粗备，计划纲领，蔚然可观，洵为国内各市大规模设计之始。近天津特别市政府市政当局深悉此项工作之重要，登报招致物质建设方案，以备采择。作者等自问对于近代城市设计技术曾有相当之研究与经验，不揣简陋，草成此项方案。迫于时间，难免挂漏。评定结果，幸获首选。市政同学，驰函索阅，怂恿付梓。佥谓本文虽只限于天津，而原则却未尝不可施用于他处。且国内城市设计实际工作不假手于外人者，当以此为嚆矢。理应公诸同好，俾便研究。因加修正，即付排印。国内外方家如能进而教之，则作者等之大幸。

---

[1] 此文作为专著于1930年9月印刷发行，书名为《城市设计实用手册——天津特别市物质建设方案》。——傅熹年注。
[2] 见文末作者简介——傅熹年注。

天津特别市物质建设方案

梁思成　张　锐

目　录

序

(一) 大天津市物质建设的基础
　　一　鼓励生产培植工商业促进本市繁荣
　　二　提倡市政公民教育培养开明的市民以树地方自治之基
　　三　改善现有组织以得经济的与能率的行政
　　四　采用新式吏治法规实行尚贤与能的原则
　　五　推行新式预算划一市政府会计簿记制度使财政得以真正公开
　　六　唤起民众打倒帝国主义一致努力誓归租界

(二) 大天津市的区域范围问题

(三) 道路系统之规划
　　一　道路系统之重要
　　二　天津市道路规划之方针
　　三　所拟道路系统图解释
　　四　拟定道路系统实施步骤

(四) 路面

(五) 南京所拟定之首都标准路面

(六) 道旁树木之种植

(七) 路灯与电线

(八) 下水与垃圾
　　一　下水道形式之选择
　　二　分流制与合流制
　　三　下水道之位置
　　四　下水区域与下水处置
　　五　垃圾处置方法

(九) 六角形街道分段制

(十) 海河两岸
　　一　河岸与都市物质建设之关系
　　二　天津市之码头设计
　　三　河岸与都市美

(十一) 公共建筑物
　　一　公共建筑之位置分布
　　二　天津市行政中心区之位置
　　三　公共建筑物形式之选择
　　四　重要之公共建筑

(十二) 公园系统

(十三) 航空场站

(十四) 公用事业之监督

(十五) 自来水

(十六) 电车电灯

(十七) 公共汽车路线计划

(十八) 分区问题

(十九) 本市分区条例草案

(二十) 本市设计及分区授权法草案

(二十一) 本方案之理财计划

(二十二) 特值税之征收

(二十三) 市公债之发行

(二十四) 本市现存租税制度之改善

(二十五) 结论

Table of Contents

CHPATER

I. Fundamentals of Material Construction
II. The problem of Administrative Area
III. Planning for Road System
IV. Pavement
V. Standardized Pavement Specifications
VI. Street Planting
VII. Street Lighting and Wiring
VIII. Sewerage Construction and Garbage Disposal
IX. Hexagonal Planning
X. Waterfront Improvements
XI. Public Buildings
XII. Park System
XIII. Airport for Tientsin
XIV. Regulation of Public Utilities
XV. Water Supply
XVI. Trolley Cars
XVII. Public Bus Lines
XVIII. Zoning Plan
XIX. Zoning Ordinances for Tientsin
XX. City Planning Ordinances
XXI. Financial Planning
XXII. Special Assessment
XXIII. Public Debt Policy
XXIV. Improvement of Present Tax System
XXV. Conclusion

List of illustrations

PLATE

1. Proposed Road System
2. Road Cross Section, Residential Area
3. Road Cross Section, Industrial and Business Area
4. Road Cross Section, Boulevards
5. Construction Programme for Proposed Road System
6. Design for Lamp Posts
7. Underground Installations
8. Egg-shaped Sewer, Cross Section
9. Sewer Districts
10. Sewerage Treatment and Discharge Stations
11. Hexagonal Planning
12. Civic Center Structures
13. Civic Center Structures, Elevation
14. The Proposed Railway Central Terminal
15. Municipal Library
16. Municipal Art Museum
17. Municipal Theatre
18. Park System
19. Public Playgrounds
20. Airfield
21. Trolley and Public Bus Lines
22. Zoning Plan

（一）　大天津市物质建设的基础

所贵乎计划者，期能终见实行也。欲见此项方案之实施，必先知天津物质建设的基础。窃考天津物质建设方案之先决问题，至少应有下列六项：

一、鼓励生产，培植工商业，促进本市繁荣　古代都市盖起源于交易而发达于形胜。自农工业革命而后，人口之城市化更为显著，而工商业与都市繁荣之关系愈趋密切。历考各国都市，除少数政治及教育等市外，一市之盛衰多视其工商业之盛衰为转移。天津为华北南埠之巨擘，欲谈物质建设首应促进本市之繁荣；欲使本市繁盛，尤非从鼓励生产、培植工商业入手不可。天津工业，以纺织、面粉等为最大。至于塘沽之久大精盐及永利制碱二厂，亦与天津市有密切关系。年来工潮迭兴，商苦重税，国内各工商业咸呈奄奄待毙之势，天津亦非例外。故天津特别市政府理应注意及此，在可能范围内，力筹保护之策，俾工商业可以兴起，本固枝荣，天津市之物质建设，亦可以不致徒托空言矣。查刻下国内生产之障碍，略而述之，可得六焉：内战不息，军费甚重，一也。交通梗阻，消费无力，二也。盐枭不靖，产地日减，三也。苛征繁重，负担逾量，四也。国信不立，外资不能利用，五也。商业不振，投资者寡，金融紧急，接济无力，六也。上列六点，市政府固乏全力加以纠正，然亦不无局部救济方策。至于工潮澎湃，市政府社会局应负调解之责，尤应设法提倡劳资合作。生产不增，工业凋谢，不第资方亏累，即劳工亦将有失业之虞也。

二、提倡市政公民教育，培养开明的市民，以树地方自治之基　城市物质建设之原动力，大略言之，可得二焉。一为好胜的君王，伯锐可士（Pericles）之于雅典，阿格斯特斯（Augustus）之于罗马，秦始皇及汉诸帝之于长安，拿破仑三世之于巴黎，均其例也。二为开明的市民。如刻下英美各国市民之市政改善热是。秦汉以降，政治统一，全国视听，集于首都，秦始皇及汉诸帝，先后移各地疆宗大侠豪富以实长安，所谓"三选七迁，充奉陵邑，所以强干弱枝，隆上都而观万国"。其政策与法王路易十四之铺张巴黎极相仿佛。此种由英俊有为之独夫所支配的市政建设盖莫复能用于今日。易辞言之，今日之市政建设，规模较前宏大，兴趣较前复杂，苟无市民的助力，必难有良好之效果。市民对于市政之兴趣多随世界文明之进化而俱增。何以言之。世界文明进化，交通利便，书籍杂志增加，知识思想之交换较易，工商业发达，市政问题亦必随之增加。人民之经济环境既有更变，其适应新境之心理亦必逐渐兴起。然而此种只靠天然变化不假人力促进之办法，实有缺陷。故吾人尤不得不注意于人为的市民对于市政兴趣之促进方法。其一为提倡市政公民教育。发扬民治，培植市自治之基础，胥在乎是。市内各大学校必须设置市政专科，中学校对于公民学及初步市政学教材亦应多加采用。市政府每年应置关于本市市政之论文奖金、奖学金等以资鼓励。各中学校每年必举行一市政日，专为讨论各项市政问题。其二即为市政改进会之设立，由市政府导各街村长副组织之，每月开例会一次，讨论本市市政及自治各项问题。

三、改善现有组织，以得经济的与能率的行政　近年来国内各市之行政组织固较前者大有进步，然亦不乏尚待改善之处。责任专一、职责集中实为市行政组织最佳之原则。组织系统由上而下，如臂运手，如手使指。相同性质之工作应设法纳诸一处，以免重床叠架，呼应不灵之弊。天津特别市政府对于其所属各机关应有较为严密之监督。秘书处应有扩大之组织，将现代市政府之总务工作尽纳于其中，而处中人员均应各有专责，始可有实事求是之效。

四、采用新式吏治法规，实行尚贤与能的原则　吾国自来科举制度，素为政府之基石，积久弊生，古意渐失。科举既废，分赃盛行；吏无常轨，政失其平。从政者咸以循规为耻，幸进为荣；吏治之混乱久矣。科举之意，盖以长于文者，必为良吏。此于往昔政府工作简单之时，尚可说也。时至今日，不复可用。近代政府，工作复杂，舍专家盖无由治。譬之治病，必求于医。譬之补鞋，必求于匠。有病找鞋匠，鞋破找医生，人必以为大笑话。实则此种笑话，直日日扮演于吾人之眼而不之觉耳。遍观各国，市政组织虽有出入，而任用专家则为其相同之点。人得其用则百事易举。故曰：采用新式吏治法规，杜绝不论资格滥用亲旧之恶习，实行天下为公尚贤与能的原则；实本市物质建设之基础也。

五、推行新式预算划一市政府会计簿记制度，使财政得以真正公开　英伦政伟格雷斯通（Gladstone）之言曰："预算者，非仅数目字而已也，其于各个人之财富，各阶级之相互关系，国家之强弱兴亡，均有莫大之关系焉。"斯言也，可谓极智。美国近二十年来之市政改革颇注意于此点。国内各市对于此点如不奋起直追，市行政上之经济与能率盖难言也。至于新式簿记会计及审计之采用，尤为修明市财政之先决条件，有此始可以谈预算决算，始可以言廉洁政府，始可得真正的物质建设。

六、唤起民众，打倒帝国主义，一致努力誓归租界　本市各租界之理应收回，尽人而知。各租界不特为政治犯之逋逃薮，且为娼赌匪徒聚集之所，于本市之各项行政，掣肘之处极多。最重要者，租界存在，大规模之设计方案，因事权不能统一，决难见诸实施。作者等此项方案，并各租界地亦加设计，非敢好高鹜远，实因非此不可。苟届时租界尚未全数收回，则本市当局应联络租界当局合组一共同之委员会处理一切。

(二) 大天津市的区域范围问题

　　天津依据国民政府现行特别市组织法规成立特别市政府。最初市政当局接事后认为"本市划分区域之要点，必以能否使本埠商业发展为标准"，故主张将天津全县及宁河、宝坻、静海、沧县等四县之一部分划归天津市内，且主张"俟必要时，再行呈请变更或扩大之"。此项计划，省方迄未同意，悬而未决。直至现任市政当局莅任后，乃将以前计划缩小范围，议定区域最低限度。所谓最低限度者，即："除公安局所辖警察区域不计外，并应将大沽、北塘及海河以南，金钟河以北各二十里，划入本特别市区域范围以内，藉资发展工商业，以维持本市之繁盛，而仍保留天津之县制。将来市之区域，再有扩大之必要时，再行区划。"此项计划最堪注意之点，尚不在地域范围之缩小，而在保留天津之县制。同时依据天津市政委员会与特别市土地局之意见。均主张废除天津县，以求得事权上之统一。此项省市政界问题，案悬经年，迄未得相当之解决。故目前天津特别市之行政权，仍困于此狭小之区域内，而在此狭小之区域中，市县并存，既有重床叠架之嫌，复不无互相掣肘之弊。故吾辈讨论大天津之物质建设方案时，对于此点难安缄默，不得不加以研究也。

　　查天津特别市区域问题，诘以市政学术语，即"大市问题"是。近代各国较大都市繁荣发展之时，其吸引力往往可使近郊各地作共同的发展。结果本市有如北辰而环市各地则成为拱卫北辰之众星。存亡利害，休戚相关。因此，本市工作故不能只限于本市。诸如修筑道路，建设公园，设计交通利器，组织各种公用事业等等均应有通盘的筹划，权利义务亦应有公平的分配。大市有如蛛网，本市则赫然盘据网中之蜘蛛也。苟无此网，蜘蛛之生活固感困难，苟无蜘蛛，网又何自而起。故天津市与其近郊之关系，实至密切，不容漠视者也。

　　市县合并，各国素有先例可援。其故有四：

　　(1)县的工作，通常只限于代表高级政府而执行者。市的工作，则不限于此，常有其单独的地方工作。

　　(2)县的工作，多含有"乡"的意味。对于近代市政，势难办理妥善。

　　(3)市县并存，在同一区域之中，有二种政府同时存在，双方组织工作势必有重床叠架或互相推诿之弊。

　　(4)市县合并，行政可得统一。财务、人才、物料均可较为经济。

　　天津特别市与天津县之行政区域，相差不多，双方工作上之重复与办事上之冲突，自所难免。市县实难并存。吾人如主张反市为乡，则应主张取消天津市。否则天津县制之取消，势难避免也。

天津为华北商埠之巨擘。中国之农业革命如无进展则已，否则天津市之日臻繁荣，盖意中事。作者等认为天津特别市区域之扩大实为时间问题，故敢作下列建议：

(1) 调查 大天津市之区域及组织问题，如欲有完满的解决，首应有正确事实之根据。前日本东京市长后藤新平子爵有云："改良市政非先有科学的调查及准确事实上的根据不可。"愿当局三复斯言。

(2) 废县 此为大天津市发展之第二部工作。废县后市乡地方的税捐分配问题，尤应加以注意。

(3) 正式扩充地域范围，着手组织各区政府，以免工作过于集中之弊

刻下天津县制未废，市区域亦未扩充；作者等设计之时，只能限于现存区域而此项计划应如何而可适应将来环境之处，尤为作者等所念念不敢或忘者也。

(三) 道路系统之规划

一、**道路系统之重要** 道路之于市，犹血管之于人然。市内道路系统苟无相当之规划，其他物质建设，盖难言也。查近代都市道路系统之规划各地不同，大略言之，可分为下列数类：

(甲) 有规则的 此类之中，复可分为棋盘式、圆周式、直角交叉式、中央放射式、几何规律式等等。

(乙) 无规则的 无规则的道路系统，并非无计划的道路系统。其用意在取上列有规则的各式之长而去其短。其计划并不只限于一式。就中有棋盘，有圆周，有直角交叉，有中央放射，亦有几何规律。虽曰无规则，而规则在其中矣。

二、**天津市道路规划之方针** 美市道路系统，多采棋盘式。国内都市，以为此项计划，简单易行，故争先效法。殊不知只用棋盘式而不参以他种式样，并非良策。市内交通既不能得充分之便利，而棋盘式排列颇为单调，对于审美方面，亦觉欠妥。是故近来美国都市设计，已不专重棋盘式，对于其他各式，亦多采用。天津市内道路，除河北一带，三特别区域及各租界外，均无一定的系统，统视全局，尤无固定的计划。河北一带，特别一区，特别二区，法、日、意三国租界均为棋盘式。英国租界为不规则的棋盘式。特别三区为棋盘式及直角交叉式之混合。今查本市道路系统之最大弱点在于缺乏全盘的设计。各部分各自为政，不相贯属，其影响于本市之交通及发展者至大。故作者等对于此点，极为注意。至于作者等规划之方针，首顾及本市地势之特殊情形。对于原有

道路，充分利用，务期免生吞活剥之讥，而市民在建设进行期间，亦不致有莫须有之不便。道路系统，并不拘拘于一式，以便得各式之长而无其短。

三、**所拟道路系统图解释**　根据前述各点，计划本市道路，共分干道、次要道路、林荫大道、内街及公道五种，分述如次：

(1) 干道　本市道路，缺乏通盘之筹划，前已言之。所拟之干道，即为补救此项缺点而设。干道之标准宽度，应为二十八公尺，除两旁各筑五公尺之便道外，尚余十八公尺，备行驶六行车辆之用。其建筑，在可能范围内，当以正直为主。如必须改用较长之弧线时，曲度亦不应过大。两路相接，除对角线路外，其余相切之角度，概以不小于四十五度为标准。

(2) 次要道路　次要道路为每一区域内互相贯通之道路，其主要目标在辅佐干道便利交通，划分房屋土地段落，供给街旁房屋之光线与空气。河北一带，三特别区及各国租界之现存道路，均可列为次要道路。至于城厢及城厢附近地带，铁路左近如金家窑、陈家沟、沈庄子、王庄子、郭庄子一带道路素乏系统。必须依据原有街道情形，设计新次要道路，以便与其他各地得有平等发展之机会。次要道路，复可分为下列数种：

(甲) 零售商业区通路　此项道路标准宽度定为二十二公尺，其中十二公尺为路面，两旁便道，各五公尺。旧有道路如不足此项标准者，可逐渐加宽之。

(乙) 工业区道路　标准宽度定为廿二公尺，其中十二公尺为路面，两旁便道，各五公尺。

(丙) 住宅区道路　新辟上等住宅区之道路宽度，应定为十八公尺。路傍铺草植树。路面暂时可建六公尺，日后可增至十二公尺而无障碍。两旁便道，各四公尺。旧有住宅区之道路亦应逐渐加宽，其不宽辟者，则改为内街或内巷。

(3) 内街　原有道路之过窄者，将来概改为内街，标准宽度定为六公尺。汽车不得行驶之内街应在两方街口，各立洋灰柱二条，相距一公尺半，俾人力车可以通行无阻，而汽车不能驶入。

(4) 林荫大道　林荫大道为壮丽都雅之干道，道旁多植树木，设有座椅，既便交通，复可作路人游憩之所。此项道路全线无标准的宽度，但平均总应在三十公尺以上。所拟林荫大道有二，其一由天津总站，至河北大经路至市行政中心区，折而南，沿海河东岸直达旧比国租界。其二由西沽近郊公园越城厢直下至八里台，折而东行，沿马厂道经特别一区至海河西岸。将来新桥落成后，此二林荫大道即可互相沟通。特别二区及金家窑一带之临河房屋，类皆简陋，应由市政府平价购得。将来路功告成之时，重新分段出售，必获大利。由海光寺至八里台之臭水河如南开蓄水池排泄问题完满解决之后（请参看本方案之下水计划），臭味自可消除于无形。河中可供游人泛舟之用。将来两岸柳暗花明之时，河神亦将以一洗奇臭为荣也。

(5)公道　公道者，为本市与四乡及其他各市相连贯之道路。其在本市区域范围内者，应由市政府修筑；其在市外者，则由本市与其他各该行政机关共筹处理。此项公道之修筑，省政府应酌予补助。

四、拟定道路系统实施步骤　前项拟定路线，一经采用公布之后，无论何人均不得再在此项路线之上建筑房屋。所拟计划，势难一蹴立就，理应分期进行，逐渐改善。故作者等复将计划中之重要道路分别轻重缓急，分为五期进行(见逐年完成路线图)。民国三十年为一段落，四十年为一段落，五十年为一段落，六十年为一段落，七十年为一段落。预计在民国七十年以前，所拟道路计划必可完全实施。准以天津特别市之财力，每期中之负担，实不为重也。

（四）　路　面

路面之选择，大抵均以下列数点为标准：(1)建筑费低廉，(2)路命长久，(3)路面平滑，(4)音响不大，(5)易于扫除，(6)尘土不致飞扬。然而欲求一尽合乎上列标准者，固不易得，要在因地制宜，因时制宜，以求得一比较上最合宜之路面。且全市道路种类不同，为用各异，亦难固定标准路面，强施之于全市。查天津市刻下所可用之路面，有下列数种：

(1)砖基渣石路。下置立绤①红砖基一层，上用二英寸渣石铺八英寸厚路面。估价每方丈约需洋十六元。便道下置六英寸厚灰土基一层，上平铺青砖一层；每方丈约需洋十三元。侧石及卧石。$5'' \times 12'' \times 3'—0''$侧石。$6'' \times 12'' \times 3'—0''$卧石。六英寸厚，一英尺八寸宽灰土基。每十英尺约需洋十六元。

(2)二层砖基渣石路。此种路面做法与前相同，惟下置立绤红砖基二层。每方丈约需洋二十一元。

(3)砖基三合土路。此项路基用立绤红砖基一层，上铺六英寸厚一三五三合土一层，路面用一二四三合土厚二英寸。每方丈估价约为四十八元。如路面三合土厚度改为一英寸，则每方丈可省六元左右。便道下用六寸厚灰土基一层，上平铺十寸见方洋灰便道面，每方丈约需洋二十四元足矣。

(4)三合土基石块路。用六寸厚一三六三合土基，中置一寸厚白灰细沙混合褥一层，路面用 $4'' \times 7'' \times 12''$ 石块铺砌。每方丈约需洋九十八元。如用洋灰砖便道，下铺六

---

① 即侧立砌砖，俗称"青砖"，"青"与"绤"音近，可通用——傅熹年注。

寸厚灰土基，上平铺十寸见方洋灰砖便道面；每方丈约需洋二十四元。

(5)三合土基木块路。路基用六寸厚一三六三合土基。上置一寸厚白灰细沙混合褥一层。路面用 3″×6″×10″ 美松木块。每方丈约需洋一百一十元。

(6)红砖渣石基地沥青路。路基用立绍红砖基一层，上铺二寸渣石一层，厚八寸。路面用寸半厚地沥青。每方丈约需洋三十九元。

(7)红砖三合土基地沥青路。路基用立绍红砖基一层，上铺五寸厚一三六三合土一层。路面用二寸厚地沥青分三次压实。每方丈约需洋六十四元。

(8)沥青麦坎达路，或称沥青碎石路。此项路面为国都设计技术专员所拟定之南京标准路面。首都计划报告书中有曰："此种路面，建筑之费颇廉。其厚度宜因各地所载之重量不同，酌量分别敷砌，务以经久耐用，修养便易为目的。若分三层筑至二十公分（即八英寸）之厚，而所用之沥青，复选择得宜，则每日平均能受行驶二千辆汽车之重量。"今将此项路面之详细建筑说明书附录于后，以备参考。此项路面，每方丈约需洋四十元至六十元。

前列八种路面，各有优劣，价格亦不相同，颇难选择一种作为标准路面，以施用于全市各项道路。今依照各道路之性质决定应采用之路面如次：

(1)干道　本市干道此后均应采用红砖三合土基地沥青路。干道上车辆来往极多，负载甚重，非用此种路面，不能支持。

(2)次要道路

(甲)零售商业区道路　此项道路，交通亦极频繁。应采用三合土基地沥青路，可少修理之烦。

(乙)工业区道路　重工业区道路应采用三合土基石块路。轻工业区道路可采砖基三合土路。

(丙)住宅区道路　高等住宅区道路用沥青麦坎达路面。次等住宅区可用二层砖基渣石路。

(一)内街。内街用单层砖基渣石路。

(二)林荫大道。林荫大道用红砖三合土基地沥青路。

(三)公道。公道用沥青麦坎达路。

砖基渣石路代价虽廉而损坏极易，养路费数倍于他项路面，合而计之，实非经济之道。故本方案中仅建议内街一项采用此项路面也。其他道路建筑，应本宁缺勿滥之原则而进行。筑路在质不在量。苟经济不充裕，多筑劣质道路，又无养路费以作补救，其结果必败坏不堪问，路政盖难言也。

（五）南京所拟定之首都标准路面

建筑沥青麦坎达路面说明书

路面可分底层顶层建筑。底层之下为路基。顶层之上，有用油类敷面者。因其建筑程序依次说明之。路面以碎石为主体。宜采用机力轧碎者，因其大小类别如下：

一等　穿过四份一英寸直径之筛孔者。

二等　穿过四份三英寸直径之筛孔，而停留在四份一英寸直径之筛孔者。

三等　穿过二又四份一英寸直径之筛孔，而停留在四份三英寸直径之筛孔者。

四等　穿过三又二份一英寸直径之筛孔，而停留在二又四份一英寸直径之筛孔者。

(甲)路基

一、泥土路基　用适宜之方法造成拱形，便与筑成之路面相似。然后施以辗压，此拱形之斜度为每一英尺之宽度其相差之高度为四份一英寸。未铺砌路面之前两边路肩及所应有之泄水设备，须建筑完竣。

二、石块路基　如泥土未臻巩固，应用石块为路基。石块须坚实耐用，不宜直卸于路底及就地划平。须用人工铺砌。以石块长度横过路线，以高度坚立宽度，平放路底，务须衔接缜密。石块之高度，不得超过路基之厚度。最高亦不得过九英寸。其宽度不得超过高度。其其长度不得超过高度之一倍半。最长亦不得过十二英寸。铺砌完竣，则用十吨以上之辗地机尽量辗压。然后将碎石，碎砖，鹅卵石，或铁滓填于空隙，继行辗压，至罅孔全行填满及石块坚实不动为止。如有辗地机难施工之处，可用重铺以代之。

(乙)路面之底层

一、路基筑成后，铺以四等碎石，碎砖，鹅卵石，或铁滓，或三等与四等之混合物。匀平铺放，施以辗压，至规定厚度为止。

二、如辗压后之厚度超过四英寸，应分二层或数层放。逐层辗压之。每层在未辗压前之层，不得超过五英寸。

三、所有路面石料之厚度，概用立方木度之。

四、所有石料不得直卸于路基或任何层之路面，须先倾积于石子贮存台，由该台取铺于路面。惟已堆积在道路两旁者可取用之。

五、石料不可大小各聚一方，应于铺放时用铁耗拨下，使粗细参差，均匀得宜。

六、每层碎石铺放妥当后，用十吨以上之三轮辗地机，从两旁向中施行辗压，以至在辗机前之碎石不能转动为止。

七、每层完全辗实后，即将一等碎石，鹅卵石，铁滓或锐洁之沙铺于其上，而以竹帚或铁帚扫之，以填塞空隙。乘干辗压之。工竣后，将留在面上过多之填隙物尽行扫除，又所有车辆除运送上层材料者外，不准在路面通行。

八、所有一等石料须与该层未兴筑之前，运堆道路两旁，以便应用。

九、每层一次同时铺放辗压之，长度不得超过五百英尺。

十、如底层系分数层建筑者，每层须遵照上项规定依次造成。

十一、如路基太软或湿，或经车辆行驶，故当辗压底层时，发生浮动，承建人须即将此浮动之处改筑，换以坚洁石料，依法铺放，辗压至监工工程师满意为止。

(丙)路面之顶层

一、顶层石料须用三等石，灰石，级形石，花岗石，或其他坚实耐用之石。其磨耗系数(French Coefficient of Wear)不得少于七，其强韧性(Tonghness)不得少于六。

二、底层筑成后，铺以四英寸厚前条所规定之三等碎石，即以十吨重以上之三轮辗地机辗压之。此层所用之碎石，概须卸于石子贮存台，然后用铁耙拨下。务须铺配均匀。无大小各处一方之弊。辗压须从路边将辗地机一轮之车据路肩上逐渐向路中进行，辗压至碎石之在机前者不动为止。铺放碎石及辗压时，须勿使路面参差不平，若有不符规定拱形之处，须在辗压完竣及填隙前改正之。

三、顶层之碎石辗实至经监工工程师认可后，将预堆在路旁之一等石，灰碎石铺于其上，以为填隙及胶结之用。用铲乘干铺放，即以竹帚或铁帚扫入空隙充分辗压之。于铺放时所当注意者，每次加增碎石，只宜用少量，不可太多，逐次遍扫入罅，辗压至所有空隙完全增满，乘干不能再容时，然后洒水于路面，再行辗压，继续加铺一等碎石扫填空隙，施行辗压，至空隙完全填满为止。当辗机行动时，有成浪纹之浆水一条，在其前面发见者，是无余隙之明证也。顶层须全无余隙，始可着手洒水。如辗压时，路面发生如浪纹之浮动，是因路基受湿所致。即顶层孔隙未能填塞妥当之明证。至此须移去辗机，俾其自干。在两旁路肩掘一V形小沟，以促其效。路基坚实后，再行补填之。建筑工竣可任其自干，后此二日，便可通行车辆。

四、路面经车辆通行后，每隔一日须薄铺以一等石灰碎石，及洒之以水，然后辗压，俾成坚久之路面。此目的既达，则用铁帚将剩余碎石尽行扫除，全路现一平坦之嵌石路面矣。

(丁)油类敷面之冷敷法

一、碎石路面，依上项规定，建筑完成后，即可敷油。所用油类，非遵照大沥青冷敷说明书，如美国材料力量学会所规定者，即须遵照柏油冷敷说明书所规定者也。

二、先以铁帚将路面完全扫清，然后敷油，以用机力射出者为宜。每方码（即九英尺）路面用油半加伦，须将全路面一致均匀敷涂之。

三、路面敷油后，立刻以二等锐洁碎石之石屑铺之。此二等碎石，须无灰尘，及一等碎石掺杂其中。所用石屑以铺过油面为度，铺石屑后，立刻以十吨重之辗地机辗压之。如是工程告成，便可通车矣。

(戊) 油类敷面之热敷法

热敷法之手续与上述之冷敷法相同，惟所用之油类，其质较重，及须煮热，方能施之于路面耳。如铺土沥青，其热度须在华氏表三百至三百五十度之间。如用柏油则不得超过二百五十度。但须在二百度以上也。如路面潮湿或在华氏表五十度以下之天气，不论冷敷热敷，概不得举行，盖路面愈热，热敷之结果愈好也。

（六）道旁树木之种植

道路系统及路面决定后，即应注意于道旁树木之栽植以及路灯之装置。欧美都市，树木与道路殆有不可或离之关系，有树木而无道路者有之，有道路而无树木者盖寡。我国对于林业素少注意，郊外固多牛山濯濯，市内亦皆有路无树，较之各租界地内道路之整洁，树木之繁茂，实相形而见绌。本市当地情形，亦非例外。此于本市之美观以及市民之卫生，均有不良之影响。建设新天津时，允宜加以注意也。

本市道旁树木之选择，应以下列数点为标准：

(1)适宜于本地风土易于滋生者。

(2)有益于市民之卫生者。夏季可以庇荫道路，冬季可以透射日光。

(3)姿势既壮，风致亦佳，且不妨碍他种物体者。

(4)树叶宜大且厚，落叶期间较短，可免多次扫除之劳者。

(5)树梢树枝，虽加剪切，亦无伤于本树之生命者。

(6)寿命长久者。

依据上列标准，本市应采植下列各树：

一、公孙树。又名银杏，欲称白果树，属公孙树科。干挺直，枝叶繁茂，高至九十尺，直径达八尺。树冠平展可至八十方尺。叶作扇形，又似鸭脚。全叶迎风摇曳，楚楚有致。

二、白杨。属杨柳科，为大乔木，高达八十尺至百尺。本埠英租界、法租界中街一带即间有之。以其萧萧作声，不宜植于住宅区中。

三、垂柳。属杨柳科，高可四十尺。生长迅速，可以插条繁殖。枝条下垂，迎风婀娜，以柳腰形容美人，良有以也。尤宜植于临河两岸。

四、泽胡桃。为胡桃科，落叶乔木，树干直长，生长甚速。亦宜植于河旁。

五、榆树。属榆科，干高可达百尺内外。冠作扇形，颇美观，叶亦娇艳。宋孔平仲诗："镂雪裁绡个个圆，日斜风定稳如穿。凭谁细与东君说：买住青春费几钱？"即咏此树之果实也。

六、槐。属豆科。本市各地所有者，多为洋槐，极易培植。几可称为天津市之标准道旁树。尤适宜于住宅区。

七、樗。属苦木科。俗称臭椿。叶花均有臭味，幸雌雄异株，雌树臭味较微。躯干甚大，极易培植，几于无处不可滋生。本埠各租界地颇多采用。

津市道旁土壤，其品质各处不同。普遍于栽植树木之土壤，约含砂百分之七十，粘土百分之二十，腐植土百分之十。其土壤瘠恶之地，宜多施肥料，再事栽植，或用客土法以作补救。所谓客土法者，即将植树地方填以他处良好土壤也。植树地方至少应有三尺见方之肥土。植树时树间距离，不可过密，否则有碍树木之生长，即生长后，亦难免枝叶有相互交错重叠之处。其距离应以二十英尺至五十英尺为限，依树种之性质而定。较窄道路，两旁树木应参互栽植，否则均应对峙植种，以增美观。十字街道之角隅，不得栽植，当在角隅二十英尺之外栽种，以免阻碍开车者之视线。同一街上，在可能范围内，所栽树种似应采取同种树木，以求整齐。

树木种植之后，尤须注意保护方法。诸如灌溉，施肥，修剪等等，均应时加处理。如此天津市路政始可焕然一新。凡兹所言，仅限于道旁树木之种植。至于市外近郊之造林工作，本方案势难备赘；然其重要，固不待言者也。

（七）　路灯与电线

路灯之装置对于市民福利之关系至大。美国城市中汽车肇祸之原因，有百分之十七均由于路灯装置失当所致。美人对此项技术，素极注意，而其结果，尚复如是。中国各市情形，当更不堪问。即以本市而论，路灯之装置，殊乏良善之标准。华界以及各租界之路灯，类均采用高架悬空格式，以横线悬挂于马路中线之上。此种装置，在多数地带实不如改用便道边竖柱装设法，较为适用。至于路灯之配制方法，应依各路之性质而定：

一、商业区道路
  每柱灯数　　　一盏
  烛光　　　　　六百支至一千五百支
  灯柱距离　　　八十至一百英尺
  灯柱高度　　　十四至十六英尺
  灯柱排列　　　两面对峙

二、干道
  每柱灯数　　　一盏
  烛光　　　　　四百支至一千支
  灯柱距离　　　百五十至二百英尺
  灯柱高度　　　十五至十八英尺

（如因道旁树木繁茂之故，必须采用悬空格式，则灯柱高度应为二十至二十五英尺，悬空横架应在六英尺以上。）

  灯柱排列　　　两面参互排列

三、林荫大道
  每柱灯数　　　一盏
  烛光　　　　　二百五十至六百
  灯柱距离　　　百五十至二百英尺
  灯柱高度　　　十五至十八英尺
  灯柱排列　　　两面对峙或参互排列均可

四、高等住宅区
  每柱灯数　　　一盏
  烛光　　　　　二百支至四百支
  灯柱距离　　　一百五十至二百英尺
  灯柱高度　　　十三至十五英尺

（如用悬空格式，则高度应为十六至二十英尺，横架长在四英尺以上）

  灯柱排列　　　两面参互排列

五、次等住宅区
  每柱灯数　　　一盏
  烛光　　　　　二百支至四百支
  灯柱距离　　　二百至三百英尺
  灯柱高度　　　二十至二十五英尺悬空格式

　　　　灯柱排列　　　　两面参互排列
　　六、市行政中心区
　　市行政中心区一带路灯，因建筑形式上之关系，故路灯之样式亦应与他处不同（见第七图）。其配制方法如下：
　　　　每柱灯数　　　　一盏
　　　　烛光　　　　　　二百支至四百支
　　　　灯柱距离　　　　一百五十至二百英尺
　　　　灯柱高度　　　　十三至十五英尺
　　　　灯柱排列　　　　两面对峙
　　上述路灯计划，应依照各项路线逐年完成。最近期间应设法改良现有状况。尤应极力制止浪费，细加考核，以免天津电车电灯公司因此将其报效费用减轻，使本市财源受一打击。至于本市现有电线，类皆架空设置，既损美观，复多危险，应设法移设地下，假以时日，必可有成。新电线之安设，应以采用地下管子为原则。此项电线管子应设在路旁便道之下而不应设在路面之下，以免修理时拆路之烦。高压电流之变压器（即俗称转电处）本市所有者，亦均设置于路旁便道之电杆上，亦非良法。市府应有明文禁止，从速设法将之迁移地下也。

（八）　下水与垃圾

　　一、下水道形式之选择　　道路修筑之时，下水道必须预为安置。旧式下水道，为时过久，其下部之沉淀物极多，水流往往因以不畅。卵形下水道可免此弊，故作者等建议以之作为本市标准下水道。此种下水道，无论用合流制或分流制均可适用。
　　二、分流制与合流制　　下水之来源大致可以分别为二：一为雨水，二为污水。雨水量少质清，其排泄方法较易。污水量多质浊，其处理方法较难。雨水污水合归一道名曰合流制，分成二道即为分流制。本市华界及各租界之有下水道者多采用合流制，其故盖因合流制初次建筑费用较为低廉之故。实则合流制并非良法，证以美国城市近年来时有改合流为分流者，可见一般。天津市理应早日采用分流制度，以免因循将就，积重难返，补救维艰。且作者等拟定之下水处置方法，内有一下水区域系用灌溉方法，尤不可用合流制。其他地带，所拟先将下水加以澄制，然后放之下河，亦不应采合流制以增加澄制之费用也。
　　三、下水道之位置　　污水下水道之位置应在道路之中央，但过宽之路下，污水下水道亦可设在路之两旁。财力充裕，即较窄道路之下亦可设在两旁，下水之通行必更畅快，路旁房屋接管时亦可较为便利。至于雨水下水道则应设在便道之下。此项下水道之入土深度大可不必与污水道取同一深度。(请参阅道路地下各项装置分配标准图)

四、下水区域与下水处置　本市下水系统，应分为五个区域，以便宣泄。区域之分配请阅附图。近代城市污水下水入河之前例须先有一番处置，以免沿河下流居民取作饮料时发生传染病症。无下水处置方法各地，其虎列拉等传染病之死亡率必高，此实确切不移之理。作者等所拟本市污水下水处置方法共有二种：一为沉淀滤治法；二为灌溉法。甲、乙、丙、丁四区用沉淀法。戊区用灌溉法。甲、乙、丙、丁四区每区设一沉淀抽水站。污水下水至站时先以抽水机迫至澄淀池，然后再经滤治，滤治后入河。甲区沉淀抽水站设在特一区梁家园附近。乙区设在甲区水站之对岸。丙区设在河北西窑洼左近。丁区设在丙区水站之对岸。戊区之抽水机仍设在南开蓄水池。然后再由南开蓄水池引至中国跑马场西部乡区第二所地方以作大规模的灌溉之用。此种以污水下水肥田之法，德国柏林用之极著成效。天津不妨以戊区作小规模的试验。既可开国内下水田之先河，复可保存一部分之排泄肥料，不得谓非良策也。

五、垃圾处置方法　本市垃圾，类由各处自由处理，并无通盘计划。以致良好住宅之旁以及沿河一带往往垃圾堆积如山，穷儿野犬，竞相检拾，既碍观瞻，复害卫生。夏日更为蚊蚋蝇虫繁殖之所，对于市民幸福关系甚大。故应早日定有全盘处置计划。市政府卫生局应购置载重汽车或宽轮大车每日将市内各地垃圾运送至四乡地方填补洼地。

（九）　六角形街道分段制

本市华界及各租界之街道划分地段格式，多采长方格式或四方格式，对于美观及实用上，均欠圆满。城厢一带毫无计划之地段，更毋论矣。旧有地段之重新划分事实上极感困难，恐难办到。惟新地带之发展，如西沽一带，西湖园以南一带，老西开六里台一带未经划分之地段，作者等均主张采用六角形街道分段制。此种制度在近代城市设计中占一极重要之位置。惜以其稍涉新奇，国内人士知之者极鲜。实则此种分段制度实最新式的，最进步的，最合适用的制度也。六角形街道之好点甚多，其较重要者如下：(1)可以免去东西正角路，北向房屋冬日亦可得有阳光。(2)六角形街道旁之房屋可得较多之阳光。(3)房屋园地可以较广。(4)三叉路可减少交通上的危险。(5)六角形地段较之长方形地段可以少用街道，筑路费、便道费、下水道设置费均可减低。

（十）海 河 两 岸

一、河岸与都市物质建设之关系　河岸与市政建设之关系有三：其一，近代都市，大抵为工商业都市，邻近河川，航运必繁。河岸两旁之码头建筑，实为一大问题，其设计之良否，往往影响於全市之发展者至巨，不可不细加考虑也。其二，河岸附近地带，如为住宅区，甲第连云。多喜滨河而居，空气既佳，风景亦好。此种地带，苟能加意培植，地价之得以增高，意中事也。其三，欧美都市，多采河岸地带善加修饰，辟为河旁公园，备游人休憩游玩之用。都市美化之工作，此其一也。

二、天津市之码头设计　天津市刻下之码头，多在英租界紫竹林一带，特别一区及特别三区亦有之。英租界法租界货栈林立，繁荣特甚。日租界之发展，亦有赖於此焉。旧法国铁桥建筑时，开桥时两端相距过近，较大轮船不能溯河而上，说者谓此系外人处心积虑不欲使华界有建筑码头之机会。及万国铁桥落成后，此弊已除，海河情形见好时，较大轮船，便可驶过万国桥。日人有鉴於此，已在其租界河岸筹备建筑大规模之码头，以与英法相竞争。意租界当局亦有意效法。我国市政当局虽一度有在金汤桥下特别二区及其对岸建筑码头之意，旋即作罢。窃意为天津市将来之有序发展计，为使华界与各租界可有共同发展之机会计，此项问题，均不得不加以注意。查天津市刻下码头之情形，实非合理的发展。何以言之。码头发展理应邻近铁路，刻下天津市各码头则否。天津为华北第一商埠，实为华北进出口之枢纽。航运货物之入口者，多转运于内地，并不尽供津地市民之销耗。码头既不邻近铁道，运输方面，需要大车甚多，於是本市路面之维持费因以增高。作者等认为根本解决问题应在旧比国租界及特别一区沿河一带速建码头以与各租界相抗。更有大直沽地带建筑北宁铁路支线车站，以便运输。将来码头落成后，特别一区以海河路为运输中枢，特别三区及旧比国租界将以六纬路为主干。旧比界将来可成为绝佳之码头货栈聚集地。查航运货物之来津者，其应在天津本地销售之货物，可在特一区码头上岸，距市场较近，运费亦可较省。其运销内地者，则将在旧比界上岸，上岸后便可用火车转运内地。出口货亦然。查码头建筑之法颇多，须因地而致宜。海河河身颇窄。筑码头时应将岸边陆地挖去。使码头缩进岸内，便可不致减少河身之宽度，且不必另筑地基，足以挖河之工费相抵。至于货栈面积及建筑式样之规划，理应依据所储货物之性质多少而定，不在本文之范围内，故不备赘。所在码头货栈之建筑，最好由市政府自营，其由商人举办者，亦应受市政府港务处之监督。都市所需码头之长度，多依其人口为比例。此项比例，各地不同。例如利物浦为每千人二六八英尺。伦敦每千人则只有三十英尺。国都设计技术专员办事处预计南京人口将来约为二百万，估计南京所需码头长度为五万英尺、此项估计，实不为多。天津苟欲为华北第一商场，则每千人至少应有码头二十英尺。如以二百万人口计算，则将来至少应有码头二万英尺。

三、河岸与都市美　前所言者，不过解决天津河岸问题之一部耳。码头以上之一带河岸均应有缜密之计划。依照本方案，海河下流码头落成后，英租界码头必受影响。将来租界收回后，即可规定自特一区及英租界交界以上，不得建筑码头货栈。海河东岸林荫大道筑成之后，河东临河一带，必成为绝妙之住宅区，纽约之临河道（Riverside Drive）可为先例。如此不特地价可以增高，且河岸亦可得保护，全市美观，亦可得以增进。将来河西沿岸一带，亦可如法炮制，使河东一带，不得专美于前也。

（十一）公共建筑物

一、公共建筑之位置分布　自位置之立脚点而言，市内公共建筑物大都可分为三类：其一，须集中的：此项建筑物，须置于适中之地点，以便利用，以壮观瞻，例如市政府、邮局、市立大图书馆等皆是。所谓适中之地点者，非指市地理上之中心而言，乃指市内各处居民，用所有的交通利器，较易到达之地点而言。其二，须分散的：此种公共建筑物如初级学校、各区图书馆、阅报室、演讲室以及警察之消防分驻所等等，因其特殊之功用，故应普遍而不应集中。但所谓分散云者，决非为无意义之分散，则可断言焉耳。其三，须有特殊之地点者：因其功用之不同，几种公共建筑物，颇须有特殊之地点者。如公共浴场须设于近水之处，公共厕所须设于合宜之静僻地点，市立医院不宜设于车马喧嚣之场所，皆是。至于监狱、贫儿院、救济院等等，市民多不愿与之为邻，亦应有其特殊之位置也。

二、天津市行政中心区之位置　天津市公共建筑之位置分布，应依上项原则规划。就中尤以市行政中心区之设计最关重要。近代都市，对于此点均极注意。其故盖因市行政中心区如规划得宜，不特市行政之经济与能率可以增高，且市民对于此庄严伟丽之市政府将发生一种不可自抑之敬仰爱慕，其爱市之心亦可油然而生。天津特别市政府现在地址比较狭隘。故市政府直辖各局之办公地点，均分散于他处，例如教育局在中山公园内，财政局在河北，土地、工务、社会、卫生四局均在特别二区之类。于办事上既感不便，于建筑上亦有不集中难有大规模的计划之苦。作者等认为市政府直辖各局办公地点，除公安局应有其特殊的位置外，其他各局均应乔迁于集中之地点，俾可形成大规模之天津市行政中心区。此项行政中心区之地点，作者等认为现市政府所在地最为适宜。

其故有三：(1)刻下市内向有公共建筑，当以市政府所在地为最宏大，邻近复多官署衙门，将来较易改建。且此项地段距繁盛商业区域如大胡同一带虽甚近便，而地价则较廉。附近地带，非官署，即民宅。趁此地价不高之时，市政府可酌量购置，以备将来发展地用。较之采取其他地点，代价既廉，手续亦较简单也。(2)此项地带，前清即为总督衙门，民国以来，地方长官，均以此为衙署，有此攸长之历史，市民心目中已认此为全市精神上之行政中心区域。一经改善，益可增其尊严。(3)市政府与一般市民具有直接或间接之关系。将来市议会正式成立之后，市民与市府之关系益见亲密。故该区所在地务须交通便利，与主要干道接近而又不致成为车马必经之孔道，以免发生莫须有的拥挤。依此而言，刻下市政府所在地亦为最适宜之市行政中心区域。有此三点利益，故作者等仅建议采用现在市政府所在地带为将来市行政中心区。

  三、公共建筑物形式之选择　　考各国历来建筑因历史背景，地方关系，美术观念及科学知识之不同，形式繁杂，自成家派。中国溯自维新以还，事事模仿欧美，建筑亦非例外。但刻下国内已有之西洋建筑完美者殊不多见。察其原因，因由于国内经济能力较低，材料粗糙，工匠技艺低劣。而最大缺点，盖由于缺乏建筑专家之指导。国内大建筑，三十年来多聘请外国工程师监造，而所谓外国工程师者，则有英有德有法有美以至于意大利、荷兰、比利时等等。试想各国建筑，因地理关系，已甚不同。再因建筑与日常生活最有密切关系，因某地之生活状态，科学之发达程度，人民之美术观念以及风俗习惯等等，其所影响于建筑形式及布置处，不胜枚举。各国之工程师本其各国建筑形式为我国都会建造，其混杂，不雅驯，不适用，自不待言也。美好之建筑，至少应包括三点：(1)美术上之价值；(2)建造上之坚固；(3)实用上之利便。中国旧有建筑，在美术之价值，色彩美，轮廓美，早经世界审美学家所公认，勿庸赘述。至于建造上之坚固。则国内建筑材料以木为主。木料易于焚毁，且限于树木之大小，难于建造新时代巨大之建筑物。实用便利方面，则中国建筑在海通以前，与旧有习惯生活并无不洽之处。欧风东渐，社会习惯为之一变。团体生活增加，所有各项公共建筑物势必应运而起。如强中国旧有建筑以适合现代环境，必有不相符合之处。总之，今日中国之建筑形式，既不可任凭各国市侩工程师之随意建造，又不能用纯粹中国旧式房屋牵强附会。势必有一种最满意之式样，一方面可以保持中国固有之建筑美而同时又可以适用于现代生活环境者。此种合并中西美术之新式中国建筑近年来已渐风行。最初为少数外国专家了解重视中国美术者所创造，其后本国留学欧美之诸专家亦皆尽心研究力求中国新建筑之实现。本方案中所拟定市行政中心区之建筑形式(图十三)，即本此项原则而行。抑又有进者，建筑为文化之代表，凡占据古代已湮没之民族文化者，莫不以其民族所遗之建筑残余为根本材料。凡考察现代各国文明者，莫不游历各国都市，观览其城市建筑之规模及其优劣。

是一国之文明程度呈现于其建筑为不可讳之事实。借用或模仿别国建筑形式者，如日本之仿德荷建筑，比京之仿巴黎，南美洲诸国之仿西班牙、葡萄牙。自一方面言之，固不能不有抄袭他人之作终难得其神似之感。故在日本东京骤见德国宫殿式戏院或在北平偶遇法国路易十四式之银行实属刺目。近代工业化各国，人民生活状态大同小异，中世纪之地方色彩逐渐消失。科学发明又不限于某国某城，所有近代便利，一经发明，即供全世界之享用。又因运输便利，所有建筑材料方法，各国所用均大略相同。故专家称现代为洋灰铁筋时代。在此种情况之下，建筑式样，大致已无国家地方分别，但因各建筑物功用之不同而异其形式。日本东京复兴以来，有鉴于此。所有各项公共建筑，均本此意计划。简单壮丽，摒除一切无谓的雕饰，而用心于各部分权衡（Proportioe）及结构之适当。今日之中国已渐趋工业化，生活状态日与他国相接近。此种新派实用建筑亦极适用于中国。故本方案所拟定之重要公共建筑物除市行政中心区建筑因有其特殊的关系外，均应尽量采取新倾向之形式及布置。美观，坚固，适用三点，始可兼筹而并顾矣。

四、重要之公共建筑　本方案所拟定之重要公共建筑有下列数项：(1)市行政中心区建筑。包括市议会、市行政机关及地方法院三机关。市议会未成立前，该处可用作市党部办公地点及市民团体集会之所。市行政机关所占部分最大，将来逐渐建筑，市政府直辖各机关，除公安局外，均可聚集于一处，既增市府之尊严，复可增加办公上之便利。此项计划系依据刻下市政府之建筑加以改造。其样式系采新派中国式，合并中国固有的美术与现代建筑之实用各点。

(2)火车总站。本方案拟定之新火车总站地点在刻下之东站(俗称老站)。因其位置与全市路线计划最为合适。

(3)美术馆。市立美术馆位在特二区河沿，面向林荫大道。

(4)图书馆。市立图书馆位海光寺，临近行将开辟之公园，复当林荫大道之冲，与南开大学及第二工学院相呼应。

(5)民众剧场。戏剧本为民众的艺术，其于民众艺术观念之陶养关系颇大。本市剧场林立而真能以提倡艺术为己任者殊鲜。本市财力充裕之时，理应对于此点加以注意，亦发扬民智之一助也。

(6)公营住宅。公营住宅在城市设计中实不可少。其用意有二：1)供给政府职工住用。2)供给因拆屋而无家可归之居民住用。凡此二者，市政府均应早日分别筹划以应需要。

（十二）公　园　系　统

市内设置公园，不特可以增进物质之美，且能使市民公余之暇有正当的休憩娱乐之地。倘佯于花草山水之间，身心泰然，精神为之一爽。公园与市民之健康与幸福的关系至大，不容漠视者也。天津市内，各租界类均有公园之设，整齐都雅，居民称便，国人自设之公园，相形之下，反见绌焉。查刻下天津市内国人自办之公园，除特别三区公园及河北之中山公园尚有可观外，其他均不足称述。以公园所占市内土地面积与本市人口密度较，公园地带实嫌太少。作者等认为本市公园实有添设之必要。查近代公园一辞，其含义颇广，可分为下列数种：

(1)学校运动场。此项运动场多指附设于市内小学校邻近地带之运动场而言，内设各种运动器具。

(2)儿童游戏场。分设于各住宅区中，以便儿童就近使用。

(3)公共体育场。如足球场、队球场、网球场等是，多为成人而设。

(4)小公园。小规模之公园，如刻下意租界及特别一区之公园是。

(5)大公园。如河北中山公园，特三区公园是。

(6)近郊公园。设于近郊富于野趣之大公园。

(7)林荫大道。此种大道之性质，与公园颇相似。道旁遍植树木，杂以花草，间置坐椅，以供路人之休憩。

本市公园系统之规划应依照下列各点：

一、本系统图仅包括规模较大之公园，其散处各地之学校运动场及儿童游戏场等并未列入。市政当局应早日设法以公平价格购买市内便于用作学校运动场、儿童游戏场、公共体育场及小公园等地段，俾便逐渐发展。

二、在最近十年内设法整顿现有各公园，使之不落各租界地内公园之后。本系统图之公园系统建设计划共分三期进行：属于甲类者，必须于民国三十年以前整顿妥善，或设置完备。属于乙类者，必须于民国四十年以前完成。属于丙类者，必须于民国五十年以前完成。至于林荫大道之分期施工计划则请于"逐年完成道路图"中得之。

三、新辟公园之重要者有四：其一为西沽近邻公园。西沽附近，风景秀丽。每届春日，津沽人士均相率泛舟西沽，观赏桃花。两岸落红如茵，颇便野餐。在此设置近郊大公园，最为相宜。其二为海光寺以西，西湖园以北一带之洼地公园。此洼地，用作大公园，面积甚广。该处刻下地价不高，购买较易。将来市立大图书馆即设于其中。林荫大道完成后，复可与西沽近郊公园、南开大学、特三区公园及河北中山公园相呼应和相衔接，便利美观，不待言矣。其三为芥园公园。其四为新大王庄公园。此二公园者，分据本市东西两端。此二部分居民实感公园之缺乏，得此亦可以吐气矣。

四、本方案所设计之公共体育场，占地极少而规模完备。在市内任取一小地段，便可适用。

（十三）航空场站

近数十年来，各国航空事业之进展至速。自美国林伯大尉单人独机飞渡大西洋，德国徐柏林飞船往返大西、太平二洋之后，欧美各地之航空热益复有增无减。最近将来航空利器将与水陆交通利器鼎足而三，平分交通界之春色，殆意中事。中国航空事业，目前固极幼稚，将来必可发展。天津如欲保持其工商业重心之位置，对于此点，允宜及早注意。兴谈天津市物质建设方案之时，必须顾及航空场站之计划。此项场站，所需面积颇大，且应有其特殊的位置；故必早日设计，始可以节靡费而省麻烦。查各项飞机升落时所需跑道之长度，因飞机之性质而异。轻便飞机，所需跑道较短，八百英尺足矣。笨重飞机则非一千至二千英尺不办。且飞机甫离地上升之时，往往因机件不灵，复须即刻落下。故飞机场之跑道长度至少应有二千七百至三千英尺方为妥当。

本市航空场站之位置以裕源纺纱厂西，土城以北之一带地方最为相宜。将来计划中之干道完成后，由此至商业地带及新火车总站地带，均不甚远。作者等设计此项场站之时，曾顾及目前之财力与将来之发展。此项整个图案，虽为全圆形，然而修筑时尽可分期进行，且对于场站之利用上，决无不便。其建筑程序，第一步先决定本场站之中心点，修筑一六十度角之扇形场站，其半径长约三千五百英尺。三千英尺为跑路，五百英尺为中心圈，备设置旅舍、飞机停放场、修机厂等等。此后财力充裕需要增加之时，可以增建此项扇形场站。直至全圆形完全告成为止。圆形站完成后，一半可定为出站机场，一半定为入站机场。出站时向外上升，入站时向中心点下降。

（十四）公用事业之监督

公用事业因其特殊专利关系，必须有相当的政府监督。本政府对于公用事业之监督方法有三：(1)市政府发给公用事业营业特许状况或签订合同之时，将监督条件明载于其中；(2)市政府或省政府设立公用事业监理机关，对于此项事业随时加以监督；(3)所有重要公用事业完全收归市营市办。天津市公用事业之最重要者曰电车电灯，曰自来水，曰公共汽车，曰瓦斯。前二项刻下均已存在，均由商家承办而政府索乏监督实权。公共汽车一项虽甚需要，并无大规模的计划与发展。瓦斯则根本无人议及。作者等认为此四项公用事业均应由市政府逐渐举办。暂时不能由市政府自营自办者，亦应妥筹监督之策，始可以为市民谋福利，为市府裕财源。

（十五）自　来　水

自来水为全市公用事业之最重要者，盖以饮料之清浊有关于市民之康健卫生者至大。故自来水事业，欧美日本各市多由市政府自营自办。天津市民饮料供给多数仰给于济安自来水公司，水价既昂，水质亦不见佳。市政府如能收回办理，善自经营，则不特市民可得较好饮料，且市政府亦可获利。日本大阪市自来水事业每年纯益可逾三百万元。天津市即以三分之一计，亦可得百万之数。今将良好饮料水之标准列下，以备参考：

(1)无色，无臭，无恶味。

(2)温度四季少变化。

(3)可溶成分之总量无色，加热后亦无黑色。此项成分在1L中不得超过五百mg。

(4)硬度不可超过十八度。

(5)不可含有有毒金属。

(6)虽含有细菌，务须极少。

(7)天然水中所含之物质，以百万分之一为单位。所含之铅不得过〇·一，铜不得过〇·二，锌不得过五，硫酸根不得过二百五十，镁不得过一百，固体不得过一千，氯不得过二百五十，铁不得过〇·三。

(8)滤治后不得有碱性，不得有嗅氯及味。如曾经硫酸铝或他种铝化物之消毒，其所余之碱性至少须有十万分之一。钠与钾之碳酸盐以第一碳酸钙计，不得过十万分之五。

（十六）电　车　电　灯

天津电车电灯公司由比商营办，获利甚多，故年来时闻收归市府之声；然以格于合同，市政府又无彻底解决办法，虽有收归市有之声，却无收归市有之实。为今之计，市政府应于每年税收项下拨作一部分逐年妥存，以备买回之用。此外并可发行公债，以收回后之电车电灯公司资产作为担保，以作买回费用之一部。如此始可免空谈收回之讥。在正式收回之前，市政府对于该公司之设施，诸如电车电灯路线之推广，电车电灯费用之增减等等，均应有合理的监督。该公司对于市政府之报效以及路灯费用之扣减亦应加以会计上的监督。至于收回时之估价则应由双方各举专家若干人定之。电车路线之推广无论官办私营，均须依照下图（略）所载而行，始可与全市将来之交通系统相得益彰。

（十七） 公共汽车路线计划

近代城市中比较普遍的交通利器有五：地底电车（地铁），高架电车，电车，无轨电车，公共汽车。地底电车行驶最速，危险复少，市中长途交通以此为最便。但建筑费极昂，津市财力，实难设置。且人口二百万以下之城市亦无设置此项交通利器之必要。高架电车，既阻日光，又极喧嚣，附近一带居民必感种种的不快，其结果沿路地价必将因而低减。其建筑费虽较地底电车为廉，然统计全市因建筑高架电车而受之损失，亦属甚大。故天津市亦不应采用也。无轨电车将来市面繁盛时可以采用。电车与公共汽车相较，除电车运费较廉外，其他各点较之公共汽车均有相形见绌之势。南京首都设计技术专员办事处之报告中曾列举电车之不便，摘述于次，以备参考：

(1)行驶时必须循路中之轨道，每当街道拥挤之时，不能越轨而过，延误时刻。

(2)路轨所经之处，若遭火患，或在前行驶之车辆偶有损坏，全部交通，势必停顿。

(3)悬空电线。既碍观瞻，且易发生危险，对于消防，亦多阻碍。

(4)乘客稀少时，车辆亦须行驶，无伸缩之余地，徒耗电力。

(5)市民工作时间，多有一定，朝出暮归之时，咸趋乘先至之车。沿路各站，停车较久，且客多量重，行驶必缓。后至之车，不能越前以分载前方各站之乘客。

(6)敷设单轨地方，一车偶误时刻，全部因而停滞。

(7)轮声隆隆，有碍居民之安息。

(8)偶值修理街道之时，不能绕道行驶。

上述各点，公共汽车均可纠正。且举办公共汽车，并无敷设电杆轨道之烦，轻而易举。本埠英法租界海大道一带已有公共汽车之行驶。市政当局亦曾在华界鼓励提倡。然而此种零星片段的发展，实非良法。窃意天津公共汽车事业，将来势必发展。刻下理应予以全盘的筹划，始可与本市交通计划互相印证，不致有妨碍冲突之处也。本方案所拟公共汽车路线即依照此意办理。

（十八） 分 区 问 题

本节之所谓分区问题，非如本市现存之警区然，可以随意划分也。分区云者，非无意义的地理上的区分，乃为一种职业上的分区。数十年前，勒则的克氏（Les Cedickes）

划佛兰克福市(Frankfort)为多数之区域，如商业、工业、住居等等。佛兰克福市因得有循序的进展。世人乃了然于分区之重要。近年来谈市政建设者，均以此为城市设计之首要问题；盖种种设计。多待分区而后可以决定。分区之要义即在使各部分自成一区域：居家者既无机声煤烟之苦，而工厂商店等亦可免左右制肘之患，全市土地亦可利用得宜。各区有其特殊管理方法，故便利较多。既有分区，并可固定其土地之价格，使其不致因特种建筑物之关系，而有暴涨暴落之危险。分区计划，在新城市中，比较甚易。在旧有市中，因有以往历史关系，补救较难。是以本市之分区问题，尤非详加研究不可。作者等决定此项分区计划，曾将本市固有情形。细加考察，然后加以设计，预期不致有生吞活剥之讥。苟有遗漏，实非得已。天津情形，虽甚复杂，但此项计划倘能早日订成条例，严厉执行，则本市之将来发展，必可收循规蹈矩之效矣。

本市城市设计及分区授权法案与分区条例可以采用最近首都建筑委员会技术专员办事处所拟定者。此项法规，施诸本市，尚无削足适履之弊。附载于此，以便应用，且对于作者等所拟定之本市分区图亦可得一较为明确的观念也。

本方案所拟定之分区计划关于第二工业区之分配只有旧比界以下及南开以西二地带，似乎较少，实则不然。因近代城市设计，多置笨重工业于市外较远之地，以免机声煤烟之苦。所谓工业之离中发展，最称普遍。将来天津工业发展，应自本计划中所规定之第二工业区域向外移动，则作者等之微意也。

（十九）本市分区条例草案

第一条　分区

(甲)本条例划分本市为下列各区：

1. 公园区
2. 第一住宅区
3. 第二住宅区
4. 第三住宅区
5. 第一商业区
6. 第二商业区
7. 第一工业区
8. 第二工业区

(乙)各分区之界址详志于分区图内，如发生界址争执，由设计委员会判决之。

(丙)本条例及分区图存本市工务局，市民可向该局取阅。

(丁)任何建筑物及土地之建筑或使用有与本条例抵触者均以犯例论。

第二条　释义

1. 除围墙外凡建筑物皆称屋宇。

2. 地段之意义系指土地之一部，包括已建或拟建屋宇及四围空地。

3. 地段界线之意义系指明地之界址，如非前后界线，俱作旁界线。

4. 地段宽度之量法系沿前面界线由一旁界线量至他旁界线。

5. 后院之意义系在同一屋宇之内，由此旁界线至彼旁界线及由屋后之界线至地段后界线之空间。

6. 前院之意义系指在同一屋宇之内由屋前之界线至地段前界线之空间。

7. 旁院之意义系指在同一屋宇之内，由屋旁界线至地段旁界线之空间，但不包括前项规定前院或后院之任何部分在内。

8. 屋宇之面积系从四围墙基外面连同骑楼地面而量度者。

9. 屋宇之贴连一街或数街者以何方为前面，由该业主在地段平面图指定之。

10. 屋宇之高度系指由屋宇前面街道平均高度处直量至屋之最高点，但为第十三条所规定者，不在此限。

11. 屋宇层数之限制系指除地下室及地窖外有楼若干层。

12. 地下室乃屋之一层在地面下者，其高度之半最少须逾该室所在街面之平均高度。

13. 地窖乃屋之一层在地面下者，其高度之半不得逾该窖所在街面之平均高度。

14. 一家指同居一屋及日用一厨房者。

15. 一住宅指一屋内至多有二家同居，并各有厨房者。

16. 平排住宅指一排住宅之一间，其一面或两面之墙与邻居公用者。

17. 联居住宅指居住屋宇非一住宅亦非旅馆者。

18. 旅馆指居住屋宇有房间逐日出租者。

19. 附用或附屋指附属使用或附属屋宇同在其主要使用或主要屋宇之地段者。

20. 天井指在同一地段屋宇三露天空间。而非上文所述之前院、后院、旁院者，内天井指天井为同一屋宇四面或多面墙壁所包围者。

第三条　公园区

(甲)所有公园区之土地应由市政府于本条例公布后以公平之价格收买之，其价格由市土地局规定。

(乙)在公园区内有私人房屋或产业及将盖造或更改之房屋，不得为下列各项以外之使用，且须得设计委员会之许可。

1. 不连属之房屋，其性质为临时者。
2. 图书馆，博物院，学校。
3. 公园，游戏场，体育场，飞机场及自来水之水塘，水井，水塔，及滤清池等。
4. 敷设火车路轨，但不得建筑存车场。
5. 农田，果园，菜圃。

(丙)在公园区内所有居住之房屋，不得高过一层，或三公尺，其全部或一部分非为居住之用者，不得盖至两层以上，或不得高过六公尺，层数或高度之限制，各择其取缔最严者。

第四条　第一住宅区

(甲)在第一住宅区内所有新建或改造之屋宇或地方除作下列一种或数种使用外，不得作别种使用。

1. 公园区内特准使用之一。
2. 不相连住宅。
3. 庙宇，教堂。
4. 公园，游戏场，运动场，自来水塘，水井，水塔，滤水池。
5. 火车搭客车站。
6. 电话分所，但须无公众办事室，修理室，储藏室或货仓在内者。
7. 容载不过二辆汽车之车房，且系私人所用者。

(乙)在第一住宅区内屋宇高度不得逾三层楼或十一公尺或所在街之宽度，就中取其最低之一项，以为限制。

(丙)在第一住宅区内每地段面积最少须有五百四十方公尺，(即五千八百一十二方英尺)其最窄之宽度须有十八公尺(即五十九英尺)。

(丁)在第一住宅区内旁院宽度最少须有二公尺，两旁院宽度之和最少须有五公尺。

(戊)在第一住宅区内后院之深度最少须有八公尺。

(己)在第一住宅区内前院之深度最少须有七公尺。

(庚)在第一住宅区内屋宇及附属之总面积不得超过该地段面积十分之四。

第五条　第二住宅区

(甲)在第二住宅区内所有新建或改造之屋宇或地方除作下列之一种或数种使用外，不得作别种使用。

1. 公园区特许使用之一及第一住宅区内所许可之各项使用。

2. 平排住宅，或联居住宅。

3. 旅馆。

4. 私立俱乐部。

5. 公众会所。

6. 私人汽车房，只可容在该地段每家一汽车之数，且该汽车系作附用者。

(乙)在第二住宅区内屋宇高度不得逾四层楼，或十四公尺，或所在街之宽度，就中取其最低之一项以为限制。

(丙)在第二住宅区内每地段面积最少须有三百五十方公尺，(即三千七百六十七方英尺)其最窄之宽度须有十一公尺。

(丁)在第二住宅区内屋宇无须建旁院，欲建者听；惟有旁院之住宅其旁院宽度不得少过一公尺，其有旁院而非住宅之屋宇，如旁院宽度不逾该屋高度之八分之一或一公尺，或两旁院宽度之和不及四公尺者，须有天井，如本条例第十二条所规定者。

(戊)在第二住宅区内后院之深度最少须有七公尺。

(己)在第二住宅区内前院之深度最少须有六公尺。

(庚)在第二住宅区内有旁院之屋宇及其附屋之总面积不得超过该地段面积百分之四十五，如无旁院者不得超过该地段面积百分之五十五。

第六条　第三住宅区

(甲)在第三住宅区内所有新建或改造之屋宇或地方，除作下列之一种或数种使用外，不得作别种使用。

1. 公园区特许使用之一，及第一或第二住宅区内所许可之各项使用。

2. 私立会所或慈善机关。

3. 医院或疗养院，而非治疗颠狂，神经衰弱，传染症，或烟酒癖者。

(乙)在第三住宅区内屋宇高度不得逾四层楼或十四公尺或所在街之宽度。就中所定最低之一项，以为限制。

(丙)在第三住宅区内每地段面积最少须有二百方公尺，其最窄之宽度须有八公尺。

(丁)在第三住宅区内屋宇无须建旁院，欲建者听；惟有旁院之住宅，其旁院宽度不得少过一公尺，其有旁院而非住宅之屋宇，如旁院宽度不逾该房高度之八分之一或一公尺者，须有天井，如本条例第十二条所规定者。

(戊)在第三住宅区屋内后院之深度最少须有七公尺。

(己)在第三住宅区内前院之深度最少须有三公尺。

(庚)在第三住宅区内有旁院之屋宇及其附屋之总面积不得超过该地段面积十分之五，如无旁院者，不得超过该地面积十分之六。

第七条　第一商业区

(甲)在第一商业区内所有新建或改造之屋宇或地方,除作下列一种或数种使用外,不得作别种使用。

1. 公园区内特许使用之一,及任何住宅区内所许可之各项使用。
2. 银行,事务所,照像馆,浴室。
3. 零售商店,成衣市,餐馆,面食馆,洗衣馆。
4. 汽车房,但容量不得超过十辆及不得有修理之设备。
5. 汽车上油或其他燃料站。

(乙)在第一商业区内屋宇高度不得逾四层楼或十四公尺或所在街之宽度。就中所定最低之一项,以为限制。

(丙)在第一商业区内屋宇无须建房院,欲建者听;惟有房院之住宅,其旁院宽度不得少过一公尺,其有旁院而非住宅之屋宇,如傍院宽度不逾该屋高度之八分之一或一公尺者,须有天井,如本条例第十二条所规定者。

(丁)在第一商业区内后院之深度最少须有七公尺。

(戊)在第一商业区内前院之深度最少须有三公尺。

(己)在第一商业区内屋宇及其附屋之总面积不得超过该地段面积百分之五十五。

第八条　第二商业区

(甲)在第二商业区内所有新建或改造之屋宇或地方,除作下列一种或数种使用外,不得作别种使用。

1. 公园区特准使用之一及任何住宅区及第一商业区内所许可之各项使用。
2. 戏园,影戏园,公众会堂。
3. 公众汽车房,修理汽车店,马房货车厂,兽医院。
4. 发行商店,货仓或栈房,所贮为建筑器料,衣服,棉花,药料,布疋,秫秸,食物,家私,铜铁器,造冰机,五金,油类及煤油(其量不得逾一柜车),颜料,树胶,商店用品,羊毛或烟草。
5. 电话总局。
6. 感化院,医院或疗养院。
7. 印刷所。
8. 打铁店。
9. 造冰厂,糖果制造厂,牛奶装瓶或分发厂,牛奶房,面包房。
10. 染房或干洗衣馆,其雇佣不逾五人者。
11. 鸡鸭行或就地屠宰或零沽鸡鸭场所。

12. 布疋或地毯制造厂。

13. 除本条例第九条甲乙二款所列各种工业外，得设置本条例所未载之各种制造厂，但所用机器不得超过五匹马力，制造时不得发生有泥尘臭味，煤烟喧声或致震动地面，而与本条例第九条甲乙二款所列各使用之性质或分量相等者。

(乙)在第二商业区内屋宇高度不得逾五层楼，或十七公尺，或所在街之宽度，就中取其最低之一项，以为限制，但为本条例第十三条所规定者，不在此限。

(丙)在第二商业区内屋宇无须建旁院，欲建者听；惟有旁院之住宅，其旁院宽度不得少过一公尺，其非住宅之屋宇，如其旁院从第一层楼面筑起，而宽度不逾该屋高度之八分之一或一公尺者，则在第一层楼以上须有天井，如本条例第十二条所规定者。

(丁)在第二商业区内后院之深度，最少须有七公尺。

(戊)在第二商业区内屋宇及其附屋之总面积如在第一层楼面以上，不得超过该地段面积十分之六，在第一层楼以下，不得超过十分之八。

第九条 第一及第二工业区

(甲)在第一工业区内所有新建或改造之屋宇或地方，除作下列之一种或数种使用外，不得作别种使用。

1. 公园区特许使用之一及任何住宅区或商业区内所许可之各项使用。

2. 存贮废铁或旧货之货仓。

3. 铸造厂，蒸汽或机器洗衣厂。

4. 石器，或碑碣制造厂。

5. 砖瓦磁砖或水泥砖制造厂，沙或碎石坑。

6. 铁路货车站，铁路车厂，电力厂。

7. 铸铁厂，机器碎石厂，车辆制造厂。

8. 码头，船坞，造船厂。

9. 除本条乙款所列各种使用外，得设置本条例所未载之各种工业或制造厂，但制造时不得发生有泥尘臭味，煤烟喧声或致震动地面，而与本条乙款所列各种使用之性质或分量相等者。

(乙)在第二工业区内所有新建或改造之屋宇或地方，除作下列之一种或数种使用外，不得作别种使用。

1. 公园区所许之使用，及任何住宅区商业区或第一工业区内所许可之各项使用。

2. 皂胰制造厂。

3. 囊袋及地毯洗涤所。

4. 蒸酿洒水厂。

5. 鸡鸭及牲口屠宰场。

6. 酱糊糖酱或淀粉制造厂。

7. 焙谷厂，刍秣制造厂，机器磨麦或磨刍厂。

8. 用煤制造之煤气焦炭或煤油厂或该项煤气仓。

9. 炭素或油烟制造厂，容量逾一柜车之煤油仓，枪弹制造厂，火药制造厂或贮藏所。

10. 废物堻厂。

11. 制纸厂。

12. 其他为本条例所未载之工业或制造而发生有泥尘臭味，喧声或致震动地面较多于本条例所列各种使用者。

(丙)在第一或第二工业区内屋宇高度不得逾五层楼，或十七公尺，或所在街之宽度，就中取其最低之一项以为限制，但为本条例第十三条所规定者，不在此限。

(丁)在第一或第二工业区内屋宇在第一层楼面以上之面积，不得超过该地段面积十分之七。

(戊)在第一或第二工业区内屋宇无须建旁院，欲建者听；如有旁院之住宅，其旁院宽度不得少过一公尺，其非住宅之屋宇如其旁院从第一层楼面筑起，而宽度不逾该屋高度之八分之一或一公尺者，则在第一层楼面以上须有天井，如本条例第十二条所规定者。

(己)在第一工业区内凡非营业住宅须有一后院，在地面之深度最少须有七公尺，凡经营商业或工业之屋宇，须有一后院在第一层楼面之深度最少须有七公尺，但第一层楼面以下可免筑后院。

第十条　附用

1. 凡使用在习惯上附属于所准许之使用者准作附用。

2. 住宅区内不得张挂招牌或广告牌，惟自由职业之姓名或招租小牌得许作附用。

3. 凡买卖或营业之店户不得作为附用，惟医生诊病室及凡平常在家庭内所经营之事业而雇用助手不过二人者，概准其在私宅作附用。

第十一条　不符规定之使用

1. 凡原有物业之使用在本条例未通过时而与各条所规定者发生抵触，是为不符规定之使用，惟屋宇之高度面积及地段面积或前后旁院天井等之大小与本条例各条所规定抵触者，则不得作为不符规定之使用。

2. 不符规定之使用苟无损于邻近物业者，得继续存在，但不得扩大或变更之，惟改为合规定之使用则可，但改正后不得再变为不符规定之使用，所有使用列明在本条例第四第五第六第七第八第九条之甲款或第九条之乙款改作别用为上述条款所不载者，则以变更论。

3. 凡屋宇于本条例未通过时已装置或计划或指定，为不符规定之使用者，可免再建或改建。至该屋公允价值十分之二，此价值由屋宇监督与土地局长或同等职官会商规定之。

第十二条　天井

1. 在地段旁界线之天井其深度与该旁界线垂直度量最少须有三公尺。
2. 在地段旁界线之天井其宽度与该旁界线平行度量最少须有六公尺。
3. 天井三面围以墙，其他一面通至屋前或屋后者，该宽度与开通之面平行，度量最少须有三公尺。
4. 内天井之深度或宽度最少须有六公尺，在该天井之上之屋宇如其高度不逾二层楼者，其屋盖之四面均可伸出该天井中一公尺半以内。

第十三条　例外与特别规定

（甲）在本条例未通过时，在任何区内其地段不论大小如附近地段非同一业主者，得在该地建筑一家宅，如此等地段在任何商业或工业区内得建筑一零售商店。

（乙）汽车上油或燃料站或同种类之事业所用抽器及其他设备须完全设在私人地段内，并须有适当空地分进出路口，以便上油汽车之停止，如汽车须停在公共街道者不得为上油之设备。

（丙）凡旗杆，无线电杆，纪念碑，烟突，水塔升降机或楼梯，屋顶，戏台顶，瞭望台高逾本条例所定者仍许建筑，但各该面积不得逾该地段总面积十分之一。

（丁）装饰之栏墙或飞檐虽逾本条例所规定之高度而未越一公尺半及无窗在规定高度之上者，准其建造，又单式金字屋顶其斜坡不及四十五度及除近檐处外无窗者，虽逾规定高度而未越一公尺半亦准之。

（戊）在第二第三住宅区第二商业区或任何工业区内屋宇任何部分皆得建筑至高逾本条件所规定之高度，惟该部分每建高一公尺，须向街巷旁界线及规定院线各方面缩入一公尺。

（己）在任何工业区内屋宇高度如不逾六层楼或二十公尺或所在街之宽度，就中以最低之一项为准，可以不必缩入，如本条戊款之规定，但该屋第一层楼面以下之面积，不得超过该地段面积百分之八十五，在第一层楼以上之面积，不得超过百分之五十五。

（庚）在第二商业区或工业区内建塔不限制高度，但该塔面积不得逾该地段总面积之十之分一及须向街巷及后院各方面之界线最少缩入三公尺。

(辛)旁院或后院之空间须露天无阻，但窗槛檐线及其他装饰可凸出一公寸，烟突及避火梯则可凸出一公尺，但该屋高度不逾二层半楼者，飞檐及凸线可伸出旁院或后院至七公寸半，惟此等檐线不得占该旁院或后院宽度之十分之四，前院之空间亦须露天无阻，但可于前墙建一门房及仆人室，为附屋之用，惟该面积不得逾三十五方公尺。

(壬)建筑物在两街相交之转角地段较普通地段在同一分区内者得占多地段面积百分之五。

(癸)任何建筑物(围墙在内)如在转角地段须退缩至一横截直线上。而该直线系在该街角地段之两界线交点，如沿地段界线退入二公尺半而成者，在转角地段内，本条例规定有前院者，不得在该前院有藩篱林木等阻碍视线，致滋交通之危险。

(子)在转角地段之屋宇须有一前院在其旁街之前以代旁院，沿地段之前界线亦须有一前院街，前院之深度如地段前界线前旁院深度之半。

(丑)本条例通过后设计委员会须随时指拨地段，每处最少须有七十四华亩，为临时性质住宅之用，但在工业区此等临时住宅地点内，非经设计委员会特准不得用泥土，茅草，草席，竹料或其他引火及不洁之物料建屋。

第十四条 分区图之指定

分区界线之位置未在分区图上用公尺指定者，以在该界线左右之两街之中线为界线，如分区界线之位置无法确定时，设计委员会得由图中用尺量度决定之。

第十五条 设计委员会之分区权

(甲)根据所拟市府设计及分区授权法之规定，设计委员会得查核工务局长所判定之案件，并审判各上诉案件及关于本条例所规定各事项，如得四委员之同意，得推翻工务局长所判决者，或准市民变更本条例之请求，其他事项由该委员会以多数取决之。

(乙)设计委员会除法律所赋予之权外，当执行本条例文时发生事实上之困难，在适当之情形及范围内，如与本条例之意旨吻合及足维系本条例主持公道保护公安之精神者，得呈明市立法机关依下列各项将条文变更之：

1. 虽在本条例发生效力之后，仍准将原有不符规定使用之屋宇重建或在该所在地段扩大之。

2. 屋宇之面积或使用扩大至所缔较严之毗连分区内者准之，但所扩大者不得逾十五公尺。

3. 在国都界线内未发展之区域，得发临时执照，准其于二年内作任何使用或造任何建筑物。

4. 于本条例未通过时，任何地段与其毗连地段，如非同一业主因建筑一家之住宅而为该地面积及特别地形所限制为变更所规定之院及地段之面积或宽度之请求，若非如此变更，不足以将地段改良者，得准许之，如该地段系在商业或工业区内，委员会可准其建筑零售商店，所有地段如系小於该区所规定之面积，则不准再行划分小段，以为转卖或以为建筑两间以上住屋或商店之用。

5. 如马路位置与分区图所列者互卖时，设计委员会应本该区域计划原意照分区图所载明者执行，如分区界线乃依一拟筑未成之路，该委员会应按该路造成时情形将界线修改，以与实在情形相符。

6. 私人汽车房能容二辆以上汽车者，准建在第一住宅区内，但只许作附用。

7. 根据第十四条之规定，得确定在分区图内任何分区界线。

8. 准许在公园区任何部分设立第三件丙节所特许之各项应用物。

9. 设计委员会为增进公共卫生安宁及利益起见，且对于分区性质特别使用产业价值及该区之发展详加考虑，适与妥善计划相符者，得变更所规定之各条例。

第十六条　解释

(甲)解释与施用本条例时，须以增进公共卫生安宁及利益为主旨，本条例规定一屋宇应有地段或院之面积不得作其他屋宇所需者计算，如一屋宇应有地段或院之面积小於本条例所规定者，则以犯例论，此等面积原有在本条例通过之前者，不得减小过于本条例之所规定，亦不得作新建屋宇所需者计算。

(乙)如一地段系由一已整顿妥当之地段割出者，此等分割无论其为目前抑或将来整顿计，须无碍于本条例。

第十七条　执行

(甲)总纲　本条例由工务局长执行之。工务局长经市长之核准，于处理执行本条例之必要时，得随时颁行各项规则，又为便利执行本条例起见，得随时咨请公安局或其他同第机关协同进行，或共筹相当办法以为援助。

(乙)建筑执照　凡欲起造或改建屋宇及建筑物者，须将该屋宇或建筑物之大小与位置及所在地段之大小及其角度直径，用比例尺绘备正副图则，详细注列并载明所有于执行本条例有关系之事项，经工务局长核准后由业主缴纳建筑执照费五元，领取执照后，方得兴工。

(丙)使用执照　任何新建、修改或扩大之屋宇，在本条例通过后遵照规定建造完竣，得由该业主或代理人呈请工务局长勘核，发给使用执照，如未领得此项执照径自使用或授他人使用该建筑物者，以犯例论，应受相当之处罚。

(丁)查勘　已建竣或建筑中之屋宇或建筑物有无违犯本条例所规定，得由工务局派员于相当时期前往查勘之。

(戊)罚则　无论何人或法团对于新建、修改或扩大之完工建筑物与本条例所规定及与呈奉核准发还之图则内容不符者，经工务局证明属实，其负责人应受相当之处罚。

第十八条 本条例之效力

本条例之任何条款除判决注销者外，余均继续发生效力。

第十九条 发生效力期

本条例自公布日起发生效力。

（二十） 本市设计及分区授权法草案

第一条 本法以增进市民之幸福为宗旨。

第二条 本市应组织一设计委员会，委员由市长委任，但须经市立法机关（即市政委员会市参事会等）之同意，该会委员为五人，其任期分为一年、二年、三年、四年、五年，每期一人，逐年遴补，各委员之薪俸及委员会之预算，由该市立法机关规定。

第三条 设计委员会应于各委员中互选一人为该会主席，主理会议并其他会务进行事项。

第四条 如因特别事故，市长及市立法机关均得将设计委员更调，但须双方同意。

第五条 设计委员会应设定全市计划及制定本市地图，呈请市立法机关审核，如市立法机关于计划未正式通过前，有所更改，须先令设计委员会复议。

第六条 设计委员会应拟定分区章程及分区地图，并规定取缔建筑物之高度、层数、面积、外观，应留空地及人口密度等条例呈请市立法机关审核，如立法机关欲有所修改，须先由该委员会复议。

第七条 设计委员会之设计应注意于道路、运输、公园、自来水、渠道等项之改良，且求便于市府之设施，如认所定之章程条例有增修之必要时，得罗列理由，呈由立法机关以四分三之同意将该计划增修之。

第八条 设计委员会对于各区之性质及其适合之用途须特别注意，并须注意于保全房屋之价值及鼓励市内各地产之适当用法。

第九条 设计委员会在未将全市计划市图及分区条例呈请审核以前，须先将各项设计纲领具报立法机关，在未接受该委员会最后呈报时，不必处理之。

第十条 设计委员会得雇用熟谙城市计划总工程师一名，使之计划一切，并制定市图及分区法，工程师对于其他事项得随时提出意见。

第十一条 设计委员会得设置工程师、秘书等职员，并得支付正当用度，惟不能超过于立法机关所定之预算。

第十二条　设计委员会对于新定街道之新辟地段，得分别准许或酌量修改，无论准许与否，均须将理由详细记载，其准辟之地，并须发给准许证书为据。

第十三条　新辟地段经设计委员会准许后，该会须即改将该地段载入市图，如委员会于接收该项请求辟地呈文三十日后，不予批示，即可认为照准，该地段立须加入市图，如经请求得由市政府发照，将该委员会延不批示事由叙明照内，此照即与准许证书生同样效力。

第十四条　如准辟一地段，同时须将已有或拟定之干道，或公路路线更改，则设计委员会不得判定，须将请求呈文附以该会意见书，转请立法机关核夺，如干道或公路之路线有所修改，须载明于于市图内。

第十五条　设计委员会未准许已有街道之新辟地段前，须体察情形，限令在该地段内建筑公园，以为游憩之用，惟该公园之面积不必超过于该地段总面积十分之一。

第十六条　凡呈请核准之各地段，须申叙该地段与邻近街道之关系及利用该地之计划，而委员会核准该地段时须令与邻近之街道成为整齐系统及有充分之宽度，而其使用之性质，尤须与该区相符。

第十七条　设计委员会于核准一地段时，须证明该地段符合于所定之分区条例，否则须呈请立法机关，将在该地段之分区条例，在市图上酌量修改。

第十八条　市图制定后，市工务局长对于任何建筑物，盖造在市图所载现有及拟定之街道上者，不得发给执照，惟经设计委员会认为特别情形，准作临时之建筑物者，不在此例。此种临时建筑物执照之发给，须以不致增加辟道费用及不变更市图为限，设计委员会并得于不碍市政设施范围内，规定合宜之发照条例。

第十九条　市图制定后，不得在未列入该图内之街道，敷设公众事业，如渠道、水管等项，又所有建筑地点如非有已载入市图内之街道可以到达者，市工务局不得发给执照。惟若有特别情形，该建筑物不必与现有或将来之街道相连属者，该领照人不服工务局之判决，得上诉于设计委员会，呈请发给执照，该委员会得分别核准，但对于将来街道之系统必须顾及。

第二十条　凡有在工务局请领建筑执照者，设计委员会须派该会委员二人审察其建筑图样。对于该图样外观之形式及所在街道各建筑物之性质，须察明其是否适合，如认为不合时，须将图样转呈委员会核夺。委员会得分别准许或饬令改正，再行呈核。如已遵照指示更改，须即准许之。

第二十一条　分区法得由工务局长执行，所有建筑执照须呈向工务局长领取。

第二十二条　设计委员会得审理经工务局长判决之上诉案件，惟如若推翻工务局所定之案或根据所定之条例变通办理，须得该委员会四人以上之同意。至于其他事项得过半数同意便可。凡受损害者，无论其为个人抑为机关，皆得向该委员会呈诉。

第二十三条 凡上诉案件关于该案之进行办理，宜完全停顿，如由工务局长用书面证明，若将该案停顿能立即发生生命财产之危险则不在此例，但设计委员会仍可根据当事人之请求饬令停止进行。

第二十四条 设计委员会对于上诉及其他请求事项办理手续，务须简捷迅速，审理时两造均须到场，惟派代表或律师亦可，该委员会有变更原判之权。若于严格履行各条文时，实际上感受困难，得呈明市立法机关变通办理，以符立法之主旨。

第二十五条 凡个人或机关，对于设计委员会之裁判认为不公者，在宣判后三十日内，得罗列事由呈请市立法机关重新判定。

第二十六条 凡房屋之建造或土地之使用与本法或因本法而产生之条例不符者，市工务局得酌量取缔之。

第二十七条 工务局对于所有建筑物及地段，得派员查验，如有违犯本法或因本法而产生之条例者，得用通告书纠正之。如不违照修改，其负责人应受相当之处罚，该项罚则由工务局斟酌各该市之情形分别订定。

第二十八条 在市图内如有次要道路之土地为三数以上之干道所包围者，市立法机关得重新规划之，此项地段谓之重定地段。

第二十九条 市立法机关欲重新规划一地段时，须先令设计委员会拟定计划，制成报告，以备采择，如欲有所修改，须先令设计委员会复议。

第三十条 设计委员会规划重定地段，须先将现有街道之情形各地之业主等项调查清楚，然后将该项重定地段之总面积、纯面积（即减去街道及公共空地面积所余者）及各业主所有纯面积之成数，并新拟次要街道之方向、宽度、形式等项，整定地图，分别详载在地图内，得指定若干地为公园，但公园之总面积不得逾重定地段总面积之十分之一。

第三十一条 重定地段图须将每业主或其承袭人之土地重新分配，指定其土地纯面积之比例等，于重定地段之纯面积，所指定之土地须与该业主原有之土地相近，设计委员会如于原有建筑物认为有保存之必要，得于规划路线设法保存之，该建筑物仍属诸原业主。

第三十二条 市立法机关，采用设计委员会所制之重定地图及报告后，由市政府令行工务局长切实执行，至拆毁街道及建筑物之费用，应由市政府担任，并须由市土地局估定土地价值，赔偿业主损失，惟新路建筑费应由重定地图所载附近各路之业主均须负责。

第三十三条 关于辟宽现有街道或建筑新路时，如因下列各项情形市政府如经市立法机关之许可，得有收用逾额土地之权。

(甲)需地为一小公园或其他公共旷地为辟宽或建筑街道计划之一部分者。

(乙)所以更改贴近地段之情形、面积及数目，俾于辟宽或建筑街道后不致有余剩之小地段及地段之不合形式者。

(丙)所以重定与新辟或扩宽马路平行或相交之次要马路之位置。

第三十四条 未施行逾额土地收用前，立法机关得令设计委员会将街道地基以外应行收用之土地制图报告，以备采择。在未决定前，如欲有所修改，须先令该委员会复议。

第三十五条 设计委员会奉命规划收用逾额土地时，须将在现有道路之路线内或在现有路线之外应行收用之土地，并将现有及制图时之地段界线，逐一载明，经立法机关核准后，其辟宽及建筑街道工作，须由工务局长执行，所有征收房屋地段由土地局估定价值，由财政局拨付。

第三十六条 市政府于辟宽或建筑街道竣工后，得随时将一部或全部逾额收用之土地转卖于给价最高者。

第三十七条 为三数以上之干道所包围之地段，如有下列情形，市政府如经市立之机关之许可，得收用之，是为分区收用权。

(甲)收用地段作为建筑公园或公共空地之用。

(乙)收用地段以便规划一普通整齐之次要道路系统，俾得适当之宽度及布置。

(丙)收用地段以免贫民聚居过密，积聚污水秽物，有碍全市卫生者。

第三十八条 未施行分区收用权之前，立法机关得令设计委员会将拟收用之土地及发展该区之详细计划制图报告，以备采择，在未决定前，如欲有所修改，须先令委员会复议。

第三十九条 设计委员会奉命规划分区收用土地时，须将所拟收用之土地，制图报告，并须附徼现有街道之详细地图，注明报告时之地段界线及报告时所有业主之地产，更须拟定详细计划，叙明街道与道旁屋宇之位置及公园或其他公共空地，以备谋全局之发展。

第四十条 立法机关采用设计委员会计划及报告后，实施该计划之工作，须交由工务局长执行，所有收用之房屋地产，应由土地局作定价值，由财政局拨付。

第四十一条 市政府于完成该计划后，得随时将任何部分或全部地段转卖于给价最高者。

第四十二条 本法自公布日起发生效力。

(二十一) 本方案之理财计划

无财不可以为政。建设方案，无论如何完备，苟无筹集款项之法，只不过等于一纸空文，毫无实用。本方案对于本市物质建设之各方面，均有论列，苟一一见诸实行，需款每年总在二百万元以上。刻下本市每年收入不过四百余万，如无新财源以资挹注，当然不能敷用。至于筹划新财源时，既不宜穷征苛敛，复不得有不合理的分配。市政建设，本为市民谋福利；求利得害，事岂可行？故吾人对于本方案之财政计划，尤须审慎考虑也。作者等将本市实际情形细加审察之后，认为本市物质建设之理财方法有三点最堪注意：一曰特值税之征收；二曰市公债之发行；三曰现存租税制度之改善。今一一分述如次。

(二十二) 特值税之征收

市政建设工作，诸如筑路治园之类，往往能使附近地带之地价因而增高。苟建筑费用完全由全市市民担负而市中某一部分居民反可借此谋利，于理允有未当。且建设费用浩繁，苟全数由全市市民担负，事实上亦有种种困难，必有碍于建设工作之进展。因此，近代各国城市对于特值税(Special assessment)之征收，均极注意，视为市政建设之重要财源。作者等认为天津市物质建设款项之筹措，自应注意及此。所谓特值税者，即将建设所需费用酌量使直接受益市民分担之一种方法。既非穷征，亦非苛敛，实一最合乎情理之财源也。

特值税之征收方法有四：

一、依照受益地段之临街宽度而分派。此种方法，实施上殊欠灵活，且受益地段之临街宽度与其深度并无固定的比例。如只以临街宽度为准绳，则窄而深之地段必占便宜，非公道之法也。

二、依照受益地段之面积而分派。此法亦欠灵活，且有偏袒宽而短之地段之讥。亦非至善之法。

三、依照受益地段之原来价值而分派。此法亦不甚公允，因在建设工作进行前各项地段价格之比例并不与建设工作完成后各该项地段价格之比例相同。

四、依照受益地段距离建设工作之远近为比例采用面积分派方法。此法比较最为妥善。本市征收特值税以采用此法为最相宜。

普通房地捐税，各政府机关以及教育慈善等机关例得免税。特值税征收之原则在于使各业主不致不劳而获大利。此于各政府、教育、慈善等机关，亦非例外。故本市特值税之征收，无论何人，不得免税。

各项物质建设费用，因其性质之不同，复可分为土地收用费、建筑费及维持费数种。天津市物质建设之土地收用费应由市公债应付，建筑费应由特值税应付，维持费应由普通市税应付。其应采用特值税之建筑费可以分述如次：

一、筑路费　十二公尺以下之路，其建筑费完全由受益业主分摊。十二公尺以上之路，其建筑费应由各受益业主按照下列百分表分摊担负：

道路宽度	受益业主应担负之百分数
十二公尺	百分之百
十四公尺	百分之九十
十六公尺	百分之八十
十八公尺	百分之七十五
二十公尺	百分之七十
二十二公尺	百分之六十五
二十四公尺	百分之六十
二十六公尺	百分之五十五
二十八公尺	百分之五十
三十公尺以上	百分之四十

道路无论宽窄，便道之建筑费均应由各业主分别担负。

二、下水道建筑费　下水支道(Lateral Sewers)之建筑费应完全由受益业主担负。其特值税之征收标准应根据受益地段之面积及其临街宽度。面积作五分三之标准，临街宽度作五分二之标准。至于下水干道(Trunk and Intercepting Sewers)之建筑费则受益业主只应担负一半，以昭公允。

三、公园建设费　公园建设费应完全由受益业主依照受益地段之远近而分派担任之，一八五六年纽约市中央公园建设时，其建设费用百分之三十二系由特值税取得。不及二十年，此项受益地带之地价已陡增至八倍有奇。本市情形固与纽约大相悬殊，而理则一也。

四、市行政中心区之建设费　市行政中心区建设工作完成之时，附近地带之地价，亦必因而增高。此项建设费百分之二十至二十五应由受益地带业主来分担。

五、公用事业之发展费　商营公用事业之发展费用，自应由各该商自行筹措。将来电车、电灯、自来水等公用事业收归市办之时，其发展费用得酌量地方情形用特值税支付。

物质建设，举市咸受其益，此固然矣。但此项利益之分配，市内各处势难平均。如建设费用，完全由普通税收取得，则是明知利益之分配不能平均而强平均其负担，于理实有未当。此特值税之所以重要也。本市物质建设特值税之征收方法，既如上述，尤须对于下列数点加以充分的注意，始可收良好之效果：

一曰特值税之征收政策必须固定也。本市特值税之征收政策必须先有缜密之规定，以免朝令夕更，措置失平之弊。

二曰特值税之征收政策必须公开也。政策公开，市民对之始可有正确的了解。而弊端自可消灭于无形矣。

三曰特值税之征收应采用分期收款之办法也。建设费用，为数甚巨。苟强迫各受益业主将特值税一次交纳，势必使各业主疲于奔命。建设工作，因之难于进行。至于引起强烈的反感，尤其余事耳。

四曰特值税之征收理应因地制宜也。特值税之征收首须有公允的标准，对于各受益地带之范围，尤应因地制宜有合理的规定。

（二十三） 市公债之发行

物质建设费用，理应由历年纳税市民分别担负。势必发行公债，始可应付裕如。国内市政公债向不多见，即或有之，亦多诈取于民之一策。故市民每闻市政府又将发行公债，辄有谈虎色变之感。此其弊本不在公债自身，实在于公债发行之失当。因噎废食，智者不取。故作者等认为发行市公债实为本市物质建设必经之一途。惟发行市公债时，对下列各点务须严格遵守，始可收良好之效果：

一、市公债发行后所得款项只可用作物质建设费用，决不可移作经常费用。

二、市公债之还本期最多不得过五十年。其期限之长短应依照各该项建设事业寿命之长短而定。

三、将来市立法机关正式成立时，市公债必须经该机关五分三以上之同意始得发行。

四、公债应采用分期还本制，不应采用积金还本制。

五、关于各项公债之财政情况每年应有一详细报告。

六、市政府公债发行时，最低不得过九折。

七、担保品应确定，还本付息应有详细规划。

（二十四） 本市现存租税制度之改善

本市现存租税制度，不无可以改善之处。整理旧税，为改善之先着。旧税整理方法：第一步应调查沿革及现状；第二步应将税率重新厘定，轻重务得其平，布告周知；第三步统一征收机关，俾税权可以集中，职责可以分明；第四步规定比额，实行奖惩。务以去繁复、免苛细、均负担、除中饱、专责成、明功过为归宿。旧税整顿就绪之后，复可相机进行新税。查不动产税索为国外各市之重要财源，房地捐亦为本市各租界之重要收入。本市物质建设在在需款，且其影响于地价者至巨，故房地税一项不妨酌量增加。其征收方法应详加审查，重为规定。天津意租界房地捐之征收方法，可供参考。再，本市各处沿街广告牌照颇多，有碍观瞻，理应寓禁于捐，以资取缔，所入固不见多，然而亦可略裕税源也。

（二十五） 结　　论

天津为华北第一巨埠，当大清、滹沱、子牙等五河之汇，合而为沽河以入海。水道既便，故人舟轮船络绎其间。陆路交通方面，北宁、津浦、平绥、平汉四大干线皆可彼此呼应，互相衔接。邻县汽车公道亦具雏形。天津工商业刻下固甚幼稚，实因人力未至，非无发展的可能。本埠为西北一带唯一出路，皮毛，粮食，药材，棉花等品由此输出者，每年为数甚巨。而国外工艺品之来源，亦以此为堆栈。故商况之盛，列为国内四大商埠之一，执华北国内外贸易之牛耳。近年国都南迁，本市繁荣，遽受打击，市面顿感萧条。时方多难，举国鼎沸，民生凋敝，各地皆然，非独天津一市为然也。将来时局奠定，建设肇始，工商业发达，天津因其特殊的位置，以往的历史，可独自树立，不必依附北平政治上的关系以作其盛衰的标准。论者或谓值此兵连祸结之时，侈谈天津市的物质建设，虽非海底捞月，亦是痴人说梦。殊不知此正谈讲物质建设计划之时。不观夫南北战后之美国城市乎？战时美国民穷财尽，战后元气既复，工商业因以猛进，城市之发展崛起者乃如雨后春笋，一发而不可制。其时美人对于各项突如其来的市政建设，毫无准备，以致措手无及，糜费极多，市政腐败，不堪言状。市政建设，本非一朝一夕之事，苟无适当之计划，必将措置乖方。国内各市，当此之时，如不早日注意及此，将来再蹈美国城市之覆辙，盖必然之事也。由此而观，孰谓兴谈天津物质建设方案，此非其时乎？

目前天津需要物质建设方案以备将来有秩序的发展固矣。或谓本方案未免陈义过高，恐难实现。此则对于本方案之目标，性质与方法，未曾完全明瞭之言。南京首都建设委员会不惜重资，礼聘美人茂菲、古力治二君为首都设计技术专门顾问。其为南京之设计，远大周密。预测六年内之建设费为五千一百八十万元。与本方案每年需费二百万元计，未免损之又损。而其计划发表后，颇受国内外城市设计专家之好评。初不以其陈义稍高计划完备而忽略其本身之价值。何以故？盖以近代都市需要远大之计划故。所谓建设方案，所谓城市设计，并非头痛医头，脚痛治脚之治标方策，亦非将市政府工务局历年度之施工计划加以抄袭便可了事。良好的物质建设方案理应对于百年以内（至少五十年内）之本市物质上所需要的建设有一全盘的规划。刻下本市人口据海关调查为八十万。据特别市政府调查，五警区及三特别区人口合计为八九六八五六人。合各租界地及四乡而计，本市人口当在百万以上。时局安定，工商业发达，天津市人口在最近百年内增至二百万人，盖意中事。作者等筹划本方案时，常以此为心目中的对象；对于天津刻下之处境，尤不敢一时忘。故本方案所载各项计划，均有分期进行办法，以备逐年设施，渐底于成。市政建设本非一朝一夕之事，更不必划地以自封。本方案之是否适当，非作者等所敢言；但既无好高骛远之弊，亦无舍本逐末之愿，则作者等所敢自信者也。

抑作者等尚有不得已于言者。道虽迩，不行不至；事虽小，不为不成。欲知本方案之能否实施，应视市政当局与全体市民努力之如何。近代城市之物质建设计划，经纬万端，包罗万象，本方案之所能及者，不过其粗枝大叶而已。其各部分之详细规划，非有缜密之调查研究不可。市政当局苟真欲有所建树，理应早日成立市政设计技术专门委员会，在正式设计委员会（请参阅城市设计及分区授权法草案）成立之前代行其职务。此项委员会委员均由市长委任或聘任。市长为当然委员长。秘书长，参事，市府技正，各局局长均为当然委员。此外复聘任专家若干人为技术委员，共筹进行。期以二年，依照本方案拟定计划将本市最近二十年内之详细工作计划拟定。苟如是，则本市必可以有循规蹈矩的发展。作者等虽不敏，亦将与有荣矣。

作者履历

梁思成　　美国彭省大学建筑学士，建筑硕士，哈佛大学城市设计研究院研究生，英美市政建筑荣誉学会会员。得有彭省大学建筑设计金质奖章，一九二七年南北美洲市政建筑设计联合展览会特等奖章。曾任彭省大学建筑学助教，美国费城市政设计技术委员，克雷博士副设计师。刻任东北大学工学院建筑系主任教授，吉林大学建筑总设计师，中华营造学社社员。

张　锐　美国密西根大学市政学士，哥仑比亚大学毕业院研究生，施拉鸠斯大学行政院研究生，哈佛大学市政硕士，全美市政研究院毕业技师。历任纽约市政府总务、工务、公安、卫生、财务各局实习技师。曾得有米西根大学名誉奖证，全美名誉政治学会会员，哈佛大学市政交通问题名誉研究员。前任东北大学市政专任教授，刻充天津特别市政府秘书，市政传习所训练主任，南开大学市政讲师。

中国雕塑史①

我国言艺术者，每以书画并提。好古之士，间或兼谈金石，而其对金石之观念，仍以书法为主。故殷周铜器，其市价每以字之多寡而定；其有字者，价每数十倍于无字者，其形式之美丑，购者多忽略之。此金钱之价格，虽不足以作艺术评判之标准，然而一般人对于金石之看法，固已可见矣。乾隆为清代收藏最富之帝皇，然其所致亦多书画及铜器，未尝有真正之雕塑物也。至于普通玩碑帖者，多注意碑文字体，鲜有注意及碑之其他部分者；虽碑板收藏极博之人，若询以碑之其他部分，鲜能以对。盖历来社会一般观念，均以雕刻作为"雕虫小技"，士大夫不道也。

然而艺术之始，雕塑为先。盖在先民穴居野处之时，必先凿石为器，以谋生存；其后既有居室，乃作绘事，故雕塑之术，实始于石器时代，艺术之最古者也。

此最古而最重要之艺术，向为国人所忽略。考之古籍，鲜有提及；画谱画录中偶或述其事而未得其详。欲周游国内，遍访名迹，则兵匪满地，行路艰难。故在今日欲从事于中国古雕塑之研究，实匪浅易。幸而——抑不幸——外国各大美术馆，对于我国雕塑多搜罗完备，按时分类，条理井然，便于研究。著名学者，如日本之大村西崖，常盘大定②，关野贞③，法国之伯希和(Paul Pelliot)，沙畹(Edouard Chavannes)，瑞典之喜龙仁(Osvald Siren)等，俱有著述，供我南车。而国人之著述反无一足道者，能无有愧？今在东北大学讲此，不得不借重于外国诸先生及各美术馆之收藏④甚望日后战争结束，得畅游中国，以补订斯篇之不足也⑤。

上　古

传谓黄帝采首山之铜，铸鼎于荆山之下三，以象天地人；烹牲牢于鼎，以祀上帝鬼神。黄帝既崩，其臣左彻削木为黄帝像，率诸侯朝祭之。然此乃后世道家之言，不足凭也。

帝尧之时，鸾雏来集，麒麟来游。祇支国献重明鸟，国人多刻铸鸟状以驱魑魅。

帝舜祀上帝山川鬼神，作五瑞五器，多以圭璧。此时盖尚在石器时代，故兵器俱石

---

① 本稿系梁先生在东北大学时的讲课提纲，成于1930年，未曾发表。1985年本稿首次选编入由清华大学建筑系主编、中国建筑工业出版社出版的《梁思成文集》(三)中。1998年本稿又经林洙单独抽出，交由天津百花出版社出版单行本。1985年出版的《梁思成文集》由陈明达校注本文，这次出版全集又由傅熹年再校正。

② 常盘大定(1870—1945年)日本东京帝国大学文科大学毕业，博士，教授，东方文化研究院研究员。研究中国佛教史，前后五次来中国调查，撰有《支那佛教の研究》、《支那文化史迹》等——傅熹年注。

③ 关野贞(1867—1935年)1895年日本帝国大学工科大学造家学科毕业，1922年为该校助教授，1928年任东方文化学院研究员。研究日本、朝鲜、中国建筑史，撰有《支那の建筑と艺术》、《朝鲜の建筑と艺术》、《支那文化史迹》(与常盘大定合著)——傅熹年注。

④ 梁先生撰此文时所采用的外国著作及美术馆藏品之图片已在劫中失去，除个别图片尚可找到外，其余只能取近年出土品中时代，类型、特点相近者代替之。不得已处，尚希读者鉴谅——傅熹年注。

⑤ 上文末段说"今在东北大学讲此"。在三代——商又提到"去年殷墟发掘出的石像"，按此像出土于1929年秋季第三次发掘。故可肯定此稿作于1930年。而全文异常简略，尤以秦代一节为甚，可知为当时讲课所用的提纲，尚非正式的"史"。当时国内调查工作尚未开展，考古工作刚刚开始，所以文中实例多引自外人书籍或国外博物馆藏品。原稿仅存文字。今酌量配选一些图版，以供参考。本书所用全部插图均由林洙配选——陈明达注。

制。尧舜之时天下泰平，故武器化为礼器，如石斧化作圭，圆形石饼化作璧。唐时发舜妃女英冢，得大珠及玉盌，足征当时玉器之发达也。

三代——夏

大禹定天下，"远方图物，贡金九牧"，铸为九鼎，图以山川奇怪鬼神百物，使民知神奸，则入山林川泽，魑魅魍魉莫能逢之，以承天休。其后鼎迁于商，复迁于周。至周定王时遂有楚子问鼎，王孙满对之事。至显王四十二年，姬氏德丧，九鼎终没于泗水。秦始皇二十八年，过彭城，发千人入水求之，终莫能得。

此时铜器铸造术渐精。铸鼎象物，装饰渐见，遂成"浅刻"（Bas-relief）。盖人类因需要而制器，器成则思有以装饰之，实为最自然之程序。三代花纹之形式，盖于此时已成矣。《礼记·明堂位》谓山罍为夏后氏之尊。《正义》谓罍为云雷，画山云之形以为之。盖三代铜器所最多见之"雷纹"，实始于此时也。罍之彩饰多用黄金，遗物中镶金者甚多，今故宫及古物陈列所尚可见。

夏后虽已入铜器时代，然玉石之用仍广。禹治水功成，帝舜赐以玄圭，玉器也。《禹贡》谓扬州及荆州有金三品《金银铜》，扬州有瑶琨，豫州有磬错，梁州有镠铁银镂，雍州有球琳琅玕，金玉出产甚丰，雕琢之术盖亦进矣。

三代——商

至殷商而工艺渐繁，于是天子有六府六工之制。六工者土工、金工、石工、木工、兽工、草工也。《韩非子》谓殷人雕琢食器，刻镂觞酌。至于塑像一方面，则有晋卫之人镌石铸金，以为师延像以祀之。又有武乙无道，作偶人，谓为天神而搏之。纣为象箸、犀玉之杯，可知当时在象牙、犀角、玉石等等工艺雕刻亦必甚发达也(第十图)。

商代遗物中铜器不多，如《宣和博古图》所载之父己鼎若癸鼎，及《西清古鉴》所载之父乙、丁、祖辛、父癸、若癸，皆铸饕餮雷纹[①](第一图)。

玉器遗物中有北平黄氏之躬圭，下有横纹三道，圆孔，再上则异面，非人非兽，雕

---

① 此文撰于1930年，通过考古发掘所得之铜器尚少，现代研究青铜器形制、纹饰的专著如容庚《商周彝器通考》等尚未问世，故只能引用古籍中的图像。《宣和博古图》成书于1123年稍后，《西清古鉴》成书于1751年，分别著录北宋宫廷和清宫廷所藏古代铜器，每器均有附图及说明。但这些图像形象既不够精确，断代亦未必准确，故改用近年新出土的铜器代替之——傅熹年注。

② 此圭是龙山文化器，时代早于商，但这是近三十年来考古工作所得之结论。在三十年代初作者撰此文时，一般仍认为是商或西周器——傅熹年注。

③ 作者所指为1929年殷墟早期发掘中出土物。现以更具代表性的1976年发掘的殷墟妇好墓的出土品代之——傅熹年注。

工甚佳(第十一图)②。

近年殷墟(安阳)出土器饰龟甲尤多。象牙，犀角，牛骨，雕刻甚多(第九、十图)③，刀痕犹劲，刻工细巧。去年李济之博士在殷墟从事发掘，出土者有半身石像一躯，无首无足，全身有雷纹，盖纹身之义欤。李先生以为此石像之用为柱础，其言亦当(第十二图)。此外更有铜贝一，径约三寸，精巧有如希腊全盛时代物，良可贵也。

三代——周

周承二代之盛，集中华文化之大成。文物制度俱备，粲然为旷古所未有，故孔子叹赞，有郁文、从周之语。

周代遗物，铜器最多。考之古籍，《周礼·春官》宗伯之下有司尊彝之职，掌六尊六彝，皆宗庙之祭器。大司乐之下有钟师、镈师，司徒之下有鼓人，掌六鼓四金。四金者，金錞以和鼓，金镯以节鼓，金铙以止鼓，金铎以通鼓。

在金工方面，有六工之制，曰攻金六工。筑氏为削，冶氏为杀矢及戈戟，桃氏为剑腊①，凫氏为钟，㮚氏为量，段氏为镈器。

至于所用之金，则有所谓六齐者②。金六分，锡居一，齐钟鼎；金五分，锡居一，齐斧斤；金四分，锡居一，齐戈戟；金三分，锡居一，齐大刃；金五分，锡居二，齐削矢；金锡相半，齐鉴燧。筑氏执下齐，冶氏执上齐；锡多为下齐，锡少为上齐。

铜器之中，虎、蜼二彝及大尊为虞制，鸡尊、黄彝及山尊(罍)为夏制。斝彝、著尊为商制。鸟彝(第二图)及牺尊、象尊为周制③。其中尤以牺尊、象尊为研究雕塑史之主要材料(第四、七图)，《宣和博古图》、《西清古鉴》皆多载之。今多存故宫博物院。其中尤以散氏盘为最著(第五、六图)。然其所以著者，以其欵识文字之多，研究者，实未曾有以雕刻家眼光看之者也。

若观周代铜器，总合而归纳之，可得下列诸特征(第三、五图)：

(一)深刻、浅刻并用，或全器面俱有纹或横圈。深刻部分多为夔或饕餮。浅刻部分为雷纹(第三图丙)。

(二)重要部分加以脊骨。其断面小则圆，大则方，且多节断，折钩等形(第三图甲)。

(三)小圈、横带圈。〇〇〇〇 (第三图甲、乙)

(四)脚部周绕多有弦纹。≡ (第三图乙)

---

① 据《考工记·桃氏》：腊字应属下读——傅熹年注。
②《周礼·考工记》——陈明达注。
③《周礼·春官·小宗伯·鸡人》。郑注引《明堂位》——陈明达注。

第一图 甲 历史博物馆藏商乡鼎

第一图 乙 北京故宫博物院藏商守父L鼎

第一图 丙 北京故宫博物院藏商兽面纹方鼎

第二图 商雉形尊（美国旧金山亚洲艺术博物馆藏）

第三图 甲 周鼎

第三图 乙 西周北白卣

第三图 丙 周代铜器细部—鸟纹及雷纹

第四图 殷象尊

第五图 北京故宫博物院藏西周后期散氏盘，青铜，直径51.5厘米

第六图 墙盘

第十一图 黄氏躬圭

第九图 殷墟玉人

第七图 春秋牺尊

第十图 殷墟象牙杯

第八图 战国玉璧

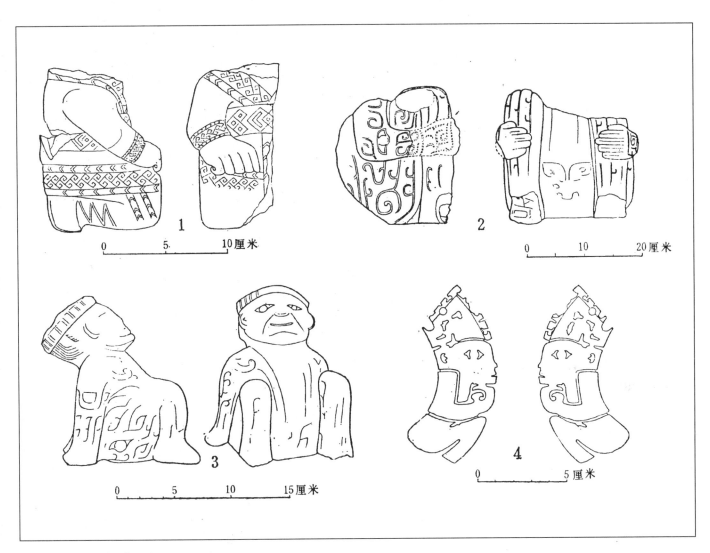

第十二图　殷墟石雕人像四种
　　1. 侯家庄像　2. 小屯像　3. 四盘磨像　4. 侯家庄玉佩　　　引自《李济考古学论文选集》P953

（五）所有主要花饰多以动物为主。

至于传记中，更有有趣之记载，则《孔子家语》中之〈金人铭〉。"周太庙之侧有金人焉，三缄其口而铭其背曰：'古之慎言人也，戒之哉，戒之哉！'……"中之金人，盖亦我国铜像中之最古者也。

至于玉器，尤为周代礼节中之必需品。安邦国则有六瑞；（王，镇圭；公，桓圭；侯，信圭；伯，躬圭；子，谷璧；男，蒲璧①。）礼天地四方则有六器；（礼天以苍璧；

---

① 《周礼·小宗伯典瑞》——陈明达注。

礼地以黄琮；礼东方以青圭；礼南方以赤璋；礼西方以白琥，礼北方以玄璜。用玉之途甚广，用玉之风甚盛，玉在当时社会中实占重要之位置。其价可使"小人怀璧其罪"，其高尚可使"君子比德于玉。"又能使孔子"鞠躬如也"。

至战国之世，重玉之风益甚。郑伯许璧以假田，固可知当时玉价。然如秦昭王之以十五城易和氏玉，更有如蔺相如者冒生命之危险以还璧，盖亦中外古今所未有也(第八图)。周代遗玉极罕，见于《宣和博古图》及其他古籍者不过十余事。唯日本竹内氏所藏璃玉珑，作圆圈形，首尾衔接刻作龙形，雕琢奇古，盖三代之遗物也。

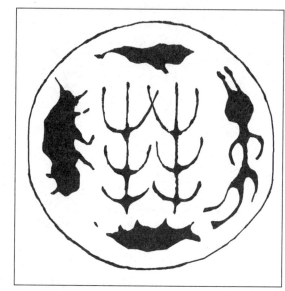

第十三图　周酆宫瓦当文

建筑雕饰遗物有宗周酆宫瓦，见于《金石契》及《金石索》，内有䇞字、外绕以四神之饰(第十三图)。孔子谓："始作俑者其无后乎？"，可知俑像在孔子时已成习俗沿用物，惜无遗物可考耳。

周代雕刻师中有鲁班者，称绝世妙手，不唯擅雕刻，且作木鸢为楚攻宋(墨翟为云梯以御之)，作木人以御木马木车，盖亦极巧之机师也。

秦①

阿房——备房闱，缮厩库，雕琢刻画，玄黄琦玮。

二十六年，有大人，长五丈，足履六尺，皆夷狄服，凡十二人，见于临洮。收天下兵，销锋镝以为金人十二，以约天下之民。

作渭桥，孟贲像。

"君不见秦时蜀太守，刻石立作三犀牛。自古虽有厌胜法，天生江水向东流②"，其一今在成都圣寿寺。

---

① 此为作者所拟提纲，尚未及作进一步阐述发挥。——傅熹年注。
② 唐杜甫《石犀行》首四句，次句"三犀牛"之"三"应作"五"——傅熹年注。

鸿台瓦

始皇墓，周五里，高五十余丈，穿三泉，下铜而致椁。以水银为百川江河大海，上具天文，下具地理。项羽发之，三十万人运三十日始尽(第十四、十五~十八图)。

封演曰，秦汉以来，帝王陵前有石麒麟、石辟邪、石象、石马。人臣墓前有石羊、石虎、石人、石柱。

玉玺、秦印。

两　汉

汉族文化至六朝始受佛教影响。秦汉之世，实为华夏文化将告一大段落之期。上承三代之盛，下启六朝之端，其在历史上盖一极重要之关键也。先秦雕塑遗物，既罕且贵，今日学子之能见者，不过若干铜器及极少数之玉器耳。其在雕塑史上实只为一段绪言。及乎两汉，遗物渐丰。时值天下一统，承平盛世，民有余力以营居室陵墓，日常生活亦渐安适，其遗迹在在皆有，而今日治雕塑史者亦较感其易，不若三代之难考也。

汉代遗物中墓饰碑阙实为最要。宫苑装饰唯余数瓦。日常用品则以镜为主体，他如虎符印章之类，为数靡少。且多经历代好古之考玩，材料较易搜集。

《三辅黄图》谓汉宗庙，"宗"者尊也，"庙"者貌也，所以仿佛先人尊貌者也。汉代雕像祭祀之风盖必盛行，惜"尊貌"多木雕泥塑，今无复有存者。唯有征诸古籍耳。

至于陵墓表饰，如石人，石兽，神道，石柱，树立之风盛行。又有享堂之制，建堂墓上，以供祭祀。堂用石壁，刻图为画，以表彰死者功业。石阙石碑，盛施雕饰，以点缀墓门以外各部。遗品丰富，雕工精美，堪称当时艺术界之代表。即是之故，在雕塑史上，直可称两汉为享堂碑阙时代，亦无不当也(第二十五~二十七图)。

陵墓表饰之见于古籍者极多，如张良墓之石马，霍去病墓之石人石马，张德墓之石阙石兽、石人、石柱、石碑皆前汉物。唯霍去病墓石马及碑至今犹存，马颇宏大，其形极驯，腿部未雕空，故上部为整雕，而下部为浮雕。后腿之一微提，作休息状。马下有匈奴仰卧，面目狰狞，须长耳大，手执长弓，欲起不能。在雕刻技术上，似尚不甚发达；筋肉有凸凹处，尚有用深刻线纹以表示之者(第十九图)。

霍去病墓——武帝元狩。公元前122年[①]。

俑及明器——三俑(第二十~二十四图)。

[①] 原稿如此。按霍去病卒于武帝元狩六年(公元前117年)——傅熹年注。

第十四图　秦始皇陵

第十五图　秦始皇陵兵马俑

第十八图　秦始皇陵兵马俑

第十六图　秦始皇陵兵马俑

第十七图　秦始皇陵兵马俑

第二十图　汉骑马俑

第二十一图　汉陶俑厨师

第二十二图　汉说书俑

第二十三图　汉明器陶屋　（美国堪萨斯城奈尔逊·阿金斯美术馆藏）

第十九图　霍去病墓前石雕

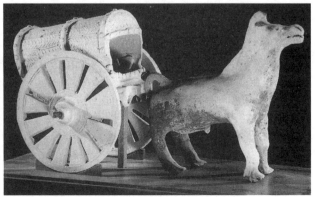
第二十四图　汉明器陶马车

曲阜诸王墓——恭王，景帝三年(公元前154年)封于鲁，二十八年薨(公元前126年)，及子孙。卒及亭长，高六尺八寸及七尺一寸。最古。

宫苑及建筑装饰

元鼎元年(公元前116年)，立通天台于甘泉宫。高二十丈，以香柏为殿梁，香闻十里，故亦称柏梁台。台上有铜柱，高三十丈，上有仙人，掌擎玉杯，受甘露于云表，谓之承露盘。盘大七围，去长安二百里之遥已望见之。元封间，柏梁台灾，椽桷皆化龙凤从风雨飞去。可知台之建筑，椽桷乃饰龙凤。然以铜器高入云霄，最易引诱落雷，柏梁台不得不灾，传谓灾时风雨，可以证之。

柏梁灾后，武帝更信方士言，立建章宫。前殿之东立凤阙，高二十五丈，而在其上立铜凤凰以胜灾。《文选》班固〈西都赋〉所谓："设璧门之凤阙，上觚棱而棲金爵"是也。

然此等大雕饰惜无存者。存者唯瓦砖耳。

《金石索》有甘泉宫瓦，作飞鸟图，字曰："未央长生"(第二十九图)。有上林苑白鹿观瓦当，图作鹿形，颇似甘泉宫飞鸟瓦(第三十图)。汉砖遗物中有长袖对舞之舞人砖，有飞鸟走兽之群兽砖，有执戈骑御之纪功砖。盖多陵墓中物。东北大学所藏人物砖，盖双阙檐角所常见之人形软(第二十八、三十一图)!

金玉雕刻

汉代日用雕刻小品遗物，以金玉为多。汉沿周秦之制，器皿多用铜质。而玉在社会上，尚保持其尊贵之位置。时西域交通渐便，材料渐丰，故汉代玉器甚多。皇帝六玺皆以白玉，上有螭虎之纽，皇后则用金玺焉。

《古玉图谱》载汉玉器三十余件，其图皆欠精确，无以见其精美，更无从辨真伪，兹不赘。其他遗品中，有蝉形含玉，多简洁，刀法苍劲。有玉佩，多圆形，上多刻吉祥语，亦有龙凤形者。黑木氏所藏璃玉子母鸳玉杖首，结构卓绝，刻线刚劲，然是否汉物，尚待考也。

汉金器遗物甚多。各种器皿如尊、壶、书镇等甚多。沈阳故宫博物院所藏天鸡尊、凫尊、神兽壶皆其佳例。其形制大致似周，虽不及周器之高古森严，然较之后世之物，其强劲典雅之致尚存焉。其中神兽壶尤为有趣，全壶横分为八带，最下带为壶脚，作几何文；自上数第五带为雷纹，其余皆铸禽兽像，尤以第三、四带之刺豹(?)，及斗牛图为有趣。其刀法略似武氏祠石而生猛过之(第三十二图)。

考诸《陶斋吉金录》，《金石索》等书，汉宣帝，元帝，成帝间铸镫(灯也)颇多，多宫中物，其铭多先标何宫、何物、何年、何人(工)造、重量几斤几两。其工之可考者甚多，盖皆当时少府所属宫工也。(第三十三图)

第二十五图　山东肥城郭巨石祠

第二十六图　四川雅安高颐阙全景

第二十七图　高颐阙细部雕刻

第二十八图　东汉骑使画像砖

第二十九图　汉甘泉宫瓦

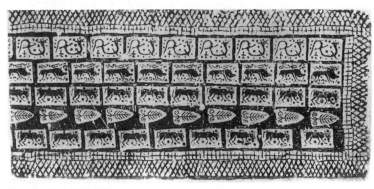
第三十一图　汉群兽砖

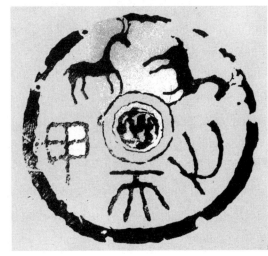
第三十图　白鹿观瓦

第三十二图　汉神兽壶

第三十三图　汉当户灯（河北满城汉墓出土）

第三十四图　汉八瓠纹镜

第三十五图　汉人物镜

第三十六图　故宫藏汉铜镜

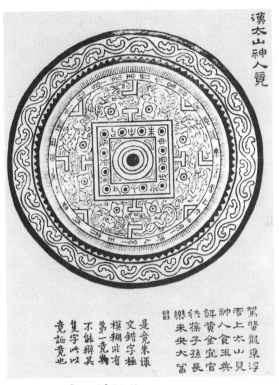

第三十七图　《金石索》载汉镜

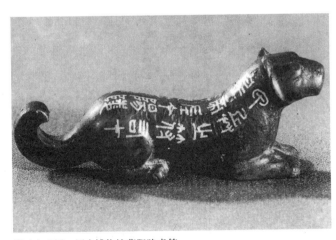

第三十八图　历史博物馆藏阳陵虎符

铜镜亦汉遗物之重要者。其中有年号镜，俱桓灵以后物，盖铭鉴年月之风，至汉末始行也。由花纹种类别之，汉镜可分三种。一为，欧洲学者所称"TLV镜"者是（第三十六、三十七图）。圆镜中心有方形，方圆之间乃在四方及四角上作TVL等纹。二为"八觚纹镜（第三十四图），在各同心圆圈间作八圆觚。三为"人物镜（第三十五图），由几何纹渐进至自然形，盖镜之后铸者也。

汉印之流落于北京琉璃厂者颇多，费金无多，可得精品。其篆纽往往有可取者，其字既佳，其纽尤美。按之汉仪，皇太子印用黄金龟纽，诸侯王用黄金橐驼纽。龟与橐驼尚可保存，而黄金作纽，则无觅处矣。

汉铜之最奇罕者莫若虎符。罗振玉先生藏阳陵虎符尤为精美（第三十八图）。罗氏称为秦虎符，然阳陵地名，实景帝改弋阳后始有之，故当是汉景帝时物。符长二寸九分，作虎形，金错，文曰"甲兵之符：右在皇帝，左在阳陵"。

佛 像

佛像虽于明帝时传入中国，然而未即传播，东汉之世，可称其最初潜伏期。至桓帝笃信浮图，延熹八年，于宫中铸老子及佛像，设华盖之座，奏郊天之乐，亲祀于濯龙宫。此中国佛像之始也。

按佛教原非礼拜偶像之教。佛灭度后甚久，尚无礼拜佛像之风。虽有塔庙讲堂等建筑，然塔则以纳舍利子，庙则以安塔。建筑中有画雕佛传及本行图，然其观念非如后之佛像也。明帝梦金人而遣蔡愔等至天竺求经，愔等得佛经及佛画像，并竺法兰及迦叶摩腾二比丘还洛阳。然此非塑像也。明帝以后，至公元后一世纪（汉和帝时）健①陀罗古建筑中始见佛像雕刻，是为造像之始，盖深受希腊影响者也。此后三四百年间，健陀罗佛像传世者甚多。而中国受健陀罗美术影响尤重也。

三 国、两 晋

三国之际为雕塑极不发达之时代。遗物中之可评定为此时代者极少。唯镜之有年号者尚有数件，然此镜实仍汉制，由艺术上言，直可称为汉镜；其雕饰仍谨沿汉代多用之各种花纹，所异者唯技较巧而摹写较实耳。

宫苑雕刻之可述者，有魏明帝洛阳总章观之铜凤。观高十余丈，建翔凤其上。曹操墓之铜驼石犬亦为当时重要雕刻。

两晋有太极殿，殿前有楼，屋柱皆隐起龙凤百兽之形，雕斫众宝，以饰楹柱。晋

---

① "健"，近年译文作"犍"。梁先生撰此文时尚无标准译名，在下篇论文中，作者已改用"犍"字——傅熹年注。

代实为中国佛教造像之始。最初太始元年，（公元265年）月支沙门昙摩罗刹（竺法护）至洛阳，造像供奉，为佛像自西域传来之始。继之有荀勖造佛菩萨金像十二躯于洛阳。其后佛寺渐多，造像亦盛，然遗物则惜无存者。

当是时（建元二年，公元366年）沙门乐僔于敦煌凿石为窟。乐僔至山，见金光千佛之状，遂就崖造窟一龛，法良继之，营窟于僔之旁，伽蓝之起，实滥觞于二师，其后刺史建平公、东阳王等次第造作，至唐圣历间（公元697~699年）已有窟千余龛。故亦名千佛崖。

《西域水道记》谓乾隆四十八年，沙中得断碑，曰："秦建元二年沙门乐僔立"，后又没于沙中云。然而莫高窟者，实中国窟龛造像之嚆矢，云冈，龙门，天龙山及其他刻崖，皆起西陲而渐传内地，此晋代在雕刻史上最大之贡献也。

晋代有人焉，为中国雕塑史中一极重要人物，戴逵是也。逵字安道，风清概远，留遁旧吴，宅性居理，心游释教。且机思通瞻，巧拟造化。作无量寿木像，研思致妙，制定精锐，常潜听众论，闻所褒贬，辄加详改，委心积虑，三年乃成，振代迄今，实未曾有。此木像与师子国玉像及顾恺之维摩图世称瓦官寺三绝。安道实为南朝佛像样式之创制者。而此种中国式佛像，在技术上形式上皆非出自印度蓝本，实中国之创作也。

晋末佛教流行，汉石阙加刻佛教像者甚多，因难于觅石，就阙刻之甚便也。

南北朝——南朝

自南北朝而佛教始盛，中国文化，自有史以来，曾未如此时变动之甚者也。自一般人民之思想起，以至一物一事，莫不受佛教之影响。而艺术者一时代一民族之象征，其变动之甚，尤非以前梦想所及者。在雕塑上，至第五世纪，已渐受佛教之浸融，然其来也渐。在此新旧思想交替之时，在政治历史上已入刘宋萧梁，而佛教尚未握人生大权之际，有少数雕刻遗物为学者所宜注意者。其大多数皆为陵墓上之石兽。多发现于南京附近。南京为南朝帝都，古称建业，宋、齐、梁、陈皆都于此。附近陵墓即其帝王陵墓也。陵墓在今南京附近，江宁，句容，丹阳等县境内，共约十余处，其坟堆皆已平没，然其中柱，碑，翁仲等等尚多存在者。瑞典学者喜龙仁（Osvald Sirén）所著《中国雕刻》言之甚详。

其中最古者为宋文帝陵，在梁朝诸陵之东。宋陵前守卫之二石兽，其一尚存，然头部已残破不整。其谨严之状，较后代者尤甚，然在此谨严之中，乃露出一种刚强极大之力，其弯曲之腰，短捷之翼，长美之须，皆足以表之。中国雕刻遗物中，鲜有能与此匹飙比刚斗劲者。

萧梁诸墓刻，遗物尤多。始兴忠武王萧憺（普通三年，公元522年薨）碑，碑头螭首，颇似汉碑。吴平忠侯萧景及安成康王萧秀，俱卒于普通年间，故其墓刻俱属同时（公元六世纪初），形制亦同（第四十一、四十二图）。其石兽长约九尺余，较宋文帝陵石兽尤大，然刚劲则逊之。其姿势较灵动，头仰向后，胸膛突出。此兽形状之庄严，全在肥粗之颈及突出之胸。其头几似由颈中突出，颈由背上伸如瓢，而头乃出自瓢中也。其口张牙露，舌垂胸前，适足以增胸颈曲线之动作姿势。其身体较细，无突起之筋肉，然腰部及股上曲线雕纹，适足以表示其中酝藏无量劲力者。

由其形式上观之，此石狮与山东嘉祥县汉武氏祠狮实属一系统，不过在雕饰方面，较汉狮为发达耳。

然此汉狮、梁狮，皆非写实作品，其与真狮相似之点极少。其形体纯属理想的，其实为狮为虎，抑为麒麟，实难赐以真名也。今此石狮及碑柱，多半埋于江南稻田中，遥望只见其半，其中数事已于数年前盗卖美洲，现存彭省大学美术馆。其他数件之命运如何，则不敢预言也。

考古艺术之以石狮为门卫者，古巴比伦及阿西利亚皆有之。然此西亚古物与中国翼狮之关系究如何。地之相去也万里，岁之相去也千余岁。然而中国六朝石兽之为波斯石狮之子孙，殆无疑义。所未晓者，则其传流之路径及程序耳。至此以后，狮子之在中国，遂自渐成一派，与其他各国不同，其形制日新月异。盖在古代中国，狮子之难得见无异麟凤，虽偶有进贡自西南夷，然不能为中土人人所见，故不得不随理想而制作，及至明清而狮子乃变成狰狞之大巴狗，其变化之程序，步步可考，然非本篇所能论及也。

南朝造像现存者极少。就中最古者为陶斋（端方）旧藏元嘉十四年（公元437年）铜像。高约一尺三寸。两肩覆袈裟，颇似健陀罗佛像。然在技术上毫无印度风。其面貌姿态乃至光背之轮廓皆为中国创作，盖戴安道所创始之南朝式也（第三十九图）。

美京华盛顿（Freer Gallery）①藏元嘉二十八年（公元451年）铜像一躯。光背作叶状，上镌火焰纹，而有三小佛浮起。大致与十四年像同（第四十图）。

当是时，戴安道之子名颙者，字仲若，肖其父，长于才巧，精雕塑。安道作像，仲若常参虑之。仲若作品之见于记载者颇多。济阳江夷与仲若友善，为制弥勒像，后藏会稽龙华寺。又修冶绍灵寺及瓦官寺丈六金像二躯。又作丈六金像于蒋州兴皇寺，隋开皇间寺灾，迁像于洛阳白马寺。此外戴氏父子制像颇多，然实物乃无一存焉。

---

① 现译名为佛利尔美术馆（Freer Gallery of Art, Washington）——傅熹年注。

第三十九图　南朝刘宋元嘉十四年(公元437年)造铜佛像

第四十图　南朝刘宋元嘉二十八年(公元451年)造铜佛像
(美国华盛顿佛利尔美术馆藏)

第四十一图　南京梁始兴忠武王肖憺墓石兽

第四十二图　南京梁吴平忠侯肖景墓石狮

南北朝——北朝

元　魏

在元魏治下，佛老皆为帝王所提倡，故在此时期间，造像之风甚盛。然其发展，非尽坦途。

魏太武帝（公元424～452年）初信佛教，常与高德沙门谈论佛法。四月八日，诸寺辇像游行广衢，帝亲御门楼，瞻观散花，以致敬礼。此实为魏行像之滥觞。然帝好老庄，晨夕讽味。富于春秋，锐志武功。虽归宗佛法，敬重沙门，然未观经教，未深求缘报之旨。信嵩山道士寇谦之术。司徒崔浩，尤恶佛法，尝语帝以佛法之虚诞。帝益信之。太平真君五年（公元444年）诏王公以至庶人，家有私养沙门，师巫及金银巧匠者，限期逐出，否则沙门师巫身死，主人门诛。既而帝入寺中，见沙门饮酒，又见其室藏财物弓矢及富人寄藏物，忿其非法。时崔浩亦从在侧，因更进其说，遂于太平真君七年（公元446年）三月，诏诸州坑沙门，凡有佛像及胡经者亦尽焚毁。太子晃信佛，再三谏弗听。然幸得暂缓宣诏，俾远近得闻，各自为计。故沙门经像亡匿多得幸免。然塔庙及大像，无复孑遗。

太武帝被弑后。文成帝即位，诏复佛法，自真君七年，至此，凡七年间，魏境造像完全屏息。

物极则反，复法之后，建寺造像之风又盛。遂命诸州郡，限其财用，各建佛图。往时所毁并皆修复，藏匿经像遂复出世。至献文帝（公元466～471年）竟有舍身佛道，摒弃尊位之行为。其对于寺观之兴筑及佛像之塑造盖极提倡也。

我国雕塑史即于此期间放其第一次光彩。即大同云冈石窟之建造是也。

石窟寺在大同西三十里武周山中云冈村。山名云冈堡，高不过十余丈，东西横亘数里。其初沙门昙曜，请魏文成帝于"京城西武周塞，凿山石壁，开窟五所，镌建佛像各一，高者七十尺，次六十尺，雕饰奇伟，冠于一世"（第四十三图）。

石窟寺之营造，源于印度（印度大概又受埃及波斯遗物影响），而在西域，如龟兹、敦煌，已于云冈开凿以前约一百年开始。故昙曜当时并非创作，实有蓝本。

石窟总数约二十余，其大者深入约七十尺，浅者仅数尺。其山石皆为沙石，石窟即凿入此石山而成者。除佛像外，尚有圣迹图及各种雕饰。石质松软，故经年代及山水之浸蚀，多已崩坏。今存者中最完善者，即受后世重修最甚者，其实则在美术上受摧残最甚者也。

云冈雕刻，其源本来自西域，乃无疑义。然传入中国之后，遇中国周秦两汉以来汉民族之传统样式，乃从与消化合冶于一炉。其后更经法显与其他高僧之留学印度，商务上与印度之交通，故受印度影响益深而进步益甚。云冈初凿虽在北魏，然其规模之大，技巧之精，非一朝一夕所养成也。

云冈雕饰中如环绕之莨苕叶（Acanthus）（第四十五图）。飞天手中所挽花圈，皆希腊所自来，所稍异者，唯希腊花圈为花与叶编成，而我则用宝珠贵石穿成耳（第四十六图）。顶棚上大莲花及其四周飞绕之飞天（第四十八图），亦为北印中印本有。又如半八角拱龛以不等边四角形为周饰，为健陀罗所常见，而浮雕塔顶之相轮，则纯粹印式之窣堵坡也（第四十七图）。尤有趣者，如古式爱奥尼克式柱首，及莲花瓣，则皆印译之希腊原本也。此外西方雕饰不胜枚举，不赘（第四十九、四十四图）。

不唯雕饰为然也，即雕饰间无数之神像亦多可考其西方本源者，其尤显者为佛籁洞①拱门两旁金刚手执之三叉武器，及其上在东之三面八臂之湿婆天像②，手执葡萄、弓、日等骑于牛上。其西之毘纽天像，五面六臂，骑金翅鸟，手执鸡、弓、日、月等，鸟口含珠。即此二者已可作云冈石窟西源之证矣（第五十、五十一图）。

佛像中之有西方色彩可溯源求得者亦有数躯，则最大佛像数躯是也。此数像盖即昙曜所请凿五窟之遗存者。（？）在此数窟中，匠人似若极力模仿佛教美术中之标准模型者，同时对一己之个性尽力压抑。故此数像其美术上之价值乃远在其历史价值之下。其面貌平板无味，绝无筋肉之表现。鼻仅为尖脊形，目细长无光，口角微向上以表示笑容，耳长及肩。此虽号称严依健陀罗式，然只表现其部分，而失其庄严气象。乃至其衣褶之安置亦同此病也。其袈裟乃以软料作，紧随身体形状，其褶纹皆平行作曲线形。然粘身极紧似毛织绒衣状，吾恐云冈石匠，本未曾见健陀罗原物，加之以一般美术鉴别力之低浅，故无甚精彩也（第五十二、五十三图）。

此种以外，云冈石像尚别有作风与大佛大不同者。年代较后，或匠人来自异地，俱足以致之。此种另一作风，佛身较瘦，袍带长重，其衣褶宽平，被于身上或臂上如带，然后自身旁以平行曲线下垂，下部则作尖错形。其中有极似鸟翅伸张者，盖佛自天飞降之下意识之表象欤。其与印度细密褶纹，两相悬殊，如二极端。其内蕴藏无限力量，唯曾临魏碑者能领略之（第五十四~五十六图）。

由此观之，云冈佛像实可分为二派，即印度（或南派）与中国（或北派）是也。所谓南派者，与南朝造像袈裟极相似，而北派则富于力量，雕饰甚美。此北派衣褶，实为我国

---

① 今编号第八窟——陈明达注。
② 据《中国石窟·云冈石窟Ⅰ》，今称鸠摩罗天——傅熹年注。

第四十三图 甲 云冈石窟全景之一

第四十三图 乙 云冈石窟全景之二

第四十四图 云冈十二窟屋形龛

第四十六图 云冈手挽花圈之飞天

第四十五图 云冈第七窟后室门西侧之苕茛叶饰

第四十七图　云冈十一窟小龛

第四十八图　云冈第九窟后宫明窗顶部飞天

第四十九图　云冈第十窟爱奥尼克柱式

第五十图　云冈第八窟摩醯首罗天像

第五十一图　云冈第八窟鸠摩罗天像

第五十二图　云冈二十窟大佛

第五十三图　云冈二十窟大佛

第五十四图　云冈第十一窟

第五十五图　云冈第十一窟左胁侍菩萨
（引自《云冈石窟》）

雕塑史中最重要发明之一，其影响于后世者极重。我古雕塑师之特别天才，实赖此衣褶以表现之(第五十七图)。

我国佛教雕塑中最古者，其特征即为极简单有力之衣褶纹。其外廓如紧张弓弦，其角尖如翅羽，在此左右二翼式衣裙之间，乃更有二层或三层之衣褶，较平柔而作直垂式。然此种衣纹，实非有固定版式者，亦因地就材而异，粗软之石自不能如坚细石材之可细刻，或因其像大小而异其衣褶之复简。总而言之，沿北魏全代，其佛像无不具此特征者。然沿进化之步骤，此刚强之刀法亦随时日以失其锋芒，故其作品之先后，往往可以其锋芒之刚柔而定之(第五十七图)。

至于其面貌，则尤易辨别。南派平板无精神(第五十二图)，而北派虽极少筋肉之表现，然以其筒形之面与发冠，细长微弯之眉目，楔形(Wedge Shaped)之鼻，小而微笑之口，皆足以表示一种庄严慈悲之精神。此云冈石窟雕刻之所以能在精神方面占无上位置也(第五十四、五十六图)。

北魏孝文帝于太和十七年(公元493年)迁都洛阳，同时即开始龙门石窟之凿造。龙门地处洛阳南三十里，亦名伊阙。元魏以下至于隋唐龛窟造像无数，实我国古代石刻之渊薮。其龛窟之布置与云冈石窟略同(第五十八图)。唯匠人之手艺不同，而工作之石料较为坚细，故其结果在云冈之上，然以地处中原，与社会接触较多，其毁坏之程度亦远在云冈之上，研究亦因之颇感困难。

诸窟中之最古者为古阳洞(第五十九图)。其效昙曜之往事，在龙门创立此伟业者，厥为比丘慧成。慧成实太武帝玄孙，与孝文帝为从兄弟，为报皇恩，故营此窟。太和二十一年(公元497年)，帝幸龙门，此洞之成，实赖帝力。二十三年(公元499年)帝崩，杨大眼至龙门，"览先皇之明趺，睹盛□之丽迹，瞩目□□，泫然流感，遂为孝文皇帝造石像一躯"。大眼实辅国将军……开国子，魏书有传，为念帝而造像也。至宣武帝景明初，敕造宾阳洞，其余诸窟因而次第造成，孝文及慧成，实灵岩无数佛窟开凿之始祖，其在我国美术史上，功弗可没也(第六十、六十一图)。

古阳洞壁上雕饰，多为孝文、宣武二帝时代造。然龙门各洞，各时代之加造小龛者不可胜数，故四壁无一寸空墙，致将原形丧失。其中多数头已毁失，但小像全者较多。杨大眼、魏灵藏等像大体结跏趺坐，其衣褶雕法，仍本恒安像式，然面貌较柔和。其中有交脚坐者，其姿势之庄严，衣褶曲线之平行，亦极似云冈。唯衣褶下部不作尖错形，而成ひひひひ状。领圈下微作挑尖，肩带胸前垂下，交穿珮中，又复下垂，其带极平宽，无皱，皆此时代之特式也。

至宣武永平、延昌间(公元508~515年)，衣褶较为流畅，至孝明初年作风渐变。熙平二年(公元517年)齐郡王之像尚为交脚旧式，至神龟三年(公元520年)及正光二年

第五十六图　云冈第二十七窟造像

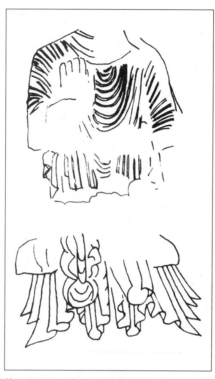
第五十七图　甲　云冈佛像衣皱比较

第五十七图　乙　云冈第十九窟西洞造像

第五十八图　龙门石窟全景

注：第六十七、六十九、七十、七十二、七十六、七十七、七十九～八十九图均引自《龙门石窟》。——作者注。

第五十九图 甲 龙门古阳洞北壁列龛

第五十九图 乙 龙门古阳洞内景

第六十图 龙门比丘慧成造像龛

第六十一图 龙门杨大眼造像龛

(公元521年)之造像，皆结跏趺坐，座前垂衣曲折翻覆重叠掩座，遂产出一种新样式。此实孝明时代最显著之作风(第六十二~六十五图)。

古阳洞中像旁雕饰多珠链、飘带等(第六十六~六十八图)，龛后及背光则作火焰纹。龛之周围梯形(Trapezoid)格中则为飞天，长衣飘舞。其雕多极薄浮雕，线索凌峻(第六十九、七十图)。背光火焰，亦有只刻线纹者。然皆一致同有一特征，则其刚强之蕴力是也。此特征本已见于云冈作品，及至龙门，则因刻匠技术之进步，石料之较佳，故其特征乃益易见。龙门刻匠实较云冈进步甚远，不唯技术，即对于雕饰之布置，亦超而过之矣。

正光四年(公元523年)宾阳洞成，共有三洞，为龙门诸洞中之最壮大者。宾阳洞为皇家敕造，挑选名匠，工作特精，然三洞作风各异，其中虽有隋唐添刻像，然主要像皆正光间物，北洞本尊补塑，失去原形，中洞、南洞本尊，面貌特异，衣褶不似古阳，而写实之技巧进步。褶线曲直参差流畅，曲折配合得宜(第七十一~七十七图)。

南洞本尊衣褶流丽，中洞南北壁有本尊立像，衣缘自手下垂，作一种波状，善用曲线，变化颇巧。其发为健陀罗式。其背光自项后圆光周围有宝相花以至周围之火焰，刻技细巧精致之极。其诸胁侍菩萨，或和悦，或庄严，各尽其妙(第七十三、七十五、七十七图)。

壁上之诸浮雕佛传图及王后供养图，极浮雕之美，后世观者唯赞叹耳(第七十八图)。

次要次古者有莲花洞，其中最古铭为孝昌间(公元525年~527年)物，其洞顶以莲花为宝盖，方丈余，是以得名。莲花四周刻飞天(第七十九、八十图)。本尊立像之左右有声闻弟子胁侍，左执杖者为迦叶尊者(第八十一图)，此外又有菩萨胁侍。洞内样式稍新异。本尊两手下袈裟缘直垂，与膝下衣褶，皆极流畅。此式东魏高齐最盛，实北魏末年之新典型，胁侍菩萨面貌和蔼，颇似宾阳洞。声闻面貌奇伟，衣褶似宾阳中本尊，而略有变化。此实北魏末之作风也。

此外山东历城，河南巩县，亦皆于此时开凿，其作风沿革亦略同焉(第八十二~八十五图)。

自永熙三年(公元534年)，孝静帝改元天平，迁都于邺，以至武定八定(公元550年)，禅位于高齐，此十六年间谓之东魏。仍继北魏之风，造像亦甚盛行。京都既迁，洛阳龙门造像之迹非复如北魏之盛，然古阳洞中东魏造像之可考者尚有数龛。

除云冈、龙门外，山东历城、河南巩县皆有石窟遗刻，古自北魏，下至唐宋，诚佛图美术中最重之遗物也。

佛像之供养，初以弥勒为最多，后为释迦，观音之供养亦盛。胁侍菩萨本二尊，自宾阳洞以后，加以声闻，遂成五尊。至于狮子飞天，由来亦古。

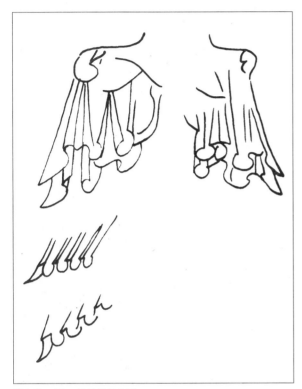

第六十二图　龙门佛像衣褶

第六十四图　龙门古阳洞小佛龛

第六十五图　龙门古阳洞小佛龛

第六十三图　龙门古阳洞屋形龛

第六十六图　龙门古阳洞龛楣

第六十七图　龙门莲花洞龛楣龙饰

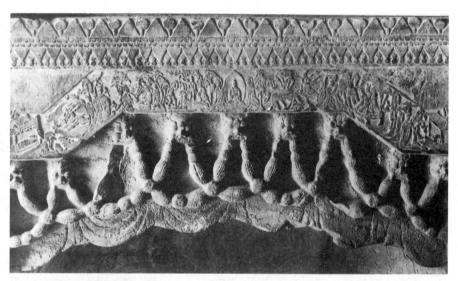

第六十八图　龙门古阳洞珠链龛饰

第六十九图　龙门古阳洞龛楣雕饰

第七十图　龙门古阳洞飞天

第七十一图　龙门宾阳南洞本尊

第七十二图　龙门宾阳中洞本尊

第七十三图　龙门宾阳中洞南壁本尊立像

第七十四图　龙门宾阳中洞立佛头像

第七十五图　龙门宾阳中洞本尊头像

第七十六图　龙门宾阳中洞迦叶像

第七十七图　龙门宾阳中洞文殊像

第七十八图　龙门莲花洞浮雕佛传故事

第七十九图　龙门莲花洞

第八十图　龙门莲花洞本尊

第八十一图　龙门莲花洞迦叶像

第八十二图　巩县第一窟

第八十三图　巩县第二窟

第八十四图　巩县第三窟

第八十五图　巩县第四窟

第八十六图　山西太原西魏大统十三年造像碑正面

第八十七图　山西太原西魏大统十三年造像碑侧面

玉石造像，北魏虽有之，然至东魏尤盛，至高齐益盛行。

西魏遗物较少，然亦有堪注意者，太原现存方碑一座，高与人齐，其上刻龛，内有坐像。为大统十三年（公元547年）物（第八十六、八十七图）。

大统十七年（公元551年）造像碑，为造像碑之最大者，其高十尺许，为一整石。其结构颇"建筑的"而不甚"雕刻的"。其全部竖分为二行，横分作四层，最上层为碑头，上刻双龙，中盘小龛内像三躯。碑阳二三层各刻佛像九躯，虽极细微，而衣褶纹则绝对表示时代特征。二层龛上为莲花栱，三层栱上刻飞天，其衣裙向上飘舞，如火焰状。下层合二格为大龛，佛居中，胁侍者八菩萨，其下为狮子，邑子等像，龛刻作罗帷华盖形，上冠以相轮，如塔顶。最下则为碑文。各层间为造像者像。碑阴各层略同。顶层刻树，颇有汉代遗风（第八十八、八十九图）。

此外波士顿博物馆（Museum of Fine Arts, Boston）亦有造像碑一座，其刚劲尤过之。碑为大魏元年物①，惜上部已崩断。

道 教 像

元魏道教颇盛行。太武帝登位之次年，召天下方士，嵩山寇谦之即当时道教中要人。终元魏之世，道教颇有影响，遗物亦不少。其命题虽异而作风则完全与佛像同也。其最古作品为鄜州石泓寺旧藏天尊像，字迹漫灭，仅辨"永平"年号（公元508年—511年），无甚特异也。

北 齐、北 周

北齐、北周之雕刻，由历史眼光观之，实可为隋代先驱。就其作风而论，北齐、北周为元魏（幼稚期）与隋唐（成熟期）间之折冲。其手法由程式化的线形的渐入于立体的物体表形法；其佛身躯渐圆，然在衣褶上则仍保持前期遗风；其轮廓仍整一，衣纹仍极有律韵；其古风的微笑仍不罕见，然不似前期之严峻神秘；面貌较圆，而其神气则较前近人多矣。此时期可称为过渡时期，实治史者极宜感兴趣之时期也。

北 齐

时代虽同，然地方之区别则极显著。北周遗物，今见于陕西一带者，率皆肥壮，不似北齐河北所遗玉石像之精巧。今山西天龙山所存此期遗物最多，然前数年山西国民党党部以打倒偶像号召，任意摧残，其受损害如何，不敢设想。此外山东神通寺，龙门莲花洞，巩县石窟寺等处亦有摩崖造像。在北齐三十年间，今河北、河南、山西、山东

---

① 原稿如此，未记年号——傅熹年注。

诸省造像数极多，研究亦不大难。

天龙山，北齐造像之最精者为"第二窟"及"第三窟"（第九十~九十三图），其他诸窟皆隋唐物，"第一窟"亦北齐，然不及二、三窟之精美。二、三两窟中雕饰形制略同；各有三龛，每龛三佛，本尊居中，菩萨胁侍。浮雕甚高，几似独立，然仍带一种平板气味，尤以胁侍菩萨为甚。菩萨微向佛转侧，立莲座上，面部被毁，至为可惜（第九十三图）。其姿态修直，衣褶左右下垂，下端强张作角形曲线，尚有北魏遗风。本尊则坐莲台上，后壁面门者结跏趺坐，左右壁者垂足坐。其衣褶虽仍近下部向外伸出作翅翼形，然其褶皱不复似前期之徒在表面作线形，其刻常深，以表现物体之凹凸。其背光本有彩画，今已磨失。其全部雕法极其朴素，其引人入胜不在雕饰之细腻而在物体之表现也（第九十一图）。

石窟而外，北齐造像极多，大村西崖所列举即有二百余区，其散佚于豫冀者当不可胜计。其在山西者，武平七年（公元576年）郭延受造像最可为其代表作品。其石质为红色沙石，略似天龙山。菩萨（观音）像倚背光成高浮雕，背光已毁，臂已折，腿肥大似肿，圆似管，足亦肥板无生动气。像立覆莲上，莲花前有龟，作负驮状，其上有碑，刻字，旁有二狮。衣褶仅浅似线，宝珠带突起不高，衣之下端作卷浪纹。全身自顶至踵，各部皆以管形为基本单位。其与北魏飘松直垂之衣纹，可谓绝对不同矣。

北齐雕刻因地而异前已述及。今河北定县一带，产白玉石极佳。其造象虽与上述诸点不尽符合，然亦相去不远。其全身各部亦以管形为主，衣裳极紧，衣褶仅似线纹。头笨大，胸高肩阔，其倾向则上大下小。其遗物极多，如喜龙仁（Osvald Sirén）《中国雕刻》第253、256图是（第九十四、九十五）。与北魏相较，则北魏上小下大，肩窄头小。北齐则上大下小，其律韵迟钝，手足笨重，轮廓无曲线，上下直垂。二者相去极远，而时间则仅距数十年，其变至骤，殆非逐渐蜕变，乃因新影响输入而使然也。

此新影响者，殆来自西域，或用印度取回样本，或用西域工匠，其主要像（本尊）则用新式，而胁侍菩萨则依中原原样，此所以使本尊与菩萨异其形制也。天龙山当时僧侣，与印度直接交通必繁密，故其造像所含印度气味之多，亦为他处造像所罕见。今印度秣菟罗（Mathurâ）美术馆中与北齐同时造像颇多，两相比较，即可溯其源矣。

河北境内造像作风与山西大异。泰半甚小，似为各家中供养者。其结构至繁杂，颇似金像手法。唯最初者尚略带北魏遗意。佛像多有菩萨胁侍，其背则共有一背景，为叶形背光，其上则有飞天舞翔，俱为浮雕。其衣褶尚有在下端向外伸作翼形之倾向，其浮凸亦殊甚。坛座甚高，周刻天王狮子等等供卫。其最普通之布置则在佛之两旁植树二株，枝叶交接于其上，树干遂成二柱状，而枝叶则成背光，飞天翔回于其间，共拱宝塔。枝叶之间多雕通处，使全像愈显其剔透玲珑，为其他佛教雕刻所罕见（第九十六、九

第八十八图　西魏大统十七年造像碑

第八十九图　西魏大统十七年碑碑头

第九十图　天龙山第二窟北齐雕像

第九十一图　天龙山第三窟北齐雕像(本尊居中,结跏趺坐)

第九十二图　天龙山第三窟西壁北齐雕像(本尊居中,垂足而坐)

第九十三图　天龙山第三窟胁侍菩萨(北齐)

第九十四图　北齐雕像

第九十五图　北齐雕像

第九十六图　河北境内北齐雕像

十七图)。

此种造像,其先率皆施彩色,其与当时绘画的布局必甚相近。由立体的布局观之,其地位实不甚高,然由技术的进步观之,则亦有相当价值。佛像本身,仍可与前所论之公式符合,"管形"之倾向极为显著。其为数也多,其良莠亦不齐,其精者可为佛教雕刻中最高之代表物,其劣者则无足道也。定县一带所产玉石为其主要石料,色白而润,最足以表现微妙之光影,使其微笑益显神妙矣。

北　周

北周造像较北齐遗物少,建德三年(公元574年)武帝灭法,道佛并禁,经像悉毁,沙门道士悉皆还俗,铜像则化为钱,周境之内,数百年来官私所造佛塔寺像,悉皆扫地。建德三年[①]灭齐,齐境佛像亦同此厄。魏齐造像,设非皆经此度有意之摧残,其杰作之传于今日者当不只倍蓰,由美术史上观之,武帝罪亦大矣。幸宗教信仰,最为坚实,以帝皇之力,故意搜寻,然尚有幸免者。宣帝即位,佛道复兴,以坊州大像之出现,改元大象,造像之风复盛。

北周遗物,以陕西为多。其作较齐像尤古。因所用石质不同,故其刀法亦异。唯较之齐像,则所受印度影响极其轻微,故保存元魏遗意亦多。

今西安博物馆保存大像数尊及美国所藏数尊为此派重要标本。西安四躯皆释迦立像,佛身肥笨,衣褶宽畅下垂(第九十八图)。然最精者莫如现藏波士顿及明尼阿波利斯(Minneapolis)二躯,波士顿像高八尺余,明尼阿波利斯像高六尺四寸,铭文曰天和五年(公元570年)。波士顿形制与之无异。其中尤以波士顿为精,菩萨为观音,立莲花上,四狮子蹲座四隅拱卫。菩萨左执莲蓬,右手下垂,持物已毁。衣褶流畅,全身环珮极多。肩上袈裟,自两旁下垂,飘及于地。宝冠亦以珠环作饰,顶有小佛像。企立姿势颇自然,首微向前伸,腰微转侧。秀媚之中,隐有刚强之表示,由艺术之眼光视之,远在齐像之上矣(第九十九图)。

此期铜像亦足以助证其蜕变之程序。较早作品衣褶仍有魏风,身格较纤幼,曲线流畅,然头部则方笨,现出北周本色,且无背光,只有头光。周齐以来,铜像背光似已消灭,考之此时之印度佛像,多无背光,殆受其影响欤。西安发现铜像甚多,今多在国外。喜龙仁《中国雕刻》第266B,280C,278图皆其代表作品也(第一〇〇、一〇一、一〇二图)。

[①] 原稿笔误,"三"应作"六",即公元577年——傅熹年注。

第九十七图 河北境内北齐雕像

第九十八图 陕西省博物馆藏北周释迦立像

第九十九图 美波士顿美术馆藏北周观音像

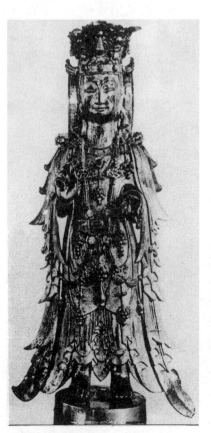
第一〇〇图 北周金像

第一〇一图 北周金像

第一〇二图 北周金像

隋

北周大定元年(公元 581 年)，隋王杨坚受禅，国号隋。开皇九年(公元 589 年)灭陈，虏陈后主，南北遂复统一。文帝都大兴(长安)，炀帝迁都洛阳。文帝之世，开皇、仁寿间，造像极盛。周武灭法以后，至开皇元年(公元 581 年)，佛禁始开，大修周代废寺，建立经像，盛极一时。

开皇四年(公元 584 年)又诏移安周时遣除残像。二十年，更颁布形像保护法，凡有敢毁坏偷盗佛及天尊乃至岳镇海渎之神者，以不道论。以沙门而坏佛像，道士而坏天尊者，以大逆不道论。终文帝之世，修治故像大小十万六千五百八十躯，造新像百五十万八千九百四十余躯(《法苑珠林》卷一百)，周武惨灭佛法，至是始复旧观。

按其风格，隋代雕刻实为周齐雕刻之嫡裔。其大部分仍可称为"过渡式"的，然其中已有少数精品，可以列于我国最发达之宗教雕刻者矣。杨隋帝业虽只二代，匆匆数十年，然实为我国宗教雕刻之黄金时代。其时环境最宜于佛教造像之发展，而其技艺上亦已臻完善，可以随心所欲以达其意。然隋代雕刻大体皆甚严正平板，对于自然仍少感兴味。然较之元魏，则其对于人体部分之塑造，确有进步矣。

隋代石窟雕刻极多，其最要者在山东境内，如历城千佛山、玉函山、益都(青州)驼山、云门山等处，然云冈、龙门、天龙山亦多所增广，乃至在已有魏窟中添刻者。天龙山第八窟(第一○三图)，由历史的及美术的方面观，皆较重要，然经时代之侵蚀及人为之破坏，像已颓残。此窟为天龙山最大窟之一，与北齐之第十六窟相较，则可知其所受印度影响极少。其坐法仍如齐像，然衣褶之布置，身材之方正肥重，不似齐像之弯曲轻盈，手足加大，头部亦加大，然生气则无加也。其胁侍菩萨则更死板无味。在艺术上只占中下地位。左右壁上数菩萨，则似较有可称道处。

洞外有天王四，其二在洞口，其二在碑旁，为开皇四年(公元 584 年)物。较之洞内佛像，当为上品。其动作暴躁庄严，其衣褶颇流畅，刻工已知利用衣褶之飘扬以表示身体之动作，为前所未有。

陕西境内，直受北周遗风，又因石料之不同，其作品亦较异，大体较山西造像为佳。其石为灰色石灰石或玉石。所造俱菩萨像，率多肥大，头极重，衣裳长阔，环珮玉锁下垂及膝。肩上所披袈裟(?)，在足部微展开作翅翼形，然后紧贴于像座之上。此期衣褶率多杂乱死板无韵律，其中偶有稍有韵律者，则适足以表示像之呆板，无动作之表现也。衣裙之下沿褶作耳形纹，(注：左右相对称， 。)其中亦偶有较自然者，如喜龙仁《中国雕刻》第 313 图(第一○四图)。

山陕境内隋像遗物头部多丰满强大，然其较优秀者不若北周造像之方整。其形体及

第一〇三图 甲 天龙山第八窟洞天王像

第一〇三图 乙 天龙山第八窟洞天王像

第一〇三图 丙 天龙山第八窟主尊

第一〇三图 丁 天龙山第八窟胁侍菩萨

结构的精确,皆超于北周之上;五官之刻塑尤为仔细,双线代眉,弯曲长细,尤为特异。此诸像面貌之美丽精致,实赖元魏式微笑及多少个性之表现混合而成——然其微笑,已微之又微,仅隐隐堪察耳。隋代像首之精品,在中国雕刻史中实可位于最高之列;其对人体解剖上之结构,似尤胜于唐像,而其表情则尤非笔墨所能形容也。

然而隋像之最精美、最足为时代标准代表作品者,莫如河北境内遗物。其形制多一律,然品第则优劣不同。其最普通之特征为其体态之轮廓,至此已不复以管形为基本,乃一变而呈椭圆状。其轮廓自腰部及肘部向上下展出,于足部及头部向内收缩。衣褶之主要线纹方向亦随之。其全部韵律皆随椭圆之倾向,胸前背后及至头部之线纹亦如之。其所表现则为一种极纯粹之调和与幽静之状态。而在此幽静之中,复表示些微动作,其动作极其和缓,抑扬有序,不似前期管形造像之骤然起伏也。见喜龙仁:《中国雕刻》第 324,325,328,329 图(第一○五~一○八图)。

至于遗物丰富,品类最杂者,当首推山东境内造像。当时此地对于佛教之信仰,似较他处为强烈。由其造像观之,当时殆本有自成一派之遗风,而其刻工,殆亦非寻常匠人,其天才艺技,皆有特殊之点。其中最古者为益都驼山及历城玉函山,玉函诸像多开皇四、五、六年造,虽屡经修塑,然本来面目尚约略可见。大致尚作管形;目颇呆板,衣褶垂直,益显其活动不灵之状。头部硕大,趋重方形,而颈则细长如柱;而他部之结构,亦非精美。历城佛峪亦有同此形制者,且保存较佳。为开皇七年造(公元 587 年)(第一○九~一一一图)。

驼山造像极为宏大,与玉函佛峪作风相同。虽无年号可考,然按其形式,当与同时。隋式雕刻在此乃放大雕造,是为总管平桑公造像(第一一二图)其物形之美及情性,不免受过大之累,不得表现,殆玉函亦不如。其对于体形,只有作皮毛之表示,全身各部,如手足头颈,似乱物堆成,毫无机性之结合。其形以椭圆为主,衣裳薄而紧,其褶纹虽有相当文饰之美,然无物体之实,其律韵不足为其魁伟体格之蔽饰也。此像全部唯宝座上所垂衣纹尚有律韵,其曲线之流畅及下边波形纹,皆为隋代所特有。其两旁胁侍菩萨身量较小,权衡较佳,呆板直立,颇似柱形,少有椭圆线。头部亦重大,颈部则由三重圆环叠成,当时雕刻之通例也。

云门山与驼山隔溪相对,相去咫尺,而其美术之地位,则极悬殊。大像数少,且极残破,然其优美,则不因此而减也。其年代较之驼山约迟十年。其雕工至为成熟,可称隋代最精作品。像不在窟中,乃摩崖作龛供养,日光阴影,实助增其美。佛龛中一佛,一菩萨,一天王胁侍。其旁一龛则本有碑在中,菩萨胁侍。佛龛本尊,结跏趺高坐宝座上,其姿势不若旧式之呆板,而呈安适之意。其状若似倚龛而坐,首微前伸,若有所视者(第一一三、一一四图)。其衣褶至为流畅,虽原来已极流畅之裙下端,亦有加焉。其连

第一〇四图 陕西隋代雕像

第一〇五图 隋代造像

第一〇六图 隋代造像

第一〇七图 隋代造像

第一〇八图 隋代造像

第一〇九图 山东历城佛峪造像(济南博物馆供稿)

第一一〇图　山东历城佛峪隋开皇七年造像（王建浩摄）　　第一一一图　山东历城玉函山隋造像现已毁（王建浩摄）　　第一一二图　驼山总管平桑公造像

环式之曲线及波形褶纹仍旧，而其流畅则远在他像之上。然此像之长，不唯在其宏大及生动。其最大特点乃在其衣裙物体之实在。其褶纹非徒为有韵律之雕饰，抑且对于光线之操纵，使像能表出其雕刻的意义，实为其最大特点。其面貌亦能表现其个性，目张唇展，甚能表示作者个性，其技艺之纯熟有如唐代，然其形制则纯属初隋，实开皇中之最精品也。

以此像与陕西造像并之，时代相同，而空间之区别，则可使见者讶隋代遗物品格高下相差之甚，而同时又有共同之特征也。

隋代遗像，大多数为开皇间物，炀帝之世，遗物甚少。磁州南响堂山，本有晚隋像若干躯，其形式为隋式，然艺技已大进，盖已在隋唐之交，由过渡而入成熟时代矣。

铸铜之术，北周时盖已臻完善，至隋代其风尤盛。其中心殆在大兴（西安）。端方督陕时，在西安得开皇十三年（公元593年）造像，保存甚佳，少有损坏。本尊坐菩提树下，四比丘，二菩萨，二天王，二狮子，二飞天等侍卫。本尊头光华丽，有花叶及火焰文，树枝上则有花圈下垂（第一一五、一一六图）。此类金像隋代极为盛行，然多毁铸钱，在日本方面保存较多。帝室御藏一光三尊立像，半踞弥勒像，菩萨立像，立佛铜像，皆为隋代经三韩而传之日本者，其刻工之精美，保存之完善，在今日之中国，似不易得也。

此外道教亦为高祖所信，造像亦多，然只得称佛教雕刻之附庸，其命题多老君或天

第一一三图　云门山隋代造像

第一一四图　云门山隋像胁侍菩萨

第一一五图　隋开皇十三年(公元593年)铜像

第一一六图　西安出土隋开皇四年(公元584年)董钦造像

尊像。

总之此时代之雕刻，由其形制蜕变之程序观之，其最足引人兴趣之点，在渐次脱离线的结构而作立体之发展，对物体之自然形态注意，而同时仍谨守传统的程式。椭圆形已成其人体结构之基本单位，然在衣褶上，则仍不免垂直线纹，以表现其魏齐时代韵律之观念也。

唐

李唐之世，在我国史中，为黄金时代。文治武功俱臻极盛。世代长久（共289年），仅亚于汉。国运隆盛，为前所未有。盛唐之世（公元七世纪）与西域关系尤密，凡亚洲西部，印度，波斯乃至拜占庭帝国，皆与往还。通商大道，海陆并进；学子西游，络绎不绝。中西交通，大为发达。其间或为武功之伸张，或为信使之往还，或为学子之玄愿，或为商人之谋利，其影响于中国文化者至重。即以雕塑而论其变迁已极显著矣。然细溯其究竟，则美术之动机，仍在宗教（佛教）与丧葬（墓表）支配之下。

然而唐代艺术史，高祖之世，实罕足道。考之古籍，虽有造像之记载；然武德中遗物，尚未闻见。太宗嗣位，与民以信仰自由，不唯佛道，即景教亦于此时传入。太宗于治国之暇，时与学者论学。玄奘西游，帝实使之。贞观十九年（公元645年）玄奘自印度归来，先居弘福寺，帝复为立大慈恩寺，从事译述。太宗且为作《三藏圣教序》。当此之时，长安实世界文化都会之最重要者。四夷来归，贡使不绝于长安殿前，竟有十余国使之多。

玄奘之归，与我雕塑关系最深者，厥唯师所将来印度七佛像。按《大唐西域记》：

1. 金佛像一躯，通光座高尺有六寸，拟摩揭陀国（Magadha）前正觉山（Prâghbodi Mt.）龙窟影像。
2. 金佛像一躯，通光座高三尺三寸，拟婆罗痆斯国（Benares）鹿野苑初转法轮像。
3. 刻檀佛像一躯，通光座高三尺五寸——一说尺有五寸——拟憍赏弥国（Kausāmbi）出爱王（King Udayana）思慕如来刻檀写真像。
4. 刻檀佛像一躯，通光座高二尺九寸，拟劫比他国（Kapitha）如来自天宫（Tathâgata）降履宝阶像。
5. 银佛像一躯，通光座高四尺，拟摩揭陀国鹫峰山说法花等经像。
6. 金佛像一躯，通光座高三尺五寸，拟那揭罗曷国（Nâgarahâra）伏毒龙所留影像。
7. 刻檀佛像一躯，通光座高尺有五寸——一说尺有三寸——拟吠舍厘国（Vaisali）巡城行化檀像[①]。

像先置于弘福寺，后三年，慈恩寺成，敕以九部之乐，并各县县内之乐，率诸寺幢帐，迎像送移供养。通衢皆饰以锦绣，鱼龙幢戏，千五百余乘，帐盖三百余事，绣画罗

[①] 《大唐西域记》有十处系根据季羡林《大唐西域记校注》P1041 校改——傅熹年注。

幡数百，文武百官侍卫陪从。太宗及太子、后宫登安福门，手执香炉而目送之。观者亿万。永徽三年（公元652年），建砖塔（大雁塔）以供像。其受国人之珍敬有如此者。

此七像者，盖为佛教造像之标准，中印、北印皆有之，故其影响之大，无待赘述。敦煌壁画，有写其形，然只足为像形之辩证，无重要之美术价值也。

初唐之世，除玄奘法师而外，学子使臣之游西域者颇不乏人，所灌输于美术界之影响当非微浅。贞观二十二年（公元648年），唐使王玄策自印度归。其先于贞观十七年，诏李义表、王玄策等二十二人送婆罗门客归国。十九年至摩揭陀国，立唐文碑于菩提树边。一行中有巧匠宋法智者，图写摩揭陀佛足迹及菩提树伽蓝弥勒像而归。穷巧圣容，未到京师而道俗竞模之。后敕撰《西国志》六十卷成，中四十卷为图画，盖宋法智所写，惜书已佚。

考之《历代名画记》，尚有韩伯通者。乾封二年（公元667年），京兆西明寺道宣入寂，春秋七十有二。高宗追仰道风，诏相匠韩伯通为塑真容。显庆元年（公元656年）河东郡夫人受戒，敕玄奘法师及大德九人迎于鹤林寺。受戒了后，命巧工吴智敏作十师形像，以留供养。吴、韩、宋三师，实史传留名之三名匠，盖皆长于肖像者也。

武后之世，在政治方面，为害之烈，人所共知。然在美术方面，则提倡不遗余力，于佛像雕刻，尤极热心，出内帑以建寺塔，且造像供养焉。就初唐遗物观之，唐代造像多在武周，其中精品甚多。龙门、天龙山诸石室及长安寺院中造像，俱足证明此时期间美术之发达及其作品之善美。佛像之表现仍以雕像为主，然其造像之笔意及取材，殆不似前期之高洁。日常生活情形，殆已渐渐侵入宗教观念之中，于是美术，其先完全受宗教之驱使者，亦与俗世发生较密之接触。故道宣于其《感通录》论造像梵相，谓自唐以来佛像笔工皆端严柔弱，似妓女儿，而宫娃乃以菩萨自夸也。

西安为唐代都城，武后时造像尤多。其最古造像之可考者为贞观十三年（公元639年）中书舍人马周造像（第一一七图）。佛结跏趺坐高座上。背光上刻火焰形。头光作二圆圈，圈内刻花纹及过去七佛像。衣装紧严，作极有规则曲线形。衣蔽全体，唯胸稍露。衣褶由宝座下垂，亦极规则的，使全像韵律呈一安宁懿静状，而其曲线亦足增助圆肥丰满形态之表示。此像之中，前期之椭圆形仍极显著，然已较肥硕，且全体各部不同其刀法。其装饰集中于背光及颈部，刻法精美，堪称杰作。此类遗物之在陕者颇多，刀法布局大略相同。就其衣褶及形态论，其深受印度影响殆无可疑。其衣褶与元魏云冈最初像相似，而形态则与敦煌画鹿苑法轮初转相合。然其根本念观，则仍为中国之传统佛像也。

西安宝庆寺（俗称花塔寺），塔上浅刻多片，堪称初唐中国雕刻代表作品。皆本尊及二胁侍菩萨三尊像。其布局大略同，上有罗盖，佛坐菩萨立。然数石优劣不同，有粗笨，有清秀。本尊印度影响显著，如一肩袈裟，细腰等等。其头部均甚大，颈短，似内藏无限威力者。菩萨侧身立，衣纹作飘飘状，腰细而臀部偏侧，系结于脐，尤表示印度影响，然头大面钝，仍不失中国本色。全部韵律皆在衣纹曲线中，长带披肩，绕肘下垂，其动作则庄静，不在直接之表现，乃赖玄妙之暗示也（第一一八、一一九图）。

菩萨而外，尚有比丘僧尼造像。其形态较为雄伟，不似菩萨端秀柔弱。其程式化之程度较少于佛像，亦不如佛像之模仿西方样本，实与实际形状较相似。其貌皆似真容，其衣折亦甚写实。今美国各博物馆所藏比丘像或容态雍容，直立作观望状。或蹙眉作恳切状，要之皆各有个性，不徒为空泛虚渺之神像。其妙肖可与罗马造像比。皆由对于平时神情精细观察造成之肖像也。不唯容貌也，即其身体之结构，衣服之披垂，莫不以实写为主；其第三量之观察至精微，故成忠实表现，不亚于意大利文艺复兴时最精作品也（第一二〇图）。若在此时，有能对于观察自然之自觉心，印于美术家之脑海中者，中国美术之途径，殆将如欧洲之向实写方面发达；然我国学者及一般人，素重象征之义，以神异玄妙为其动机，故其去自然也日远，而成其为一种抽象的艺术也。

武后之朝，京畿一带之造佛像术，似已登峰造极。中宗以后，似无大进步之可言。至于道教像，亦有多数遗物，然不过为佛教之附庸耳。

然除娴静之佛像外，尚有活动者。长安香积寺塔原有天王像最为杰构。诸像皆作猛动状，其衣纹及姿势皆能表现之，不唯如此，乃至其筋肉亦隆起，致使全像颇呈过分夸张的气味。此种作法，初始于天龙山，其姿势随年月而增猛，故晚唐以后此特征亦日加显著也（第一二一图）。

今请移向河洛一带。唐代雕刻之最重要代表作品，厥为龙门造像。武后之世，造像之风盛行，然此期造像多已残破；唯最大者尚得保存。其中多数已流落国外，然以武后时像作风为标准，并视特殊之石质（灰色石灰石），可得其一种普通之特征。

龙门造像，就其全数而论，不得作为各个作家之作品看，亦无特殊之杰作。其刻工虽有优劣之别，然其作风则殊画一。殆可认为一派或一群刻匠之共同作品。其中最重要者多为发内帑所造，如诸极大像是。此外像主极多，自王公以至庶人，莫不以造像为超度之捷径而竞塑造也。其作法殆亦多人合作，匠师拟形，而工人乃开崖凿石，匠师又加以最后雕饰及头面之细作也。

龙门作品，以高宗及武后初年间者占大多数，其中最重要作品皆属此时期。其中较早者亦有，如宾阳洞①有贞观十五年像，然为数无多。

此期作品，其美术上的优劣颇为一致。其身材颇肥硕，头大而有强力，其笔法亦颇豪壮，而同时寓柔秀于强大之中，其衣褶流利自然，出入深浅，皆能善表第三量。胁侍菩萨亦

---

① 原稿笔误作"龙阳洞"，"龙"字应为"宾"字之误——傅熹年注。

第一一七图　唐贞观十三年中书舍人马周造像

第一一八图　西安宝庆寺塔浮雕

第一一九图　西安宝庆寺塔浮雕

第一二〇图　美国博物馆藏比丘像

极普通,其身材较窈窕,带女性。其中最精者如喜龙仁《中国雕刻》第463图(第一二二图),实为此类像中之最上品。像全身微曲作S线,左臂高举,右下垂,衣折精细流利,姿势自然,远非陕西遗物所能及也。此像就其工法及石质判之,当属龙门石窟中物。

龙门诸像中之最伟大者为奉先寺。本尊座左侧有造龛记:

"河洛上都龙门之阳,大卢舍那佛像龛记 大唐高宗天皇大帝之所建也。佛身通光座高八十五尺;二菩萨七十尺,迦叶、阿难、金刚神王各高五十尺。粤以咸享三年(公元672年)壬申之岁,四月一日,皇后武氏助脂粉钱二万贯。奉敕检校僧西京实际寺善道禅师、法海寺主惠暕法师、大使司农寺卿韦机、副使东面监上柱国樊元则、支料匠李君瓒、成仁威、姚师积等。至上元二年(公元675年)乙亥十二月卅日毕功。调露元年(公元679年)乙卯八月十五日奉敕于大像南置大奉先寺。……正教东流七百余载,佛(?)龛功德唯此为最:纵横兮十有二丈矣,上下兮百四十尺耳。"

纵横12丈,上下140尺,实为伟大之极。"七百余载……唯此为最"亦非夸张之辞。

今像坐露天广台之上,前临伊水。寺阁已无,仅余材孔,而像则巍然尚存(第一二三、一二四图),唐代宗教美术之情绪,赖此绝伟大之形像,得以包含表显,而留存至无极,亦云盛矣!其中尤以卢舍那为最精彩(第一二五~一二七图),二尊者,菩萨及金刚神王像皆较次(第一二八~一三〇图)。侍立诸像头皆过大,与矮胖肥壮之身不合;其衣褶亦过于装饰的,为线的结构,与广阔之形体不甚调和。卢舍那像已极残破,两臂及膝皆已磨削,像之下段受摧残至甚;然恐当奉先寺未废以前,未必有如今之能与人以深刻之印象也。千二百年来,风雨之飘零,人力之摧敲,已将其近邻之各小像毁坏无一完整者,然大卢舍那仍巍然不动,居高临下,人类之伎俩仅及其膝,使其上部愈显庄严。且千年风雨已将其刚劲之衣褶使成软柔,其光滑之表面使成粗糙,然于形态精神,毫无损伤。故其形体尚能在其单薄袈裟之尽情表出也。背光中为莲花,四周有化佛及火焰浮雕,颇极丰丽,与前立之佛身相衬,有如纤绣以作背景。佛坐姿势绝为沉静,唯衣褶之曲线中稍藏动作之意。今下部已埋没土中,且膝臂均毁,像头稍失之过大;然其头相之所以伟大者不在其尺度之长短,而在其雕刻之精妙,光影之分配,足以表示一种内神均平无倚之境界也。总之,此像实为宗教信仰之结晶品,不唯为龙门数万造像中之最伟大最优秀者,抑亦唐代宗教艺术之极作也。

此时期间南响堂山造像亦多,其形制为隋式,然其头部则仍为唐代特征。由其两代遗物观之,可知此地雕刻在当时殆自成一派。其最初大师即为隋代造大菩萨及三比丘者,殆至唐代,其徒仍沿其匠法,然虽依准绳,而高超之气已失,空泛无神矣(第一三

第一二一图 甲 香积寺塔浮雕天王像
（现存美国波士顿美术馆）

第一二一图 乙 香积寺塔浮雕天王像
（现存美国波士顿美术馆）

第一二二图 龙门石窟唐代雕像

第一二三图 龙门卢舍那像龛远景

第一二四图 龙门卢舍那像龛全景

第一二五图　龙门卢舍那像

第一二六图　龙门卢舍那像

第一二七图　龙门卢舍那龛卢舍那像

第一二八图　龙门卢舍那龛金刚像

第一二九图　龙门卢舍那像龛左胁侍菩萨

第一三〇图　龙门卢舍那像龛右胁侍菩萨

一、一三二图）。

　　天龙山自北齐以来，殆为印度影响之集中点。唐代天龙山造像虽不似隋以前之纯印度式，然与中国他部同时造像相比较，则其印度形制乃特别显著，殆此时期与印度有新接触所产生之艺术也。诸窟无年号之记载者（除开皇四年一窟外），然观其衣饰，可知为唐代物。其中优劣不等，然皆身材窈窕，姿势雍容；衣裳软薄，紧贴肢体，于蔽体之作用失去，反使肢体显著。其刻匠对于肉体之曲线美必有特别之领会，故其所表示肉体的美，亦非中国艺术中所常见也（第一三三～一三五图）。

　　天龙山佛像坐姿，亦有足注意者。诸菩萨坐立姿势，率多随意，不似前期或他处造像之拘束，亦印度影响也欤？

　　山东云门山及神通寺窟崖造像颇多。其中尤以神通寺为多。神通寺像几全为坐像，或单或双佛并坐，鲜有胁侍菩萨者，较之陕豫诸像，其布局及雕工似颇有逊色。自北齐起，神通寺窟像已开始刻造。唐代像皆太宗、高宗时代造。形制大略相同，并无何等特

第一三一图 甲　南响堂山第五窟坐像

第一三一图 乙　南响堂山第五窟中央立像

第一三一图 丙　南响堂山第五窟外景

第一三二图 甲　南响堂山第四窟外西侧浮雕

第一三二图 乙 南响堂山第六窟

第一三三图 天龙山唐窟造像

第一三四图 天龙山唐窟造像

第一三五图 甲 天龙山唐窟菩萨像

别美术价值,其姿势颇平板,背肩方整,四肢如木。其头部笨蠢,手指如木棍一束。当时此地石匠,殆毫无美术思想,其唯一任务即按照古制,刻成佛形,至于其于美术上能否有所发挥不顾也。此诸像者,与其称作印度佛陀,莫如谓为中国吃饱的和尚,毫无宗教纯净沉重之气,然对人世罪恶,尚似微笑以示仁慈。中国对于虚无玄妙之宗教,恒能使人世俗化,其在印度与人间疏远者,至中国乃渐与尘世接触。神通寺诸像,甚足伸引此义也(第一三六、一三七图)。

摩崖造像,除北数省外,四川现存颇多。广元县千佛崖(第一三八、一三九图),前临嘉陵江,悬崖凿龛,造像甚多。多数为开元、天宝以后造。他如通江及巴州南龛,亦有少数,亦玄宗时代作也。

敦煌千佛崖造像极多,泰半为泥塑,且多经后世缮修者。其塑像将于下文论之。

此外四川嘉定弥勒大像[①],为开元十八年(公元730年)沙门海通于嘉陵江之滨凿石造。像高三百六十尺,覆阁九层,寺匾曰凌云。今像尚巍然存在。久经岁月,九层楼阁已代以青枝绿叶矣。大佛旁尚另有大龛一,高约其半,旁有小像无数(第一四〇图)。

第一三五图 乙 天龙山唐窟菩萨像

自唐中叶以后,佛教势力日衰,窟崖之事,间尚有之,然不复如前之踊跃虔诚矣。

玄宗之世为中国美术史之黄金时代。开元间,玄宗励精图治,国泰民安,史称盛世。帝对于诗画音乐,尤有兴趣,长安遂成文艺中心。梨园音乐,自帝创始。唐代美术最精作品殆皆此期作品,李、杜之诗,龟年之乐,道子之画,惠之之塑,皆开元、天宝间之作品也,然而天宝而后,帝迷恋杨妃者十年,致有安史之乱,藩镇之祸,唐代之致命伤也。

杨惠之,开元中与吴道子同师张僧繇笔迹,号为画友,巧艺并著,而道子声光独显;惠之遂都焚笔砚,毅然发奋,专肆塑作,能夺僧繇画相,乃与道子争衡。时人语曰:"道子画,惠之塑,夺得僧繇神笔路。"

惠之作品,考诸纪载,有京兆长乐乡太华观玉皇大帝像,汴州安业寺(后改相国寺)净土院佛像,枝条千佛像,维摩居士像,洛阳广爱寺罗汉及楞伽山,陕西临潼骊山福严寺塑壁,江苏昆山慧聚寺毗沙门天王像,凤翔县天柱寺维摩像。相传惠之尝于京兆塑名倡留盃亭像,于市会中面墙而置之,京兆

第一三五图 丙 天龙山唐窟菩萨像

---
① 即四川乐山大佛——林洙注。

第一三六图　山东千佛崖唐代造像

第一三七图　山东千佛崖唐代造像（显庆三年赵玉福造像）

第一三八图　四川广元千佛崖造像之一

第一三九图　四川广元千佛崖造像之二

第一四〇图　四川乐山大佛

第一四一图　苏州甪直保圣寺传杨惠之塑像之一

人视其背，皆曰，此留盃亭也。著《塑诀》一卷，今佚。

惠之作品，今尚存苏州用直镇保圣寺。按《甫里志》，保圣寺塑壁为惠之作。其中有罗汉十八尊，其后壁毁，其所存像六尊，幸得保存，今存寺中陆祠前楼。"一尊瞑目定坐，高四尺，邑人呼之为梁武帝，一尊状貌魁梧，高举右手，且张口似欲与人对语，其高度为三尺八寸，一尊温颔端坐，双手置膝上者，高四尺；一尊眉目清朗，作俯视状……"此种名手真迹，千二百年尚得保存，研究美术史者得不惊喜哉！此像于崇祯间曾经修补，然其原作之美，尚得保存典型，实我国美术造物中最可贵者也①(第一四一～一四六图)。

《历代名画记》中所纪载尚有张寿，宋朝，王玄策，李安，张智藏，陈永承，窦宏果，刘爽，赵云质，张爱儿诸人。"敬爱寺佛殿内菩萨树下弥勒菩萨塑像，麟德二年自内出王玄策取到西域所图菩萨像为样，巧儿张寿、宋朝塑，王玄策指挥，李安贴金。东间弥勒像，张智藏塑，即张寿之弟也，陈永承成。西间弥勒像，窦宏果塑。以上三处，像光及化生等，并是刘爽刻。殿中门西神，窦宏果塑。殿中门东神，赵云质塑，今谓之圣神也。此一殿功德，并妙选巧工，各骋奇思，庄严华丽，天下共推。西禅院殿内佛事并山，并窦宏果塑。东禅院般若台内佛事，中门两神，大门内外四金刚并狮子、昆仑各二，并迎送金刚神王及四大狮子，两食堂、讲堂两圣僧，以上并是窦宏果塑②。……"

"时有张爱儿，学吴画不成，便为捏塑，玄宗御笔改名仙乔。杂画虫豸亦妙③"。洛阳大相国寺文殊师利及维摩像即爱儿手作。吴道子弟子尚有王耐儿者，西京城东平康坊菩提寺东门塑神耐儿手塑也④。元伽儿与惠之于福严寺佛殿塑脱空像，与惠之塑像共称旷古莫俦焉。同殿玉石像，皆幽州石刻，员名、程进之石像雕刻，精妙如画迹⑤，与惠之为张彦远所并称。

玄宗之世佛像形制及所供佛陀亦渐变易。以前造像以弥勒像(Maitreya)及释迦牟尼佛为最多；武周而后，阿弥陀佛造像之风渐盛，毗卢舍那亦日多，如龙门奉先寺大像是。诸菩萨中，观音仍为世人所最欢迎，然其形制亦变化日多，十一面观音，千手观音等皆此时期之创作也。此期间造像中尚有一特别倾向，则佛教诸神中次要神物如天王，罗汉等之博得社会声望也。高僧传谓天宝间西番大食、康居诸国侵凉州围城，沙门不空诵咒，北方毗沙门(Vaisravana 或 Bishamonten)天王率神兵现于城东北云

---
① 用直保圣寺塑壁历代传为唐杨惠之作，但近代美术史家也有认为是宋代作品者——傅熹年注。
② (唐)张彦远：《历代名画记》卷3，〈东都寺观画壁〉，敬爱寺条——傅熹年注。
③ 同上书，卷九，吴道玄条注文——傅熹年注。
④ 据(唐)段成式：《酉阳杂俎》续集卷五平康坊菩提寺条。——傅熹年注。
⑤ 同注[3]——傅熹年注。

中，敌兵畏退，城北门楼上毗沙门天王现身放光明。故敕诸道节镇所在，州府以下，于各城西北隅安置毗沙门天王像，又于佛寺别院安置天王像。直至五代，此风尚盛，见于正史。其风所播，远及日本。他如文殊师利菩萨(Manjusri)亦为世所尊崇焉。

自美术形制上观之，则此期之特征在历来造像姿势方式之更改。佛陀菩萨，向必正面直立者，今竟自腰部弯曲或扭转；或竟有作行动之姿势或表示虔诚信仰之至情者。此种动作上及感情上之自由表现，乃引起雕塑技术之自由。在第三量上亦得充分表示，较近自然。故与西方所谓造型美术之观念亦较近。由一方面观之，此可称为中国雕塑史中登峰造极之时期；然六朝造像庄严和谐之风，殆无遗矣。然而此写实之风，只此昙花一现；不及数年而表情动作之能力已完全丧失矣。顺宗（公元九世纪）、宪宗以后，而唐代雕塑术亦随国祚日衰，率多死板无生气矣。

晚唐以后，雕塑遗物渐少。其原因亦颇复杂。盖自玄宗以后，画之地位日高而塑之地位日下，故渐为世人所不注意。且民间供养佛像，画像较塑像易制且廉。政治情形，亦不利于美术之创造。藩镇割据，中国已无安乐土。长安帝都亦屡经兵灾，宫殿庙宇多被焚毁，而画塑诸宝亦随之而灭。不唯是也。武宗于会昌五年（公元845年），惑于刘玄靖等之说，敕毁天下佛寺，只留少数。以天下废寺铜像钟磬铸钱，铁像铸农具。金银鍮石像则销付度支。计拆四千六百余寺，僧尼还俗者二十六万五百人。史称"会昌灭法。"于佛教史中，此为第三次大劫，亦最烈之一次也。其影响于美术者，则此时人民信仰之笃，已不如前，民力经济，亦不丰裕，虽有宣宗大中二年（公元848年）之复法，然已一蹶不振矣。

除窟崖外，石像遗物极多，大村西崖列举不下数百。其时代特征与窟像同，所用石料亦就地而异，前已屡述，不赘。然大村所举，最古者贞观元年，武后及玄宗二世，造像最多。而《金石录》所载会昌七年（公元847年）李栖辰造弥勒像（四川荣县），距灭法不过二年，亦为罕事（第一四七、一四八图）。

铜像瓦像亦夥。然铜像多极小，其最大者不过尺余，如日本志田氏所藏菩萨。数寸小匋佛，市面散见极多，然太小不足以见其艺。

美国彭省大学美术馆(Pennsylvania)藏罗汉为琉璃瓦塑。大如生人。神容毕真，唐代真容，于此像可见之。像共四尊，一在纽约市州立博物馆，其二在伦敦大英博物馆。四尊之中，以彭省者为最精。实唐代作品之最上乘也（第一四九图）[①]。

哈佛大学Fogg美术馆藏敦煌佛像为泥塑佛像之普通作品。虽非艺术精品，然可为普通标准。此像原有彩色，今尚隐约可见。原在敦煌石窟，为哈佛教授Warner所

[①] 此四像之图片未能得到，暂以与之类似者代替之。像藏美国堪萨斯城奈尔逊·阿金斯美术馆——傅熹年注。

第一四二图　苏州甪直保圣寺传杨惠之塑像之二

第一四三图　苏州甪直保圣寺传杨惠之塑像之三

第一四四图　苏州甪直保圣寺传杨惠之塑像之四

第一四五图　苏州甪直保圣寺传杨惠之塑像之五

第一四六图 苏州甪直保圣寺传杨惠之塑像之六

第一四八图 四川荣县大佛头部

第一四七图 四川荣县大佛(自贡市谢奇筹摄)

第一四九图 美国堪萨斯城奈尔逊·阿金斯美术馆(Nelson Gallery – Atkins Museum, Kansas City)藏唐三彩罗汉像

得。经其精心研究后，认为第八世纪中叶以前(初唐盛唐)物。实为难得可贵(第一五〇图)。

唐代陵墓雕刻，尤有足述者，则昭陵六骏是也(第一五一~一五六图)。昭陵为太宗陵，文德皇后葬后，太宗御制碑文，并作六骏像列于北阙下，并有赞。像为高浮雕。其二已流落海外，在彭省大学博物馆。其余四骏尚得保存于西安博物馆。按之宋元祐四年游师雄六骏碑，得知各骏之名，何时何战乘用，并受伤情形。其中飒露紫有人为拔箭。按唐书太宗讨王世充，欲知敌情，率数十骑入敌，诸骑相失，丘行恭独从。已而劲敌数人追及太宗，矢中御马。行恭亟回骑射敌，余贼不敢复前。然后下马，拔箭，以所乘马进帝。行恭立御马前，执马刀，巨跃大呼，斩数人，突阵而出。贞观中，诏石刻人马于陵前以旌武功。六骏而外，又立石人石马，作贞观中擒归诸番君长十四人石像列神道两旁，以"阐扬先帝徽烈"，今多已毁矣。

昭陵而外，各陵石像甚多，然于美术史上无大价值。至于宋元以后，陵墓石像，则又更逊矣。

第一五〇图　美国哈佛大学福格美术馆
(Fogg Museum of Art , Cambridge)藏敦煌泥塑

第一五一图　唐昭陵六骏飒露紫

第一五二图　昭陵六骏特勒骠

第一五三图　昭陵六骏白蹄乌

第一五四图　昭陵六骏什伐赤

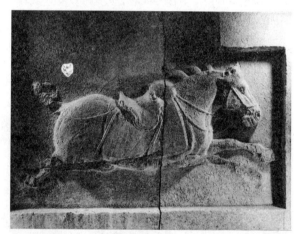
第一五五图　昭陵六骏青骓

第一五六图　昭陵六骏拳毛䯄

第一五七图　唐马俑

第一五八图 唐俑

第一六二图 唐陶女俑

第一六〇图 唐三彩天王俑

第一六一图 唐三彩俑

第一五九图 唐俑文臣

唐代陶俑近年出土者尤夥。国外各博物馆多有之。其中最普通者则为凶狞之"天王"(第一六〇图)、拱手之文臣、驼、马及高约七八寸之小瓦俑。又如牛车、阴宅，亦殉葬之常用品也(第一五七、一五八、一五九、一六二图)。

俑之较精者多著黄绿色釉，较次者则画以彩色。武装有胡服者，高鼻大目，为西域人，东西交通史中有趣之资料也(第一六一图)。

宋

自唐末兵燹之后，继以五代，中国不宁者百年，文物日下。赵宋一统，元气稍复，艺术亦渐有生气，此时代造像，就形制言，或仿隋唐，或自寻新路，其年代颇难鉴别，学者研究尚未有绝对区分之特征。要之大体似唐像，面容多呆板无灵性之表现，衣褶则流畅，乃至飞舞。身杆亦死板，少解剖之观察。就材料言，除少数之窟崖外，其他单像多用泥塑木雕，金像则铜像以外尚有铁像铸造，而唐代盛行之塑壁至此犹盛。普通石像亦有，然不如李唐之多矣。

近来木像之运于欧美者甚多，然在美术上殆不得称品。其中有特殊一种，最堪注意。此种为数甚多，皆观音像，一足下垂，一足上踞，一臂下垂，一臂倚踞足膝上，称Maharajalina 姿势。其中最大者在费城彭省大学美术馆，其形态最庄严(第一六三图)。波士顿美术馆所藏者则较迟。其姿势较活动，首稍偏转，左肩微耸，上身微弯，衣饰华美。与费城像比较，则可见其区别矣(第一六四图)。其中一尊有金大定年号，而此诸像，形制多类似；亦俱得自燕冀北部，殆皆此时代之物欤。至于菩萨木立像，率多呆板，不足引起兴趣，亦缺美术价值，不足为宋代雕刻之上品也。

然就偶像学论，则宋代最受信仰者观音，其姿态益活动秀丽；竟由象征之偶像，变为和谒可亲之人类。且性别亦变为女，女性美遂成观音特征之一矣。

自唐以后，铸铁像之风渐盛。铁像率多大于铜像，其铸法亦较粗陋；其宗教思想之表现亦较少，与自然及日常生活较近。此点可与木像相符。不幸此种铁像多经融毁，唯头遗下者颇多。然在山西晋祠及河南登封尚存数尊。皆为雄赳武夫。晋祠像为绍圣四年作(公元 1097 年)(第一六五图)。

宋塑壁遗物以正定隆兴寺为重要，甪直杨惠之壁已毁，幸得大村摄影以存。正定壁由美术及历史上观之，其价值皆远在杨壁之下，固无待赘言。

隆兴寺大佛殿为宋开宝间物(公元 968~976 年)，其建筑已破毁过半，然在斗栱及柱尚得见宋代形迹。摩尼殿内东壁阳刻塑壁像，则犹得见宋时手法。壁分三区，第一区

第一六三图　美国宾夕法尼亚大学美术馆藏自在观音像

第一六四图　美国波士顿美术馆（Museum of Fine Arts, Boston）藏自在观音像

第一六五图　太原晋祠铁人像（孟繁兴摄）

第一六六图　河北正定县隆兴寺宋塑壁

第一六七图　河北正定县隆兴寺大铜佛

第一六八图　南京栖霞寺舍利塔八相图之一

第一六九图　南京栖霞寺舍利塔八相图之二

第一七〇图　南京栖霞寺舍利塔八相图之三

第一七一图　南京栖霞寺舍利塔八相图之四

为普贤菩萨骑象，多数天部眷属随从。其背影则大海之上飞云摇曳，天盖、佛阁、宝塔、飞天、龙等等皆驾云相随，最远处则远山突兀。其姿势样式，犹有唐风，然而就每像各个言，颇缺灵性，盖宋物而与大佛同时所造也(第一六六图)。现存色彩，当属补修时所涂。第二区为文殊，殆清初改修，技工颇下。第三区及西壁亦似清初物。

隆兴寺本尊为观音铜像，为开宝间物。《金石萃编》载高七十三尺，四十二臂，宝相穹窿，瞻之弥高，仰之益躬……实高不过五十尺以下。为我国现存最大铜像(第一六七图)。面相虽善，然衣褶线路颇不调和，殆宋物而后世大加修改者也。

宋代石像亦有唐风，其像略如前述，但其部局，率多加以山水树木鸟兽，加以画风，是前代所少。然以画风加诸雕塑，以材料论似不相宜也。

房山云居寺雕刻为辽天庆七年物(公元1116年)，其特征亦略如是。

江南雕刻，于五代吴越王钱弘俶时颇盛，南京栖霞寺、杭州灵隐寺、烟霞洞遗物尚多。栖霞寺舍利塔八相图，手法精详，为此期江南最重要作品。八相为(1)托胎，(2)诞生，(3)出游，(4)踰城，(5)降魔，(6)成道，(7)说法，(8)入灭。塔身高约五十尺，雕饰至美，堪称杰作。其八相特征在富于画风，《摄山志》称有顾恺之笔法焉(第一六八～一七一图)。

总之宋代雕塑之风尚盛，然不如唐代之春潮澎湃，且失去宗教信仰，亦社会情形使然也。

元、明、清

元入中国，中国美术界颇受影响。蒙古民族对于中国美术上并无若何新贡献，而行军所至蹂躏破坏尤多。其取于美术者，为其足以光大发扬帝国及可汗之武功。其于宗教，墓上之建筑创作甚少，故雕塑发展之机会亦受限制。当时元代诸帝，皆慕中国文化，然而社会对于佛教之信仰日微，佛寺财富日绌，寺院已入破坏时代矣。考之记载，明永乐间之重修寺院，甚形发达，益可证明元代寺院之颓废。故黄河以北诸寺，大多立于隋唐，重修于永乐，再修于乾隆。鉴于元代创立并修葺寺院之少，可推定其佛教雕塑之不多。然新像之创造，概多用泥，木，漆一类较不耐久之材料，而金石之用为像者，殆已极少。

元史中塑家之最著者有阿尼哥及刘元。阿尼哥为尼泊尔国人(Nepal)，专善画塑及铸金为像……两京寺观之像，多出其手。刘元尝从阿尼哥学西天梵相，称绝艺。两都名刹，塑土范金，搏挖为佛像，出元手者，神思妙合，天下称之。相传北平朝阳门外东岳庙有元塑像，至今尚存。中国艺术至元代而大受喇嘛式影响者，盖阿尼哥之故也。

居庸关门洞壁上四天王像可称元代雕塑之代表（第一七二、一七三图）。天王皆在极剧烈之动作中。其雕出不高，光影之反衬不甚强，然其路线则为绝对的动的。四天王之外，尚有各种雕饰，如人物、天王、飞天、龙、狮、花草、念珠等物，虽各皆雕刻精美，然大都散杂，于建筑之机能，无所表现也。此外山东龙洞寺延祐五年（公元1318年）造窟像，佛体颇欠庄严，而似俗骨人相，盖精神已去，物质及肉体之表现乃出也，此种写实作风，明代并无继续。永乐，乾隆，为明、清最有功于艺术之帝王，然于雕塑一道，或仿古而不得其道，或写实而不了解自然，四百年间，殆无足述也。

第一七二图　北京居庸关云台天王像之一

第一七三图　北京居庸关云台天王像之二

敦煌壁画中所见的中国古代建筑[①]

敦煌文物研究所在北京举行的展览是目前爱国主义教育中一个重要的环节。通过这个展览，通过敦煌辉煌的艺术遗产，我们从形象方面看到了的不只是我们的祖先在一段一千年的长时期间在艺术方面伟大惊人的成就，而且看到了古代社会文化的许多方面。敦煌的壁画还告诉了我们，中华文化之形成是由许多民族共同努力创造的果实；在那里，我们看到了许多今天中国的少数民族的祖先对于中华文化的不容否认、不可磨灭的贡献。敦煌的壁画还告诉了我们，在当时，这些壁画是服务于广大人民的（虽然是为当时广大人民的宗教迷信），而且是人民的匠师们所绘画的——敦煌的壁画没有个别画师的署名；在题材方面，若不是天真地表现一个理想的净土，就是忠实地描画出生活的现实，再不然是坦率地装饰一片墙壁上主题间留下的空隙。敦煌壁画中找不出强调个人，脱离群众，以抒写文人胸襟为主的山水画。在敦煌窟壁上劳动的画师们都是熟悉人民的生活的、大众化的艺术家。通过他们的线条和彩色，他们把千年前社会生活的各方面的状态，以及他们许多的幻想，都最忠实地——虽然通过宗教题材——给我们保存下来。敦煌千佛洞的壁画不唯是伟大的艺术遗产，而且是中国文化史中一份无比珍贵、无比丰富的资料宝藏。关于北魏至宋元一千年间的生活习惯，如舟车、农作、服装、舞乐等等方面；绘画中和装饰图案中的传统，如布局、取材、线条、设色等等的作风和演变方面；建筑的类型、布局、结构、雕饰、彩画方面，都可由敦煌石窟取得无限量的珍贵资料。

中国建筑属于中唐以前的实物，现存的绝大部分都是砖石佛塔。我们对于木构的殿堂房舍的知识十分贫乏，最古的只到五台山佛光寺八五七年建造的正殿一个孤例[②]，而敦煌壁画中却有从北魏至元数以千计的，或大或小的，各型各类各式各样的建筑图，无异为中国建筑史填补了空白的一章。它们是次于实物的最好的、最忠实的、最可贵的资料。不但如此，更重要的是这些壁画说明了：在从印度经由西域输入的佛教思想普遍的浪潮下，中国全国各地的劳动人民中的工艺和建筑的匠师们，在佛教艺术初兴、全盛，以至渐渐衰落的一千年间，从没有被外来的样式所诱惑、所动摇，而是富有自信心的运用他们的智巧，灵活的应用富于适应性的中国自己的建筑体系来适合于新的需求。伟大的建筑匠师们，在这一千年间，从本国的技术知识、艺术传统所创造出来的辉煌成绩，更证明了中国建筑的优越特点。许多灿烂成绩，在中原一千年间，时起时伏，断断续续

[①] 关于唐以前建筑的概括性论述，梁思成先生曾写过两篇文章。第一篇是《我们所知道的唐代佛寺与宫殿》，发表在1932年出版的《中国营造学社汇刊》第三卷第一期。第二篇即本文，发表在1951年出版的《文物参考资料》第二卷第五期。本文后出，包括了前文的内容并有所发展，时代也扩大到北朝至宋初，所以在文集中收入了这一篇——傅熹年注。

[②] 此文写在1951年初，那时五台县南禅寺大殿、芮城五龙庙正殿、平顺天台庵大殿等唐代建筑尚未发现，佛光寺是唯一已发现的唐代建筑——傅熹年注。

的无数战争中，在自然界的侵蚀中，在几次"毁法"、"灭法"的反宗教禁令中，乃至在后世"信男善女"的重修重建中，已几乎全部毁灭，只余绝少数的鳞爪片段。若是没有敦煌壁画中这么忠实的建筑图样，则我们现在绝难对于那时期间的建筑得到任何全貌的，即使只是外表的认识。敦煌壁画给了我们充分的资料，不但充实了我们得自云冈、天龙山、响堂山等石窟的对于魏、齐、隋建筑的一知半解，且衔接着更古更少的汉晋诸阙和墓室给我们补充资料；下面也正好与我们所知的唐末宋初实物可以互相参证；供给我们一系列建筑式样在演变过程中的实例。它们填补了中国建筑史中重要的一章，它们为我们对中国建筑传统的知识接上一个不可缺少的环节。

所长常书鸿先生命作者撰稿介绍敦煌的建筑。作者兴奋地接受了这任务，等到执笔在手，才感觉到自己的鲁莽，太不量力，没有估计到我所缺乏的条件。现在只好努力做一次抛砖的尝试。

我们所已经知道的中国建筑的主要特征

在讨论敦煌所见的建筑之先，我必须先简略地叙述一下中国建筑传统的特征。

至迟在公元前一千四、五百年，中国建筑已肯定地形成了它的独特的系统。在个别建筑物的结构上，它是由三个主要部分组成的，即台基、屋身和屋顶。台基多用砖石砌成，但亦偶用木构。屋身立在台基之上，先立木柱，柱上安置梁和枋以承屋顶。屋顶多覆以瓦，但最初是用茅茨的。在较大较重要的建筑物中，柱与梁相交接处多用斗栱为过渡部分。屋身的立柱及梁枋构成房屋的骨架，承托上面的重量；柱与柱之间，可按需要条件，或砌墙壁，或装门窗，或完全开敞（如凉亭），灵活的分配。

至于一所住宅、官署、宫殿或寺院，都是由若干座个别的主要建筑物，如殿堂、厅舍、楼阁等，配合上附属建筑物，如厢耳、廊庑、院门、围墙等，周绕联系，中留空地为庭院，或若干相连的庭院。

这种庭院最初的形成无疑地是以保卫为主要目的的。这同一目的的表现由一所住宅贯彻到一整个城邑。随着政治组织的发展，在城邑之内，统治阶级能用军队或"警察"的武力镇压人民，实行所谓"法治"，于是在城邑之内，庭院的防御性逐渐减少，只藉以隔别内外，区划公私（敦煌壁画为这发展的步骤提供了演变中的例证）。例如汉代的未央宫、建章宫等，本身就是一个城，内分若干庭院；至宋以后，"宫"已缩小，相当于小组的庭院，位于皇宫之内，本身不必再有自己的防御设备了。北京的紫禁城，内分若干的"宫"，就是宋以后宫内有宫的一个沿革例子。在其他古代文化中，也都曾有过防御性的庭院，如在埃及、巴比伦、希腊、罗马就都有过。但在中国，我们掌握了庭院部署的优点，扬弃了它的防御性的布置，而保留它的美丽廊庑内心的宁静，能供给居住者庭内"户外生活"的特长，保存利用至今。

数千年来，中国建筑的平面部署，除去少数因情形特殊而产生的例外外，莫不这样以若干座木构骨架的建筑物联系而成庭院。这个中国建筑的最基本特征同样的应用于宗教建筑和非宗教建筑。我们由于敦煌壁画得见佛教初期时情形，可以确说宗教的和非宗教的建筑在中国自始就没有根本的区别。究其所以，大概有两个主要原因。第一是因为功用使然。佛教不像基督教或回教，很少有经常数十、百人集体祈祷或听讲的仪式。佛教是供养佛像的，是佛的"住宅"，这与古希腊罗马的神庙相似。其次是因为最初的佛寺是由官署或住宅改建的。汉朝的官署多称"寺"。传说佛教初入中国后第一所佛寺是白马寺，因西域白马驮经来，初止鸿胪寺，遂将官署的鸿胪寺改名而成宗教的白马寺。以后为佛教用的建筑都称寺，就是袭用了汉代官署之名。《洛阳伽蓝记》所载：建中寺"本是阉官司空刘腾宅。……以前厅为佛殿，后堂为讲室"；"愿会寺，中书舍人王翊捨宅所立也"等捨宅建寺的记载，不胜枚举。佛寺、官署与住宅的建筑，在佛教初入时基本上没有区别，可以互相通用；一直到今天，大致仍然如此。

几件关于魏唐木构建筑形象的重要参考资料

我们对于唐末五代以上木构建筑形象方面的知识是异常贫乏的。最古的图像只有春秋铜器上极少见的一些图画。到了汉代，亦仅赖现存不多的石阙、石室和出土的明器、漆器。晋、魏、齐、隋，主要是靠云冈、天龙山、南北响堂山诸石窟的窟檐和浮雕，和朝鲜汉江流域的几处陵墓，如所谓"天王地神冢"，"双楹冢"等。到了唐代，砖塔虽渐多，但是如云冈、天龙山、响堂诸山的窟檐却没有了，所赖主要史料就是敦煌壁画。壁画之外，仅有一座公元857年的佛殿和少数散见的资料，可供参考，作比较研究之用。

敦煌壁画中，建筑是最常见题材之一种，因建筑物最常用作变相和各种故事画的背景。在中唐以后最典型的净土变中，背景多由辉煌华丽的楼阁亭[①]台组成。在较早的壁画，如魏隋诸窟狭长横幅的故事画，以及中唐以后净土变两旁的小方格里的故事画

[①] 此类题材，在60年代以前多称之为"西方净土变"。70年代以后重加考证，凡壁画两侧附有"十六观"壁画的，均为"观无量寿经变"。现说明于此，对正文即不加改动，以存其真——傅熹年注。

中，所画建筑较为简单，但大多是描画当时生活与建筑的关系的，供给我们另一方面可贵的资料。

与敦煌这类较简单的建筑可作比较的最好的一例是美国波士顿美术馆藏物，洛阳出土的北魏宁懋墓石室(图一)。按宁懋墓志，这石室是公元529年所建。在石室的四面墙上，都刻出木构架的形状，上有筒瓦屋顶；墙面内外都有阴刻的"壁画"，亦有同样式的房屋。檐下有显著的人字形斗栱。这些特征都与敦煌壁画所见简单建筑物极为相似。

图一　洛阳北魏(公元529年)宁懋墓石室(波士顿美术馆藏物)

属于盛唐时代的一件罕贵参考资料是西安慈恩寺大雁塔西面门楣石上阴刻的佛殿图(图二)。图中柱、枋、斗栱、台基、椽檐、屋瓦，以及两侧的迴廊，都用极精确的线条画出。大雁塔建于唐武则天长安年间(公元701～704年)以门楣石在工程上难以移动的位置和图中所画佛殿的样式来推测(与后代建筑和日本奈良时代的实物相比较)，门楣

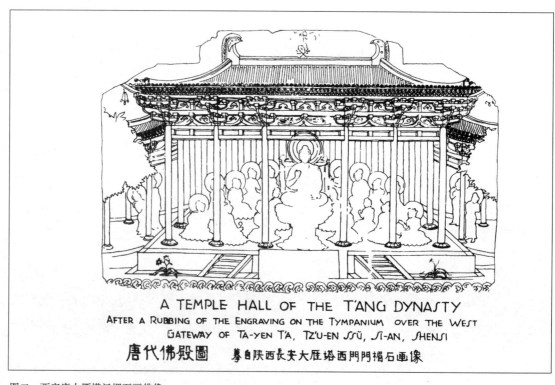

图二　西安唐大雁塔门楣石画佛像

石当是八世纪初原物。由这幅图中，我们可以得到比敦煌大多数变相图又早约二百年的比较研究资料。

唐末木构实物，我们所知只有一处。1937年6月，中国营造学社的一个调查队，是以第六一窟的"五台山图"作为"旅行指南"，在南台外豆村附近"发现"了至今仍是国内已知的唯一的唐朝木建筑——佛光寺（图签称"大佛光之寺"）的正殿（图三）。在那里，我们不唯找到了一座唐代木构，而且殿内还有唐代的塑像、壁画和题字。唐代的书、画、塑、建，四种艺术，汇粹一殿，据作者所知，至今还是仅此一例。当时我们研究佛光寺、敦煌壁画是我们比较对照的主要资料；现在返过来以敦煌为主题，则佛光寺正殿又是我们不可缺少的对照资料了。

在"发现"佛光寺唐代佛殿以前，我们对于唐代及以前木构建筑在形象方面的认识，除去日本现存几处飞鸟时代（公元552～645年），奈良时代（公元645～784年），平安前期（公元784～950年）模仿隋唐式的建筑外，唯一的资料就是敦煌壁画。自从国内佛光寺佛殿之"发现"，我们才确实的得到了一个唐末罕贵的实例；但是因为它只是一座屹立在后世改变了的建筑环境中孤独的佛殿，它虽使我们看见了唐代大木结构和细节处理的手法；而要了解唐代建筑形象的全貌，则还得依赖敦煌壁画所供给的丰富资料。更因为佛光寺正殿建于公元857年，与敦煌最大多数的净土变相属于同一时

图三　五台山佛光寺正殿

图四　四川大足北崖弥陀净土变摩崖大龛

代。我们把它与壁画中所描画的建筑对照，可以知道画中建筑物是忠实描写，才得以证明壁画中资料之重要和可靠的程度。

四川大足县北崖佛湾公元895年顷的唐末阿弥陀净土变摩崖大龛(图四)以及乐山、夹江等县千佛崖所见许多较小的净土变摩崖龛也是与敦煌壁画及其建筑可作比较研究的宝贵资料。在这些龛中，我们看见了与敦煌壁画变相图完全相同的布局。在佛像背后，都表现出殿阁廊庑的背景，前面则有层层栏杆。这种石刻上"立体化"的壁画，因为表现了同一题材的立体，便可做研究敦煌壁画中建筑物的极好参考。

文献中的唐代建筑类型

其次可供参考的资料是古籍中的记载。从资料比较丰富的，如张彦远《历代名画记》、段成式《酉阳杂俎·寺塔记》、郭若虚《图画见闻志》等书，我们也可以得到许多关于唐代佛寺和壁画与建筑关系的资料。由这三部书中，我们可以找到的建筑类型颇多，如院、殿、堂、塔、阁、楼、中三门、廊等。这些类型的建筑的形象，由敦煌壁画中可以清楚地看见。我们也得以知道，这一切的建筑物都可以有，而且大多有壁画。画的位置，不唯在墙壁上，简直是无处不可以画；题材也非常广泛。如门外两边，殿内，廊下，殿窗间，塔内，门扇上，叉手下，柱上，檐额，乃至障日版，钩栏，都可以画。题材则有佛、菩萨，各种的净土变、本行变、神鬼、山水、水族、孔雀、龙、凤、辟邪，乃至如尉迟乙僧在长安奉恩寺所画的"本国(于阗)王及诸亲族次"，洛阳昭成寺杨廷光所画的"西域图记"等。由此得知，在古代建筑中，不唯普遍的饰以壁画，而且壁画的位置和题材都是没有限制的。

上述各项形象的和文字的资料，都是我们研究敦煌壁画中，所描画的建筑，和若干窟外残存的窟檐的重要旁证。

此外无数辽、宋、金、元的建筑和宋《营造法式》一书都是我们所要用作比较的后代资料。

敦煌壁画中所见的建筑类型和建造情形

前面三节所提到的都是在敦煌以外我们对于中国建筑传统所能得到的知识，现在让我们集中注意到敦煌所能供给我们的资料上，看看我们可以得到的认识有一些什么，它们又都有怎样的价值。

从敦煌壁画中所见的建筑图中，在庭院之部署方面，建筑类型方面，和建造情形方面，可得如下的各种：

甲、院的部署

中国建筑的特征不仅在个别建筑物的结构和样式，同等重要的特征也在它的平面配置。上文已说过，以若干建筑物周绕而成庭院是中国建筑的特征，即中国建筑平面配置的特征。这种庭院大多有一道中轴线（大多南北向），主要建筑安置在此线上，左右以次要建筑物对称均齐的配置。直至今日，中国的建筑，大至北京明清故宫，乃至整个的北京城，小至一所住宅，都还保持着这特征。

敦煌第六十一窟（P117）左方第四画（图五）上部所画大伽蓝，共三院；中央一院较大，左右各一院较小，每院各有自己的院墙围护。第一四六窟和第二〇五窟也有相似的画；虽然也是三院，但不个别自立四面围墙，而在中央大院两旁各附加三面围墙而成两个附属的庭院。

位置在这类庭院中央的是主要的殿堂。庭院四周绕以迴廊；廊的外柱间为墙堵，所以迴廊同时又是院的外墙。在正面外墙的正中是一层、二层的门或门楼，一间或三间。正殿之后也有类似门或后殿一类的建筑物，与前面门相称。正殿前左右迴廊之中，有时亦有左右两门，亦多作两层楼。外墙的四角多有两层的角楼。一般的庭院四角建楼的布置，至少在形式上还保存着古代防御性的遗风。但这种部署在宋元以后已甚少，仅曲阜孔庙和沈阳北陵尚保存此式。

第六十一窟（P117）"五台山图"有伽蓝约六十余处，绝大多数都是同样的配置；其中"南台之顶"，正殿之前，左有三重塔，右有重楼，与日本奈良的法隆寺（公元七世纪）的平面配置极相似。日本的建筑史家认为这种配置是南朝的特征，非北方所有，我们在此有了强有力的反证，证明这种配置在北方也同样的使用。

图五　六一窟壁画三院伽蓝

至于平民住宅平面的配置，在许多变相图两侧的小画幅中可以窥见。其中所表现的虽然多是宫殿或住宅的片段，一角或一部分，院内往往画住者的日常生活，其配置基本上与佛寺院落的分配大略相似。

在各种变相图中，中央部分所画的建筑背景也是正殿居中，其后多有后殿，两侧有廊，廊又折而向前，左右有重层的楼阁，就是上述各庭院的内部景象。这种布局的画，数在数十幅以上，应是当时宫殿或佛寺最通常的配置，所以有如此普遍的表现。

在印度阿占陀窟寺壁画中所见布局，多以尘世生活为主，而在背景中高处有佛陀或菩萨出现，与敦煌以佛像堂皇中坐者相反。汉画像石中很多以西王母居中，坐在楼阁之内，左右双阙对峙，乃至夹以树木的画面，与敦煌净土变相基本上是同样的布局，使我们不能不想到敦煌壁画的净土（图六）原来还是王母瑶池的嫡系子孙。其实他们都只是人间宏丽的宫殿的缩影而已。

乙、个别建筑物的类型

如殿堂，层楼，角楼，门，阙，廊，塔，台，墙，城墙，桥等。

（一）**殿堂** 佛殿、正殿、厅堂都归这类。殿堂是围墙以内主要或次要的建筑物。平面多

图六 敦煌一七二窟壁画的净土变①

图七 六一窟八角重楼

---

① 近年敦煌文物研究所考定此图为"观无量寿经变"，但所示仍是"人间宏丽的宫殿的缩影"——傅熹年注。

作长方形,较长的一面多半是三间或五间。变相图中中央主要的殿堂多数不画墙壁。偶有画墙的,则墙只在左右两端,而在中间前面当心间开门,次间开窗,与现在一般的办法相似。在旁边次要的图中所画较小的房舍,墙的使用则较多见。魏隋诸窟所见殿堂房舍,无论在结构上或形式上,都与洛阳宁懋石室极相似。

（二）**层楼**　汉画像石和出土的汉明器已使我们知道中国多屋楼屋源始之古远。敦煌壁画中,层楼已成了典型的建筑物。无论正殿、配殿、中三门,乃至迴廊、角楼都有两层乃至三层的。层楼的每层都是由中国建筑的基本三部分——台基、屋身、屋顶——垒叠而成的:上层的台基采取了"平坐"的形式,除最上一层的屋顶外,各层的屋顶都采取了"腰檐"的形式;每层平坐的周围都绕以栏杆。城门上也有层楼,以城门为基,其上层与层楼的上层完全相同。

壁画中最特别的重楼是第六一窟右壁如来净土变佛像背后的八角二层楼(图七)。楼的台基平面和屋檐平面都由许多弧线构成。所有的柱、枋、屋脊、檐口等无不是曲线。整座建筑物中,除去栏杆的望柱和蜀柱外,仿佛没有一条直线。屋角翘起,与敦煌所有的建筑不同。屋檐之下似用幔帐张护。这座奇特的建筑物可能是用中国的传统木构架,求其取得印度窣堵坡的形式。这个奇异的结构,一方面可以表示古代匠师对于传统坚决的自信心,大胆的运用无穷的智巧来处理新问题,一方面也可以见出中国传统木构架的高度适应性。这种建筑结构因其通常不被采用,可以证明它只是一种尝试。效果并不令人满意。

（三）**角楼**　在庭院围墙的四角和城墙的四角都有角楼。庭院的角楼与一般的层楼形制完全相同。城墙的角楼以城墙为基,上层与层楼的上层完全一样。

（四）**大门**　壁画中建筑的大门,即《历代名画记》所称中三门,三门,或大三门,与今日中国建筑中的大门一样,占着同样的位置,而成一座主要的建筑物。大门的平面也是长方形,面宽一至三间,在纵中线的柱间安设门扇。大门也有砖石的台基,有石阶或斜道可以升降,有些且绕以栏杆。大门也有两层的,由《历代名画记》"兴唐寺三门楼下吴(道子)画神"一类的记载和日本奈良法隆寺中门实物可以证明。

（五）**阙**　在敦煌北魏诸窟中,阙是常见的画题,如二五四窟(图八),主要建筑之旁,有状似阙的建筑物,二五四窟壁上有阙形的壁龛。阙身之旁,还有子阙。两阙之间,架有屋檐。阙是汉代宫殿、庙宇、陵墓前路旁分立的成对建筑物,是汉画像石中所常见。实物则有山东、四川、西康[①]十余处汉墓和崖墓摩崖存在。但两阙之间没有屋檐,合乎"阙者阙也"之义。与敦煌所见略异。到了隋唐以后,阙的原有类型已不复

---

① 指四川雅安高颐阙,当时雅安属西康,后并入主四川省——傅熹年注。

见于中国建筑中。在南京齐梁诸陵中，阙的位置让给了神道石柱，后来可能化身为华表，如天安门前所见；它已由建筑物变为建筑性的雕刻品。它另一方向之发展，就成为后世的牌楼。敦煌所见是很好的一个过渡样式的例证。而在壁画中可以看出，阙在北魏的领域内还是常见的类型。

图八　二五四窟(魏)阙形壁龛

（六）廊　廊在中国建筑群之组成中几乎是不可缺少的构成单位。它的位置与结构，充足的光线使它成为最理想的"画廊"，因此无数名师都在廊上画壁，提高了廊在建筑群中的地位。由建筑的观点上，廊是狭长的联系性建筑，也用木构架，上面覆以屋顶；向外的一面，柱与柱之间做墙，间亦开窗；向里一面则完全开敞着。廊多沿着建筑群的最外围的里面，由一座主要建筑物到另一座建筑物之间联系着周绕一圈，所以廊的外墙往往就是建筑群的外墙。它是雨雪天的交通道。在举行隆重仪式时，它也是最理想的排列仪仗侍卫的地方。后来许多寺庙在庙会节日时，它又是摊贩市场，如宋代汴梁(开封)的大相国寺便是。

（七）塔　古代建筑实物中，现存最多的是佛塔。它是古建筑研究中材料最丰富的类型。塔的观念虽然是纯粹由印度输入的，但在中国建筑中，它却是一个在中国原有的基础上，结合外来因素，适合存在条件而创造出来的民族形式建筑的最卓越的实例。

关于佛塔最早的文献，当推《后汉书·陶谦传》中丹阳郡人笮融"大起浮图，上累金盘，下为重楼"的记载(《三国志·吴志·刘繇传》略同)。"重楼"是汉明器中所常见，被称为"望仙楼"，"捕鸟塔"一类的平面方形的多层木构建筑，"金盘"就是印度窣堵坡上的刹，所以它是基本上以中国原有的"重楼"加上印度输入的"金盘"结合而成的。由敦煌壁画中和日本现存的许多实例中可以证明。

为了使塔能长久存在，砖石就渐渐代替了木材而成为后世建塔的主要材料。从塔本身的性质和对于它能长久屹立的要求上说，这种材料之更改是发展的、进步的。所以现存的佛塔几乎全部是砖造或石造的。其中有少数以砖石为主，而加以木檐木廊，如苏州虎丘塔，罗汉院双塔，杭州六和塔，保俶塔和已坍塌了的雷峰塔等宋塔都属于这类。也有下半几层是砖造而上半几层是木造的，唯一的实例是河北正定县天宁寺的宋代"木塔"。国内现存全部木构的佛塔仅有察哈尔应县佛宫寺的辽代木塔一处[①]。然而砖石塔在外表形式上仍多模仿木塔形式，所以我们必须先了解木塔。

敦煌壁画中所见的佛塔(图九)，可分为下列六种：木塔有单层木塔和多层木塔；砖石塔有窣堵坡式塔，单层砖石塔和多层砖石塔；还有砖石合用塔。至于后世常见的密檐塔(如北京天宁寺塔)则不见于敦煌壁画中。

(甲)单层木塔　壁画中很多四方(图十)或八角或圆形的单层木建筑，或平面等边多角或圆形的小殿，即建筑术语所谓"中心式"建筑。这些建筑顶上都有刹，再证以现存若干单层塔(详下文)，所以将它们归于塔类。七十六窟壁画中有三座这种单层方形木塔，形式略似北京故宫中和殿，也似随处可见的无数方亭。台基多作成须弥座，前有阶，上有栏杆。方塔每面(图中只见一面)三间，当心间稍阔，开门；次间稍窄，开窗。柱上有斗栱。檐椽两重。屋顶是"四角攒尖"，尖上立刹；刹顶有链四道，系于四角。二三七号窟所见，不画门窗，内画如来、多宝二佛并肩坐，须弥座亦画彩画。

第六十一窟"五台山图"中，大法华之寺则有单层八角木塔，台基、栏杆、刹、链都与四角的相同，但平面八角八面，每面一间，四正面开门，四斜面开窗(图中只见一正面两斜面)。这种单层八角塔也常常出现于走廊瓦顶上(也许是不准确的透视所引起的错觉，实际所画可能是表示由廊后露出)或走廊转角处。日本法隆寺东院木构的梦殿(公元739年)与壁画中所见者几乎完全相同。河南嵩山会善寺净藏禅师墓塔(公元745年)虽是砖造，但外表砌出柱、枋、斗栱，亦可作此类型的参考。

壁画中也有平面圆形的单层木构，大致与八角的相似，但枋额和檐边线皆作圆形。屋顶无垂脊，刹上亦有链子垂系檐边。由天坛皇穹宇(公元1539年)可以对于此类型的形状得到约略的印象。

(乙)多层木塔　壁画中所见木塔颇多，层数由四至六、七层不等，而以四层为最多见；这一点与后世习惯用奇数为层数的习惯颇有出入。木塔平面都是方形，每面三间，立在砖造或石造的台基上。第一层中间开门，次间开窗，向上每层的高度与宽度递减，仅在中间开窗。塔之全部就是将若干层单层木塔垒叠而成，有些每层有平坐和栏杆，但亦有很多没有的。日本现存奈良时代若干木塔，与壁画中所见者极相似。《洛阳伽蓝记》所记的永宁寺北魏胡太后塔就是关于这一类型最好的文献。

(丙)窣堵坡式塔　佛塔的起源本是墓塔。第一四六窟画中墓塔一座，周围绕以极矮的围墙，正面敞阙无门。塔身作半圆球形，立在扁平的塔基上，颇似印度山齐

---

① 即山西应县佛宫寺释迦塔。在作者撰文时应县属于察哈尔省——傅熹年注。

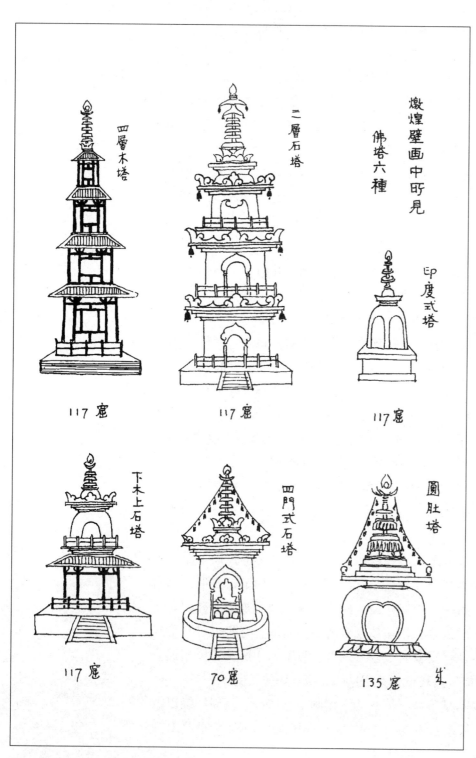

图九 敦煌壁画中所见佛塔类型

(Sanchi)大塔。这是印度原有的塔型，在壁画中虽有，但比较少见。较常见的一式则改变了印度的半圆球形原状，将塔身加高如钟形，而且将塔上的刹在比例上加大。佛教由印度输入中国，到了西陲的敦煌，而窣堵坡已如此罕见，而在现存实物中，除五台山佛光寺所谓"刘知远墓"一处大概是唐末或五代的孤例外，更未发现任何实例，实在是可异的现象。佛教虽在中国思想界引起了划时代的变化，但在建筑样式和结构方面，它的影响则极为微渺。建筑是在实践中累积起来的劳动经验，任何变化必需由存在的物质条件和基础上发展，不会凭空而有所改变，由此可以得到最有力的证明。

（丁）单层砖石塔 平面正方形，立在正方或圆的台基上，四面都有券门，券面作火焰形，门内有佛像。檐部用叠涩出檐——即每层砖或石较下一层挑出少许而成檐。檐边及四角有"山花蕉叶"——即翘起的叶形雕饰。顶上有半圆球形的"覆钵"，钵上立刹。自刹有链下垂，系于四角。现存实物中历代砖石的单层塔颇多，其中大多是墓塔。最大最古的一座是山东历城县神通寺所谓"四门塔"(公元544年)①。这一类型见于壁画中者甚多。

(戊)多层砖石塔　壁画中有将单层砖石塔垒叠而成的多层砖石塔。上几层都有平坐和栏杆；每层檐角且有铃。近似这类型的实物颇多，而完全相同的实例则还未曾见过。例如长安慈恩寺大雁塔(公元701~704年)，兴教寺玄奘塔(公元669年)都近似这类型，但外表都用砖砌作柱、枋、斗栱形状。

(己)木石混合塔　壁画中有下层是木构而上层是窣堵坡的混合结构。按形状推测，像是以高身的窣堵坡，在下部的周围建造木廊，而在上面将窣堵坡露出者。国内现存实物中则无此例。

敦煌壁画中所见的佛塔，除去单层木构的"梦殿"式一例外，平面没有八角形的。国内现存佛塔，唐及以前者(除净藏禅师墓塔一孤例外)也没有八角形的；自辽宋以后，八角形才成了佛塔的标准平面。由壁画中更可以证明八角塔是第十世纪中叶以后的产物。

(八)台(图十一，十二)壁画中有一种高耸的建筑类型，下部或以砖石包砌成极高的台基，如一座孤立的城楼；或在普通台基上，立木柱为高基，上作平坐，平坐上建殿堂。因未能确定它的名称，姑暂称之曰台。按壁画所见重楼，下层柱上都有檐，檐瓦以上再安平坐。但这一类型的台，则下层柱上无檐，而直接安设平坐，周有栏杆，因而使人推测，台下不作居住之用。美国华盛顿付理尔美术馆②所藏赃物，从平原省③磁县南响堂山石窟盗去的隋代石刻，有与此同样的木平坐台(图十三)。

由古籍中得知，台是中国古代极通常的建筑类型，但后世已少见。由敦煌壁画中这种常见的类型推测，古代的台也许就是这样，或者其中一种是这样的。至如北京的团城，河北安平县圣姑庙(公元1309年)，都在高台上建立成组的建筑群，也许也是台之另一种。

(九)围墙　上文已叙述过迴廊是兼作围墙之用的，多因廊柱木构架而造墙，壁画中也有砖砌的围墙，但较少见。若干住宅前，用木栅做围墙的也见于壁画中。

(十)城　中国古代的城邑虽至明代才普遍用砖包砌城墙；但由敦煌壁画中认识，用砖包砌的城在唐以前已有。壁画中所见的城很多，多是方形，在两面或正中有城门楼。壁画中所画建筑物，比例大多忠实，唯有城墙，显然有特别强调高度的倾向，以

---

① 近年修缮四门塔，发现石刻铭文，证明塔建于隋大业七年，即公元611年。作者撰文时铭文尚未发现，仅据塔内造像上东魏武定二年纪年铭暂推定为公元544年建——傅熹年注。
② 馆方自译中文名为佛利尔美术馆(Freer Gallery of Art)——傅熹年注。
③ 五十年代初磁县属平原省，后平原省建制撤消，磁县划归河北省——傅熹年注。

图十　二三七窟单层木塔（孙儒僴临摹）

图十一　二一七窟(1)台

图十二　二一七窟净土变中之台
　　　　（孙儒僴临摹）

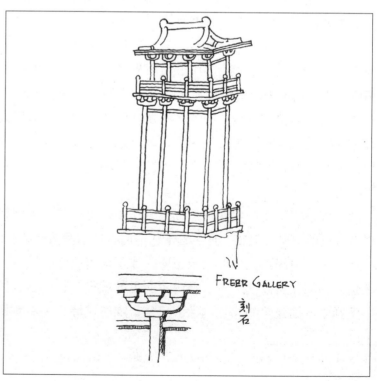

图十三　南响堂山隋刻

致城门极为高狭。楼基内外都比城墙略厚，下大上小，收分显著(图十四)。楼基上安平坐斗栱，上建楼身。楼身大多广五间，深三间。平坐周围有栏杆围绕。柱上檐下都有斗栱，屋顶多用歇山(即九脊)顶。城门洞狭而高，不发券而成梯形。不久以前拆毁的泰安岱庙金代大门尚作此式。城门亦有不作梯形，亦不发券，而用木过梁的。梁分上下二层，两层之间用斗栱一朵，如四川彭山县许多汉崖墓门上所见。至于城门门扇上的门钉、铺首、角叶都与今天所用者相同。城墙上亦多有腰墙和垛口。至如后世常见的瓮城和敌台，则不见于壁画中。

角楼是壁画中所画每一座城角所必有。壁画中寺院的围墙都必有角楼，城墙更必如此。由此可见，在平面配置上，由一个院落以至一座城邑，基本原则是一样而且一贯的。这还显示着古代防御性的遗制。现存明清墙角楼、平面多作曲尺形，随着城墙转角。敦煌壁画所见则比较简单，结构与上文所述城门楼相同而比城门楼略为矮小。

壁画中最奇特的一座城是第二一七窟所见(图十五)。这座城显然是西域景色。城门和城内的房屋显然都是发券构成的，由各城门和城内房屋的半圆形顶以及房屋两面的券门可以看出。

(十一)**桥** 壁画中多处发现，全是木造，桥面微微拱起，两旁护以栏杆。这种桥在日本今日仍极常见(图十六)。

丙、施工的情形

四四五窟北壁盛唐的"修建图"①描绘了一座尚未完工的重楼，使我们得见唐代建造情形和方法。这座楼已接近完成。立在砖砌的台基上的两层楼身，木构骨架已树立好，而且墙壁也已做完。台基每面都有台阶；柱上有简单的斗栱；上层四周有平坐，周围绕以栏杆。这都是已完工的部分。然而工程尚在继续进行，七个工人还在工作，地上还放着许多木料和瓦。下层的檐正在准备铺瓦，四个泥瓦工正在向檐上输送材料；两人运泥，地面的一人将泥兜子系在绳上，檐上的一人向上收绳提上去；另两人运瓦，一人爬上梯子递砖上去，一人在檐上接收。其余三个工人，两人在檐上，一人在地上，正在将木料运上去，上层梁架已安置妥当，但还未安椽子。这梁架是壁画中楼阁所用最典型的歇山顶的梁架。图中可以看出四角的角梁，大角梁的后尾交代在平梁梁头上；大角梁前段上面安着仔角梁，微微向上翘起，与今日做法完全相同。与后世不同之点在平梁以上的处理方法。由汉朱鲔石室，日本法隆寺迴廊，以至佛光寺大殿，我们都看见平梁之上安放作人字形对倚的"叉手"，与平梁合成三角形的构架。

---

① 此图在1951年"敦煌文物展览会"上展出时题为"修建图"。后经敦煌文物研究所进一步考证,确定这是"弥勒下生经变"中的"拆屋图"——傅熹年注。

图十四　一九七窟城垣

图十五　二一七窟所画的西域城

图十六　六一窟桥

至五代前后，三角形之内出现了直立的"侏儒柱"，其后侏儒柱逐渐加大，叉手日渐缩小，至明初而叉手完全消失，只用侏儒柱。此图中所见，既非侏儒柱，亦非叉手，却是一个驼峰，峰上安置一个斗，以承托脊檩。但是驼峰事实上是一个实心的叉手，由常见魏隋以及中唐的人字形补间斗栱之逐步演变成以驼峰承托补间斗栱的程序中可以证明。这里用驼峰而不用叉手，大约是因为建筑物太小之故（图十七）。

二九六窟隋代壁画中有一幅建筑施工图：六个只穿短裤的工人正在修建一座砖塔。在台基上已筑起了一层塔身；两个工人在上面正开始筑第二层；其余四人则在向上运砖。

这两幅都是极罕贵的图画。通过它们，我们在千余年后的今天，对于当时建筑工人劳动的情形以及施工的方法程序还可以得到一个活生生的印象（图十八）。

图十七 四四五窟修建图

图十八 二九六窟建塔图

敦煌窟檐的建筑

敦煌四百余窟室，差不多窟外都曾有木构的檐廊。现存者虽寥寥无几，但由每个窟门崖上的洞看来，很可以想见当时每窟一檐廊，而以悬空的阁道相连属的盛况。

在印度，如阿占陀，卡尔里、埃罗拉等地最古的佛教石窟；在新疆，佛教由印度传入中国的路线上，如库车、吐鲁蕃和其他地区的石窟；在内地如云冈、天龙山，响堂山诸石窟都有窟檐。那些地方的窟檐都是从山崖石凿出的，他们都将当时当地的建筑忠实地在石崖上雕出。我们须特别提出的是中原的几处。其中最大最古的云冈石窟（公元 450~500 年间），向外一面虽然已风化侵蚀，内部却尚完整。如中部第五、第六、第八窟[①]窟檐都是三间两柱；柱作八角形，下有须弥座，上有大斗。又如第八窟内前室东西两壁上的三间殿形龛，也可藉作对照，而得到窟檐原状的印象。天龙山齐隋诸窟的檐廊都极忠实而且准确地雕出当时柱枋斗栱。齐窟用八角柱，隋窟有用圆柱的。其上崖壁有横列的小圆孔，是檐椽的遗迹。天龙山的窟檐是最纯粹的中国式的。响堂山的窟檐基本上是中国样式，柱、枋、斗栱俱全。上面更有刻出的檐，椽子和筒

---

① 这指旧的云岗洞窟编号。位置图见梁思成、林徽因、刘敦桢著《云岗石窟中所表现的北魏建筑》插图六。载《中国营造学社汇刊》第四卷，第三、四期，第184页——傅熹年注。

瓦都精确地雕出。可是柱则完全是印度样式的八角束莲柱。柱头有覆莲瓣；柱脚有仰莲瓣；柱中有由联珠箍环发出的仰覆莲瓣；柱础是一个坐狮，将柱子承驮在背上。

我们所知道的由印度到中原一切佛窟的廊檐都是即就崖石雕出的，而敦煌的窟檐则全部木构，安插在崖石上。因为敦煌鸣沙山的石质是含有卵石的水成岩，松软之中，夹杂着坚硬的卵石，不宜于雕刻。因此，敦煌的窟檐必须木构，加在崖面。附带可以在此一说：以同一原因，窟内的造像都是泥塑，壁上也不似其他诸窟之用浮雕，而用壁画。假使敦煌石质坚硬，适于雕刻，则这数以千计，时间亘延千年的壁画可能不会产生；这几座木檐也不存在。由今日看来，千佛洞地址之选择实在是我们绘画史上的大幸事。

由敦煌仅存的唐末五代宋初的几处窟檐上，我们看见了梁架结构之灵活应用。在削壁上的窟檐以窟为"殿身"，窟檐倚着崖壁，如"腰檐"的做法。窟檐仅有一列檐柱，柱上的梁尾则插到崖石里去。屋顶则倚在崖边成"一面坡"顶。窟口外削壁上不便另作台基，故凿崖为平台，檐柱就立在、卧在崖石上的地栿上，由崖壁更出挑梁以承阁道，在高处联系窟与窟间的交通。在这些窟檐中我们看见了大木的实例，门、窗、墙壁和彩画。在大木结构的基本方法上，我们并没有看到什么特殊的做法，它们仍保持着纯粹的中国传统。门窗和墙壁的做法，都先在两柱之间安置横木（上下槛）、直木（左右立颊），将门或窗的位置留出，其余的面积——上槛之上、下槛之下、左颊之左、右颊之右的面积——则做成墙壁，与壁画中所见者完全相同。

一九六号窟外残存的檐廊可能是敦煌窟檐中最古的一个。以窟的年代推测，檐可能与窟同属晚唐。这处窟檐现在仅存柱、枋和门窗的槛框；上部檐顶已荡然无存，只余下部的木构骨架（图十九）。

四二七窟（图二十）、四三七窟、四四四窟、四三一窟（图二十一）诸窟都有比较完整的窟檐。这几处窟檐都建于宋初。根据梁下的题字，四二七窟檐建于宋开宝三年（公元970年）。四四四窟檐建于开宝九年（公元976年）；四三一窟檐建于太平兴国五年（公元980年）；四三七窟檐，由形制推测，也是这期间所建。

以上五处窟檐都广三间，用四柱；深一间，用椽两架。檐廊立在窟门之外，每柱上都有斗栱；斗栱上用梁（乳栿）一道，梁尾插窟外石壁。檐廊前面当心间开门，两次间开窗。多数都有彩画。窟檐之前，更在崖边凿孔安插挑梁，敷设悬空的阁道，由一窟通到旁边的窟。

除去五台山佛光寺正殿（公元857年）外，这几处窟檐是国内现存最古的木构建筑。我们认为他们无比罕贵是理之当然。

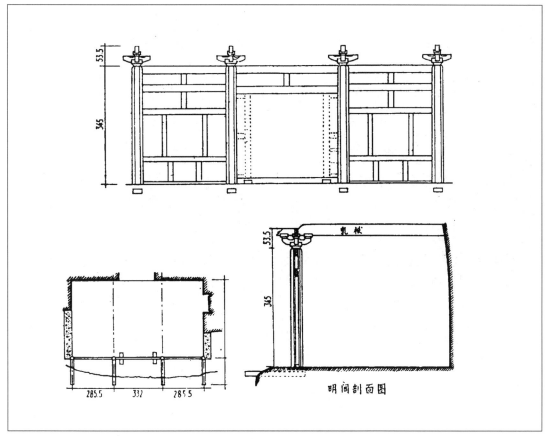

图十九　一九六窟窟檐图

分析壁画中建筑物和窟檐的结构手法

中国建筑虽然数千年来从来没有改换木构骨架的基本结构方法，但在长期的发展过程中，无论在主要的大木结构方面，局部"名件"的处理方面和雕饰彩画方面，每一个时代都有它自己的作风或特相。

自从佛光寺正殿之发现，我们得以从晚唐公元857年以后至今约一千一百年的期间，除去最初的约一百三十年外，每隔二、三十年，至少就有一座木构建筑的实例；使我们对于这期间大木结构和"名件"处理的手法有了相当的认识。但对于公元857年以前的木构建筑，因没有任何实物存在，全赖敦煌壁画中忠实的描写，才使我们对于古代木构的外表形象上的认识，向上更推回约四百年，而且还可约略窥见内部结构的片段。

所以现在再就壁画和窟檐所见，便可以将建筑物的各部分逐件作如下的分析：

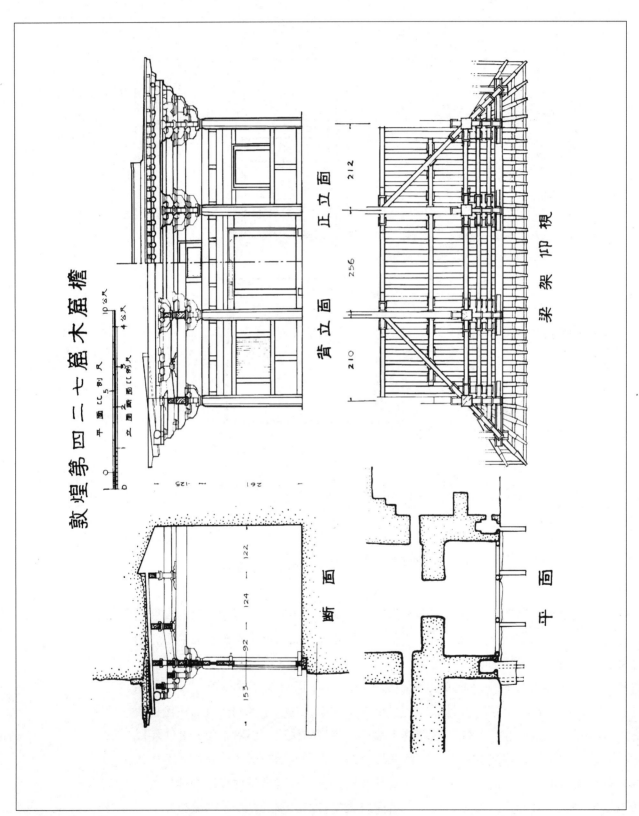

图二十 四二七窟木窟檐平面及内立面图

敦煌壁画中所见的中国古代建筑

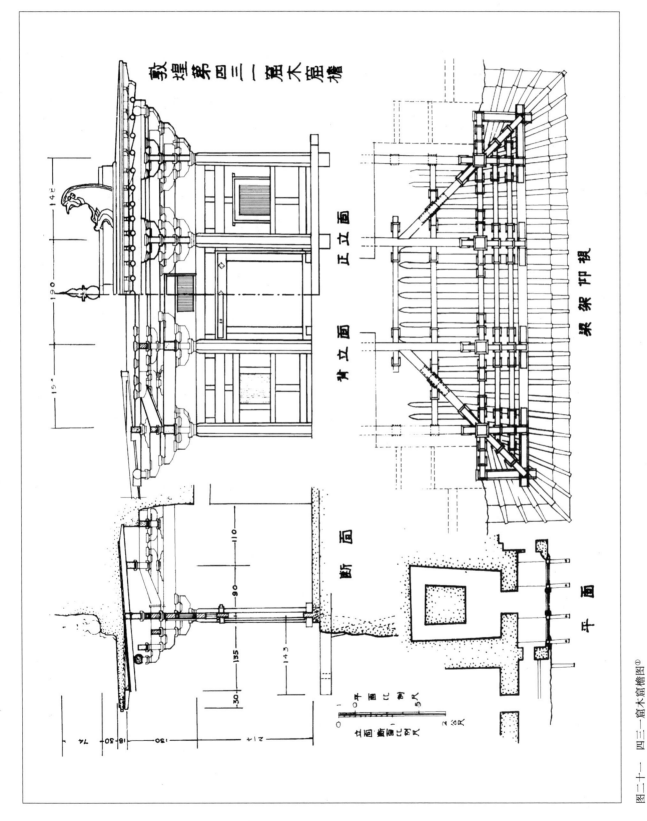

图二十一　四三一窟木窟檐图[1]

[1] 关于窟檐部分的图幅已散失，本文中所用 196、427、431 三窟的窟檐图（即图十九、二十、二十一）是由"文物保护科技研究所"提供的，与原图略异，仅供读者参考。

(一)**台基** 壁画中的建筑物几乎没有例外地都有台基。一般的房舍乃至楼屋的台基大多用朴素的砖包砌。较为华丽的殿堂楼阁的台基则雕饰繁富：最下层是覆莲瓣的龟脚，龟脚上立矮柱，上安压栏石，将台基陡面分为方格，格内饰以团花。这种台基在形制上介乎汉画像石和汉石阙实物所见的台基与希腊、印度式的须弥座之间，而基本上是中国原有的做法。若干石塔（白色、不画砖缝纹）则用石台基，多做成叠涩须弥座或莲瓣须弥座，"希腊印度"作风较为浓厚。台基平面多随上面建筑物平面的轮廓，但亦有方塔而用圆基的。台基在适当的部位多有台阶或坡道（礓磜或辇道）与地面联系。沿着台基的四周敷设散水砖，一如今日的做法。

临水建筑的台基往往就是水边的泊岸，做法与台基相同，亦有用矮柱将陡面分为方格的。更有在水中立柱，上安斗栱梁枋，上面铺板的。临水的一面，上面更用栏杆围护。

(二)**柱** 壁画中的柱显得十分修长，大雁塔门楣石也如此，可能是绘画中强调高度，减少柱在画幅中的阻碍使然。由佛光寺正殿，一九六号窟檐，以及宋诸窟檐的柱看来，唐宋实物的柱，在比例上，柱高都是等于柱径的十倍，这是木柱最合理的比例。壁画中的柱则高有至柱径之十六七倍者，显然与实况颇有出入。

壁画中的柱都是圆柱，而窟檐的柱一律都是八角柱。历代实物中如四川彭山县汉崖墓，云冈窟壁的三间殿和窟门的石柱（公元450~500年），天龙山齐隋诸石窟（公元六世纪末，七世纪初），嵩山嵩岳寺塔（公元520年），嵩山会善寺净藏墓塔（公元745年）等都用八角柱，以后则圆柱成为典型；至北宋末年，嵩山少林寺初祖庵（公元1125年）的八角柱已成了罕见的例外。敦煌窟檐之一律用八角柱，也许还保存着中原的"古风"。

窟檐的柱另一特征就是上下同样粗细，不"卷杀"（即上小下大，轮廓成缓和的曲线）如他处元以前实物，也不如明清的"收分"（上小下大，轮廓是直线）。在上述的古例中，彭山崖墓和云冈所见是有显著的收分的。嵩岳寺塔和净藏墓塔则上下同大，不收不杀，与窟檐柱相同。柱头部分则急剧地卷杀削小，其卷杀的轮廓不似通常所见那样圆和，而是棱角分明地折角斜收。

关于柱础，壁画中有素覆盆与覆莲两种（图二十二）。窟檐柱则立在地栿上，放在崖石上，不另做柱础。

(三)**阑额及枋** 壁画及大雁塔门楣石

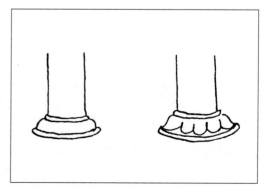

图二十二　敦煌壁画中所见两种柱础

所见，阑额（即柱头与柱头之间左右联系的枋，清代称额枋）都是双层的。阑额很小，上下两层之间有短柱联系。在窟檐实物中，阑额的断面竟比斗栱上的"材"还小（详下文），其他所有唐宋实例中，阑额都大于材，到元明清为尤甚，所以这个罕有的特征是值得我们注意的（下文分析斗栱时当再阐述此点）。窟檐也用双层阑额，如壁画中所见，但在佛光寺正殿以及辽宋金元实例中，则以断面较大的单层阑额为最典型。明清以后，则又复用双层，但上下两层大小不同，称"大额枋"、"小额枋"；大小额枋之间用"垫板"填塞，与唐代作风完全异趣。

（四）**斗栱**　斗栱是中国建筑构架中，在柱头上用斗形的木块"斗"和臂形的横木"栱"交叠而成的一组结构单位，把上面平置的梁或枋上的荷载逐渐集中而转递到直立的柱上的过渡部分。它是中国建筑体系所独具的特征，它的肇源古远，到汉代的陵墓建筑中已臻成熟而成为必具的部分。它的发展，由简到繁，逐渐发挥它结构的功能，又逐渐沦落而至过分强调其装饰性的长期赓继的过程是中国建筑数千年沿革中认识各时代特征时最显著的"指时针"。所以我们在研究敦煌壁画和窟檐时，斗栱是一个重要的题目。

铺作分类　"铺作"是宋营造法式中专指一朵斗栱由几件何种的斗和栱如何配合而成一朵的专门名称。由壁画中我们可以看见四至五类的铺作："一斗三升"铺作，用一个大斗，上面安一道横栱（泥道栱），栱上又安三个小斗，以承托檐檩，直接位置在柱头上；用在两柱间阑额上的人字形"补间铺作"（即不在柱头上而在一间中间的铺作）。以上两种用于较小的房屋上。由柱头大斗上用一层或两层栱向外挑出（华栱），上面更挑出一层至三层斜向下出尖如鸟喙的昂；和与此同式但不在柱头上而经由人字形栱或驼峰或一根简单的矮柱放在阑额上的补间铺作。这种出昂的斗栱只用于较大的殿堂。在平坐下所用的铺作，可能只用华栱向外挑出而不用昂，但在壁画中所见者稍欠清晰。

与壁画可作比较的另一幅画就是大雁塔门楣石。这石上斗栱画得十分清楚。在柱头上横着用一层横栱（泥道栱）一层枋（柱头枋），上面再用一横栱一横枋。向外则挑出华栱两层，逐层向外加长，第二层头上安横栱（令栱）一道，以承挑檐檩。补间用人字形铺作，其上再用矮柱。

至于实物，则净藏禅师墓塔柱头用一斗三升，补间用人字形铺作。与壁画中所见小建筑完全相同。佛光寺正殿柱头用挑出两栱两昂（双杪双下昂）的铺作，补间铺作则仅挑出两栱（双杪）。

敦煌窟檐中，一九六号窟檐已残破难以看出原有的铺作。四二七窟和四三一窟窟檐则都挑出三层华栱（三杪），下两层栱头下都安横栱，上面各承一横枋；第三层栱头不用栱、而用替木（只有下半的栱）承托挑檐檩。华栱的后尾，第一层向后挑出；第二层就是伸插到崖壁里的梁（乳栿），事实上是将梁头做成第二层华栱；第三层后尾弯曲斜向上，交搭在乳栿上所承托的二梁（劄牵）上；其交搭处也用斗栱联系。斗栱的高度约为柱高之五分之二，通高之三分之一。此外，北魏的二五四窟内壁上也有简单的木斗栱以承窟顶雕出的檩。

材与栔 "材"是断面与栱的断面的高度和宽度相等的木材的通称，至迟自公元1100年营造法式刊行以后，它即已确定为中国建筑的一个度量单位——权衡比例的单位。"栔"是上下两层枋之间或栱与栱之间因用斗垫托而留出的空隙的高度。建筑物中每一部分的权衡比例都是以材及栔或材的分数而定的。例如柱径是一材一栔，梁高两材等。栱的长度也与材有一定的比例。

这两座窟檐中，用材并不标准化。无论是栱或枋，越往上则越小。材的高与宽之比也不如后世之定为三与二，而略有出入。佛光寺正殿以及中原其他辽宋木构在这一点上已一律标准化，而敦煌窟檐则如此"自由"，是别处所未曾见的。因为材之不标准化，所以栔的大小亦随同发生变化了。因此，作者不拟在此作进一步的比较分析以赘读者。

斗和栱 斗和栱的详细样式，在壁画中虽无法看出，在窟檐中则得到又一种罕有的实例。现存汉魏唐辽宋金元实物的斗的下半，上大下小的斜收部分，即营造法式称为"欹"的部分，其面莫不微凹，即所谓"颤"，颤面是微弯入的。一九六窟窟檐的斗欹就是如此做法。明清两代的欹则一律不颤，欹的斜面是平的。四二七、四三一等宋初窟檐的斗，欹面即不颤，又不平，而是上半段急促的斜收，下半段垂直；也可以说不用曲面颤而用两个钝角相交的平面代替了颤。也就是说，颤面线不是继续的曲线而是折角的直线。二五四窟内北魏的斗也用此法，但不甚显著。这种"卷杀"的方法在我们已知的所有实例中都没有见过。

窟檐的栱也表现了同样硬朗的作风。在一九六窟、二五四窟和他处所见任何时代的栱头，都用三"瓣"至五"瓣"或用不分瓣的曲线，卷杀成流畅缓和的抛物线形，但敦煌宋初诸窟檐的栱头则一律只用两瓣卷杀，棱角分明，与斗欹的折角卷杀表现了一致的格调。

昂 窟檐没有用昂。壁画变相图中，中间的大殿莫不用昂，只能看出昂的层数，双昂三昂不等。昂嘴用平面斜杀至尖，昂面不如宋中叶以后的微颤，这种做法与唐辽宋初实物所见相同。

（五）梁 在少数变相图中，可以看见由檐柱到内柱上的乳栿和由角檐柱到内角柱上的角栿。"修建图"中约略可以看出大梁。窟檐中的梁主要的是乳栿和它上面的劄牵。乳栿的梁头（外端）都斫割成第二层挑出的华栱，因而梁同斗栱便构成为不可分离、互相结合的结构部分；梁与柱交接点的剪力藉第一层栱而减小。剳牵之下也用斗、栱和驼峰将荷载传递到乳栿上，这些过渡的斗栱同时也与上面承托屋椽的檩子交结成为不可分离的结构。角柱上第二层角栱的后尾就成为角栿，其后尾与乳栿相交。

在"修建图"中，梁上用简单的梯形驼峰，上安大斗以承脊檩。据我们所知，宋以后实物都在最上一层梁（平梁）上树立侏儒柱（清代称金瓜柱）以承脊檩。宋元在侏儒柱的两旁用斜倚的叉手支撑。汉魏隋唐则不用侏儒柱而只用巨大的叉手互相倚撑，如汉朱鲔石室，朝鲜平安南道顺川郡北仓面的"天王地神冢"（公元五世纪），日本奈良法隆寺迴廊（公元六世纪）乃至佛光寺正殿（公元857年）都不用侏儒柱而只用叉手。辽及宋初结构中侏儒柱已出现，却甚矮小，是名实相称的侏儒，叉手仍甚大。以后叉手逐渐瘦小，而侏儒柱逐渐长大，终于在元明之际完全夺取了叉手的地位，使它在建筑中绝迹。因此我们往往可以由一座建筑中侏儒柱和叉手的大小有无而推定其约略年代。至于驼峰，它原是缩小而实心的叉手，使用驼峰就是使用叉手。"修建图"中所见正表示出那座重楼是一座不很大的建筑物。

（六）檐椽 壁画中所有建筑物都在檐下画出椽子，并且大多画出两层。其中比较清楚的并可以看出下层是圆椽，上层（飞椽）是方椽，飞椽且卷杀使外端较小。靠近屋角处，椽子的方向且逐渐斜展成"翼角"，如今日的做法。大雁塔门楣石上所见尤为清楚。

窟檐椽子翼角斜展。椽子出檐长度（自柱中线至椽头）为柱高之半以上，通高之三分之一强。如此深阔出檐是宋以前的特征，呈现豪放的风格；宋以后逐渐减浅，至清代的檐已呈紧促之状。

（七）屋顶 壁画中所见屋顶有四阿（清代称庑殿）、歇山（九脊）及攒尖三种，而以歇山为最多。此外尚有迴廊上长列的屋顶。后世常见的硬山或悬山顶，在壁画中没有见到。但由汉墓石室的结构上和明器中，我们已肯定地知道后两种屋顶自古已有。

一个长久令人不解的是檐角翘飞的问题。在汉石阙和明器上，在云冈窟壁三间殿上，在大雁塔门楣石和敦煌壁画中，檐口线都是直的。但日本法隆寺，唐招提寺金堂（公元759年唐僧鉴真建），佛光寺正殿（公元857年）和四川大足摩崖净土变（公元895年前后）的檐角都是翘起的。由"修建图"和四三一窟檐（图二十一）实物看，大角梁上有仔角梁，仔角梁微翘起。敦煌壁画檐口何以不翘起，颇令人不解？以所画其他部分的忠实性推论，绝不是画师的疏忽（而且不能人人都疏忽），所以令人推想直线檐口可能是当时当地的特征。若然，则翘起的仔角梁又完全失去结构意义了。

瓦 壁画所见屋顶都用瓦铺盖，所用是筒瓦；大雁塔门楣石中描画尤为清晰。琉璃瓦在唐时已少量使用。至于窟檐是否用瓦盖顶，很难确定；现状仅用灰背墁抹。

关于屋顶瓦饰，壁画表现颇为清楚。脊上和脊端施用雕饰，由汉至今两千余年，基本上没有大改变。正脊和垂脊都适当地把屋顶上最易开始渗漏的线上予以掩盖并加以强调，使脊瓦的重量足以保持本身固定的位置。在正脊与垂脊的相交点上，即正脊的两端，用鸱尾着重地指出；垂脊的下端也予以适当的结束。

按宋营造法式的规定，脊是用瓦叠垒而成的，明清以后才肯定地有分段预制的脊件（在目前我们所已调查的实物中，还未能得到足够的资料，以肯定预制的脊瓦件出现的年代）。壁画中隐约可见分段的线条，假使唐末五代已有此做法，则营造法式中何以竟只字未提，颇令人疑惑不解。

辽宋以后实物的鸱尾已变成鸱吻，下半作成龙头，张嘴衔脊。壁画中所见则尚是尾状有鳍的，名实相符的鸱尾；P十八窟所见最为清晰（图二十三），大雁塔门楣石所见亦大致相同。四三一窟檐尚有倚崖塑造的正脊和鸱吻，它的轮廓虽尚保持唐式，但下部已张嘴衔脊，上端亦作鱼尾形，样式至为特殊，是我们所见唯一孤例。

壁画殿堂正脊当中，多有莲蕾形或火焰形的宝珠，窟檐所见亦同。

壁画中的垂脊大多用短圆柱予以结束，柱头作莲蕾形，与正脊中的宝珠互相呼应。

塔顶的攒尖垂脊聚集点上立刹，大多数先做须弥座，座边缘及角上出山花蕉叶，中置覆钵，钵上立刹杆，上置相轮（宝盘）三层或五层。刹尖则有仰月和宝珠。在仰月之下，有链垂系檐角，链上挂着许多的铃（铎）。

（八）**门窗及墙** 因为木构架的性质，门、窗和墙都是就两柱间的空档处理，予以堵塞或开敞的办法。上文已经讨论过，门、窗和墙的做法都先在两柱间安横木和直木，按需要留出大小适当的空档则用墙壁堵塞，或留作门或窗。

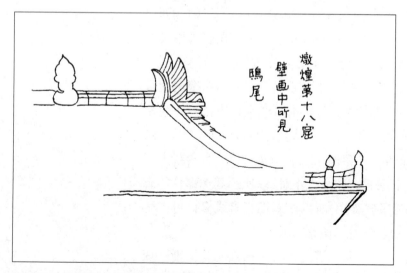

图二十三　敦煌第十八窟壁画中所见鸱尾

在不留门窗的地位，则两柱间完全用墙堵塞。按壁画所见，墙可能是用竹篾或木条抹灰的（但敦煌没有竹）。窟檐左右两角柱与崖壁间则用土砖墙。

在窟檐中，做门的方法是在两柱之间，地栿之上，先安木门砧，即承托门轴的木块，其上安门槛。门槛与阑额之间，按门的宽度，树立左右门颊。门额（窟檐所见亦即下层阑额）上有两小长方孔，是原来穿插门簪的孔。原有的门簪和依赖门簪而得固定在门额背面以接受门轴上端的鸡栖木，都已失去。这一切做法都与今日通用的完全相同。

门额之上，门颊之左右，在表面上更突出九十度弧面的线道一条，弧面向里，作为门的外周线，是他处所罕见的做法。

窟檐的门扇都已不存在。在壁画中只有少数将门扇画出，如二一七窟砖台下的门扇，则有门钉，铺首（并环）和角叶的表示。

窟檐左右次间开窗的做法，则在阑额之下少许和距地面上约80厘米处安窗额及腰串（即窗的上下槛），窗额与腰串之间树立左右立颊，留出约方55厘米的方窗。窗孔内用垂直平行的方棂竖立（方棂棱角向前，棂面斜向），即所谓直棂窗①。窗额之上及腰串之下，当中立心柱（矮柱）一根，以与阑额及地栿联系。壁画中所见窗大都如此；许多实物中，直至今日西南各省的房屋中，这还是一种最常见的做法。

（九）**栏杆**　净土变相中台基、平坐和台阶的周缘都有栏杆（图二十四）。大多数都在最下层卧放地栿；转角处立望柱；望柱之间，每隔若干距离立蜀柱一根，其上半收杀。在蜀柱之中段横安盆唇，蜀柱顶上承托寻杖。盆唇与地栿之间，用L字纹互相勾搭，做成所谓"勾片栏杆"，这是元明以后所不复用，而在自南北朝至五代宋初的五六百年间所最常用的栏杆纹样。从云冈石窟以至蓟县独乐寺观音阁（公元984年）、大同华严寺薄伽教藏内的壁藏（公元1038年）都有此式。但壁画中望柱头上和蜀柱与寻杖相接处都有宝珠，所有横直料相接处都画作浅色，可能是表示用铜片包镶的样式，都是后世所未见。

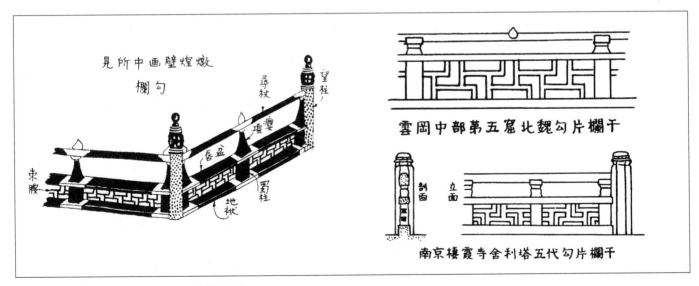

图二十四　敦煌壁画中栏杆与北魏、五代栏杆形式

---

① 直棂窗是统称。宋式又分破子棂窗和版棂窗两种。括弧内所述"棱角向前，棂面斜向"者是破子棂窗，是直棂窗中的一种——傅熹年注。

(十)**窟檐的彩画** 窟檐的彩画是作者认为窟檐中最可珍贵的部分。

油饰彩画本是利用保护木材而使用的涂料,加以处理而取得装饰效果的。它是建筑物抵御自然界破坏力的"第一道防线",是建筑物中首先损坏的部分。因此,我们对于年代较古的木构的知识,以彩画方面为最贫乏。

古代的彩画,使我们能得到清楚的认识,给予我们明确印象的,最古只到明中叶(公元1444年)所建的北京智化寺。更古的虽有一些辽代建筑,如辽宁义县奉国寺大殿(公元1020年建)、山西大同华严寺薄伽教藏(公元1038年建),然而前者则已黝暗失色,后者又经后世重装乃至部分窜改,不能给我们以原来的印象。即使如宋《营造法式》(公元1100年初次刊印)那样相当精确的术书,也因原图仅用墨线注明颜色,再经后世流传本辗转抄摹走样,难以制成准确的图式。罕贵的敦煌窟檐却为我们保存下宋初的彩画,也使我们的知识由十五世纪中叶推上了五百年。敦煌以壁画引起我们的爱好;彩画也正是"壁画"之一种,值得我们深切的注意。

概括的说,窟檐的彩画,木构部分以朱红为主,而在结构的重要关键上用以青绿为主的图案,使各构材在结构上的机能适当地得到强调。

柱头上和柱的中段以束莲花纹为饰。在云冈石窟(公元五世纪后半),平原省磁县响堂山石窟(公元六世纪末),以及若干佛塔上,如五台山佛光寺祖师塔(公元六世纪)等,都有浮雕的束莲,这是犍陀罗输入的影响,在木建筑实物中所见不多,窟檐彩画所见是唯一的例子。这"束莲"并非真正的莲瓣,而是以一道连珠的红环,夹以青绿的边线,上下两面伸出以青绿为缘,红色为心的瓣。在柱头上,则连珠在顶,只有下面出瓣,成为所谓"覆莲"的柱头花纹。后代虽有普遍彩画的柱,但没有这样在中腰画彩画的;而柱头则多改用"束锦"———一个织锦纹的箍子。

这同一个束莲纹彩画也用于门额、窗额和立颊的中段和次间下层的阑额、窗额和腰串与柱交接处。

柱头主要的阑额以连珠压边,内面全部画斜角棱纹。棱纹以整个棱形的左右尖角衔接,上下钝角至边,成"一整二破"的布局。居中的整棱以青地红心和粉地绿心者相间,两侧的半棱则以绿地粉心和粉地青心者相对。这整个图案与营造法式至明清两朝在阑额两端先画箍头,再将内部分为几段,并以青绿为主要颜色的作风完全异趣。

当心间门以上的阑额与柱头枋之间的小窗则在红地上画相错的绿色红心棱形花;小窗的上额(即柱头枋在小窗上的一段)则画龟文锦,以青色宽线画六方格,"一整二破",以粉色为地,以绿心的红花和绿心的青花相间排列(图二十五)。

斗栱上的彩画亦极别致。今日常见的明清以后彩画多以青绿色和墨线沿着斗和栱的轮廓用平行线饰画。窟檐所见则大致以绿色的斗和红地杂色花的栱相配合;但第一层横栱（泥道栱）上的两斗和三层挑出的华栱的狭面则以白色为主。全部主要的色调是红色，略似营造法式所谓"解绿结华装"的样式。

栱面均以红色为地。泥道栱面，沿着栱的上下两缘，用青绿两色的边，而各伸出四片卷叶的奇特花纹相对；一半上青下绿，对面一半上绿下青。其余的栱面则在红地上以半个团窠的杂色花上下相错。三层华栱（挑出的栱）的狭面（向前的面）则在白色地上，在卷杀的部分用赭色画一"工"字纹。

绿色的斗一律用单纯的绿色，没有边缘。白色的斗则在白色上密布的红色麻点。

第二层横栱（慢栱）以上的一道柱头枋则上下缘用红色宽边，中间白地，而用宽的红色分为细长横格，呈现似上下两层横材中间以矮柱间格的形状。

所有木构材之间的壁面一律为白粉墙，因年代久远，已成醇熟的淡土黄色，与木材上的红白青绿成了极和谐的反衬。

窟檐内部的梁架椽檩也都有彩画。沿着梁身棱角的边缘有边线，边线以内所画疑似宋所称的海石榴华。椽子两端及中腰，如柱一样，画束莲。颜色亦以红为主，青绿为花。椽与椽间望板上画卷草或佛像。

窟檐的彩画所引起我们的反应，首先是惊奇之感。因为它与明清以后所常见的，在阑额以上以青绿为主，以下差不多单纯地用红色的系统和风格完全异趣。这里由地栿至檐下，则是一贯地以红色为主，而在结构重点上用青绿花饰，并且这是窟檐彩画的主要特征。

我们对于彩画的认识，如上文所说，自明中叶以上即极为贫乏。实物既少，且经窜改，文献不足征，幸喜敦煌窟檐，使我们的知识向上推远了五百年。在这一点上，窟檐彩画是重要无比的。

敦煌壁画中未能将建筑彩画详细表现出来，大多只能表现木构部分的红色和粉墙的白色。但如一四六窟则相当清晰。柱的中上段，阑额和柱头枋上、栱上，都在红地上画彩画。补间铺作下的驼峰主要是青绿色。昂嘴上面白色。椽子及檐口的连檐和瓦口板红色（这些颜色是在照相中按深（红）浅（青绿）推测的）。与窟檐所见也大概是一致的。

图二十五　四三一窟窟檐内部彩画（孙儒僩临摹）

结　论

　　通过敦煌壁画和窟檐，我们得以对于由北魏至宋初五个世纪期间的社会文化一个极重要的方面——居住的情形——得到了一个相当明确的印象。因实物不复存在，假使没有这些壁画，我们对于当时的建筑将无从认识，即使实物存在，我们仍难以知道当时如何使用这些房屋。壁画虽只是当时建筑的缩影，它却附带的描写了当时的生活状况。

　　在这些壁画中，我们认识了十余种建筑类型；我们看出了建筑组群的平面配置；我们更清楚的看到了当时建筑的结构特征和各构材之相互关系及其处理的手法；因此我们认识了当时建筑的主要作风和格调。我们还看见了正在施工中的建筑过程中之一些阶段。这是多么难得的资料！

　　由窟檐的实例上，我们一方面看到了传统的木构骨架的保持，另一方面却看到了极为罕贵的细节的运用，尤其是斗栱的特殊手法。更为难得的是当时的彩画的作风。

　　这些壁画和窟檐告诉我们：中国建筑所具有最优良的本质就是它的高度适应性。我们建筑的两个主要特征，骨架结构法，和以若干个别建筑物联合组成的庭院部署，都是可以作任何巧妙的配合而能接受灵活处理的。古代的匠师们掌握了这两种优点而尽量发挥了使用，而画师们又把它给我们描画下来。尤其重要的是，这些壁画告诉了我们，古代匠师对于自己的建筑传统的信心，虽在与外来文化思想接触的最前线，他们在五百年的长期间，始终以主人翁的态度迎接外来的"宾客"。既没有失掉自主的能动性，也没有畏缩保守，即使如塔那样全新的观念，以那样肯定的形式传入中国，但是中国建筑匠师竟能应用中国的民族形式，来处理这个宗教建筑的新类型，而为中国人民创造了民族化、大众化的各种奇塔耸立在中国的土地上。这是我们的祖先给我们留下的特别卓越而有意义的榜样，这是对于今日中国的建筑师们——他们的子孙——的一种挑战。

　　近百年来，帝国主义的侵略者以喧宾夺主的态度，在我国的城镇乃至村落中，以建筑的体形为我们留下了许多显著的创痕。把他们的民族手法思想体系强迫着我们放弃我们原有的文化传统和民族工艺，无论是建筑师或人民大众，在对于建筑的思想，到今天便积下了不少帝国主义的毒素，正待我们坚决的来肃清。我们过去屈服于他们的暴力，接受了他们的建筑体系来代替自己的，因此我们传统的中国建筑有一些被毁坏了，有一些停留在不适用的技术中而不得提高。我们今天要问自己：我们有没有肃清这些遗毒的自信心？我们能否在不断改变中的生活方式和材料技术的条件下，再从民族传统的老基础上发展出我们的新建筑来？这个问题是严重的，它是我文化建设的考验，只靠少数技术人员是不可能达到这目的的。全中国要住房子的要用房子的人民——即全中国的每一个人——也必须向这方面努力，他们必需要求建筑师们，且督促着建筑师们，在行动上，在有体有形的建筑物上，发扬我们爱国主义的精神。中国人民的新文学，新美术，新音乐，新舞蹈，早已摆脱了资本主义帝国主义的羁绊，正踏上蓬勃的发展的新的道路，我们的建筑更不能因为这任务的艰巨而自甘落后。让我们立刻反抗建筑思想上崇洋恐洋的迫害，解放自己，来肃清那些余毒，急起直追，与文学、美术、音乐、舞蹈并肩前进!

最后，作者愿借这机会向在沙漠中艰苦工作的敦煌文物研究所同志们致无限的敬意!

（傅熹年校注：萧默对此文提了些建设性意见。有关敦煌壁画的图片全部由敦煌文物研究所供稿，孙儒侗临摹，李贞伯、祁铎摄影。文中有关窟檐的插图是文物保护科技研究所供稿。）

蓟县独乐寺观音阁山门考[1]

绪　言

　　近代学者治学之道，首重证据，以实物为理论之后盾，俗谚所谓"百闻不如一见，"适合科学方法。艺术之鉴赏，就造形美术言，尤须重"见"。读跋千篇，不如得原画一瞥，义固至显。秉斯旨以研究建筑，始庶几得其门径。

　　我国古代建筑，征之文献，所见颇多，《周礼·考工》，〈阿房宫赋〉，〈两都〉、〈两京〉，以至《洛阳伽蓝记》等等，固记载详尽，然吾侪所得，则隐约之印象，及美丽之辞藻，调谐之音节耳。明清学者，虽有较专门之著述，如萧氏《元故宫遗录》，及类书中宫室建置之辑录，然亦不过无数殿宇名称，修广尺寸，及"东西南北"等字，以标示其位置，盖皆"闻"之属也。读者虽读破万卷，于建筑物之真正印象，绝不能有所得，犹熟诵《史记》"隆准而龙颜，美须髯；左股有七十二黑子"，遇刘邦于途，而不之识也。

　　造形美术之研究，尤重斯旨，故研究古建筑，非作遗物之实地调查测绘不可。

　　我国建筑，向以木料为主要材料。其法以木为构架，辅以墙壁，如人身之有骨节，而附皮肉。其全部结构，遂成一种有机的结合。然木之为物，易朽易焚，于建筑材料中，归于"非永久材料"之列，较之铁石，其寿殊短；用为构架，一旦焚朽，则全部建筑，将一无所存，此古木建筑之所以罕而贵也。然若环境适宜，保护得法、则千余年寿命，固未尝为不可能。去岁西北科学考察团自新疆归来，得汉代木简无数，率皆两千年物，墨迹斑斓，纹质如新。固因沙漠干燥，得以保存至今；然亦足以证明木寿之长也。

　　至于木建筑遗例，最古者当推日本奈良法隆寺飞鸟期诸堂塔，盖建于我隋代，距今已千三百载[2]。然日本气候湿润，并非特宜于木建筑之保存，其所以保存至今日者，实因日本内战较少，即使有之，其破坏亦不甚烈，且其历来当道，对于古物尤知爱护，故保存亦较多。至于我国，历朝更迭，变乱频仍，项羽入关而"咸阳宫室火三月不灭"，二千年来革命元勋，莫不效法项王，以逞威风，破坏殊甚。在此种情形之下，古建筑之得幸免者，能有几何？故近来中外学者所发现诸遗物中，其最古者寿亦不

---

[1]本文原载1932年《中国营造学社汇刊》第三卷第二期。——莫宗江注。
[2]此是三十年代日本学界的说法。近年日本学界已公认法隆寺虽为公元607年圣德太子创建，但在公元670年焚毁。公元680年以后在原址西北重建，约在公元710年建成，即现存的法隆寺西院中门、塔、堂、回廊等筑。但再建的法隆寺西院仍保持飞鸟时代的风格特点，也仍是现存世界上最古的木构建筑——傅熹年注。

过八百九十余岁①未尽木寿之长也。

蓟县独乐寺观音阁及山门，皆辽圣宗统和二年重建，去今（民国二十一年）已九百四十八年，盖我国木建筑中已发现之最古者。以时代论，则上承唐代遗风，下启宋式营造，实研究我国建筑蜕变上重要资料，罕有之宝物也。

翻阅方志，常见辽宋金元建造之记载；适又传闻阁之存在，且偶得见其照片，一望而知其为宋元以前物。平蓟间长途汽车每日通行，交通尚称便利。二十年秋，遂有赴蓟计划。行装甫竣，津变爆发，遂作罢。至二十一年四月，始克成行。实地研究，登檐攀顶，逐部测量，速写摄影，以纪各部特征。

归来整理，为寺史之考证，结构之分析、及制度之鉴别。后二者之研究方法，在现状图之绘制；与唐、宋（《营造法式》），明、清（《工程做法则例》）制度之比较；及原状图之臆造（至于所用名辞，因清名之不合用，故概用宋名，而将清名附注其下）。计得五章，首为总论，将寺阁主要特征，先提纲领。次为寺史及现状。最后将观音阁山门作结构及制度之分析。

除观音阁、山门外，更得观音寺辽塔一座，附刊于后。

此次旅行，蒙清华大学工程学系教授施嘉炀②先生惠借仪器多种，蓟县王子明先生及蓟县乡村师范学校校长刘博泉，教员王慕如，梁伯融，工会杨雅园诸先生多方赞助，与以种种便利。而社员邵力工，舍弟梁思达同行，不唯沿途受尽艰苦，且攀梁登顶，不辞危险，尤为难能。归来研究，得内子林徽音在考证及分析上，不辞劳，不惮烦，与以协作；又蒙清华大学工程教授蔡方荫③先生在比较计算上与以指示，始得此结果。而此次调查旅行之可能，厥为社长朱先生④之鼓励及指导是赖，微先生之力不及此，尤思成所至感者也。

---

①山西大同华严寺教藏，建于辽兴宗重熙七年（公元1038年）（作者注）。当时中国营造学社刚开始进行调查古建筑，尚未积累足够的史料，故多参考日本学者的调查资料，如日本常盘大定、关野贞等的著作《支那佛教史迹》等，薄伽教藏是其中有确切纪年之例，故引用之。以后随着营造学社工作的开展，发现了一些更古老的建筑，最后形成一个有纪年的木建筑的排序目录。薄伽教藏现在的年代排序是第15名——傅熹年注。

②施嘉炀 1902年出生，早年赴美留学，回国后在清华大学土木系任教，是清华大学土木系第一任系主任，40年代任清华工学院院长，现为清华水利系一级教授，已退休。曾长期任水利学会，水利工程学会理事长——傅熹年注。

③蔡方荫 详本卷《故宫文渊阁楼面修理计划》一文（第285页）——傅熹年注。

④朱启钤 （1872—1964）字桂辛，贵州紫江人，历任清京师大学堂译学馆监督，辛亥革命后历任交通总长、内务总长、代理国务总理"。退休后，于1929年发起组织中国营造学社，1930年正式成立，自任社长，聘梁思成、刘敦桢分任法式部、文献部主任，从事中国古代建筑的调查研究，影响深远。建国后历任中央文史馆馆员，第二、三届全国政协委员——傅熹年注。

卷首图一　独乐寺观音阁山门平面图

卷首图二 观音阁南立面图

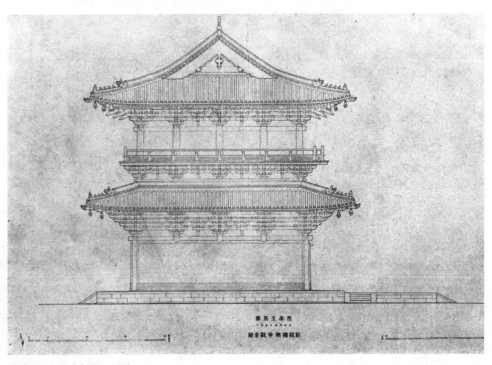

卷首图三 观音阁西立面图

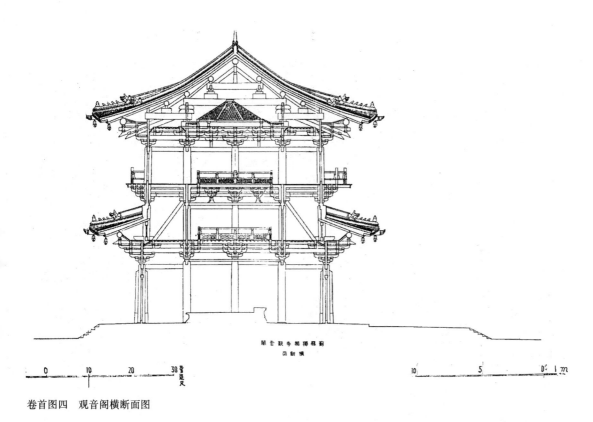

卷首图四　观音阁横断面图

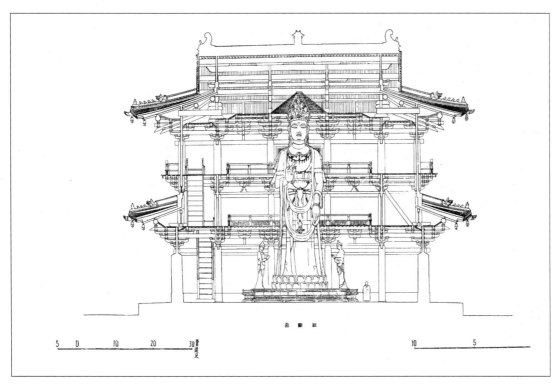

卷首图五　观音阁纵断面图

卷首图六　山门立面图

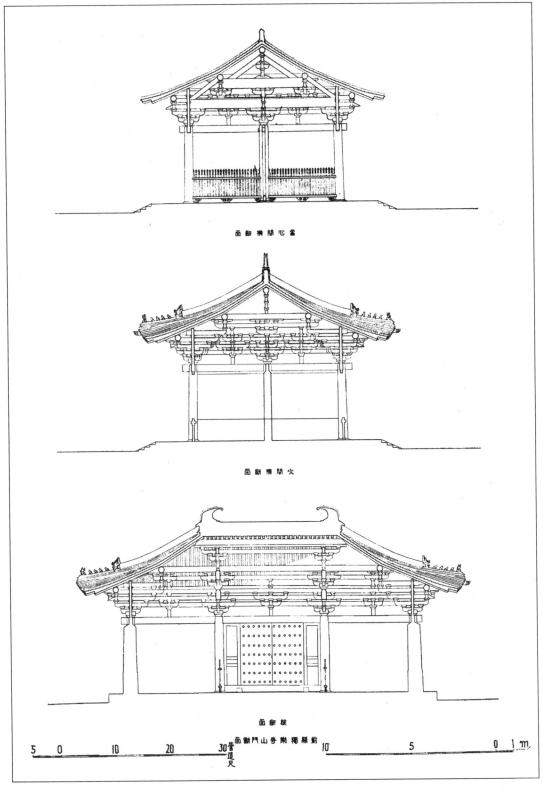

卷首图七　山门横断面及纵断面图

一、总　　论

　　独乐寺观音阁及山门，在我国已发现之古木建筑中，固称最古，且其在建筑史上之地位，尤为重要。统和二年为宋太宗之雍熙元年，北宋建国之第二十四年耳。上距唐亡仅七十七年，唐代文艺之遗风，尚未全靡；而下距《营造法式》之刊行尚有百十六年。《营造法式》实宋代建筑制度完整之记载，而又得幸存至今日者。观音阁、山门，其年代及形制，皆适处唐宋二式之中，实为唐宋间建筑形制蜕变之关键，至为重要。谓为唐宋间式之过渡式样可也。

　　独乐寺伽蓝之布置，今已无考。隋唐之制，率皆寺分数院，周绕回廊①。今观音阁山门之间，已无直接联络部分；阁前配殿，亦非原物，后部殿宇，更无可观。自经乾隆重修，建筑坐落于东院，寺之规模，更完全更改，原有布置，毫无痕迹。原物之尚存者惟阁及山门。

　　观音阁及山门最大之特征，而在形制上最重要之点，则为其与敦煌壁画中所见唐代建筑之相似也。壁画所见殿阁，或单层或重层，檐出如翼，斗栱雄大。而阁及门所呈现象，与清式建筑固迥然不同，与宋式亦大异，而与唐式则极相似。熟悉敦煌壁画中净土图(第二十三图)者，若骤见此阁，必疑身之已入西方极乐世界矣。

　　其外观之所以如是者，非故仿唐形，乃结构制度，仍属唐式之自然结果。而其结构上最重要部分，则木质之构架——建筑之骨干——是也。

　　其构架约略可分为三大部分：柱，斗栱，及梁枋。

　　观音阁之柱，权衡颇肥短，较清式所呈现象为稳固。山门柱径亦如阁，然较阁柱犹短。至于阁之上中二层，柱虽更短，而径不改，故知其长与径，不相牵制，不若清式之有一定比例。此外柱头削作圆形(第二十六图)，柱身微侧向内，皆为可注意之特征。

　　斗栱者，中国建筑所特有之结构制度也。其功用在梁枋等与柱间之过渡及联络，盖以结构部分而富有装饰性者。其在中国建筑上所占之地位，犹柱式(order)之于希腊罗马建筑；斗栱之变化，谓为中国建筑制度之变化，亦未尝不可，犹柱式之影响欧洲建筑，至为重大。

　　唐宋建筑之斗栱以结构为主要功用，雄大坚实，庄严不苟。明清以后，斗栱渐失其原来功用，日趋弱小纤巧，每每数十攒排列檐下，几成纯粹装饰品，其退化程度，已

---

①参阅拙著《我们所知道的唐代佛寺与宫殿》——作者注。按：此文与《敦煌壁画中所见中国古代建筑》内容相近，故未收入，可参阅该文(P129—159)——傅熹年补注。

陷井底，不复能下矣。观音阁山门之斗栱，高约柱高一半以上，全高三分之一，较之清式斗栱——合柱高四分或五分之一，全高六分之一者，其轻重自可不言而喻。而其结构，与清式宋式皆不同；而种别之多，尤为后世所不见。盖古之用斗栱，辄视其机能而异其形制，其结构实为一种有机的，有理的结合。如观音阁斗栱，或承檐，或承平坐，或承梁枋，或在柱头，或转角，或补间，内外上下，各各不同①，条理井然。各攒斗栱，皆可作建筑逻辑之典型。都凡二十四种，聚于一阁，诚可谓集斗栱之大成者矣！

观音阁及山门上梁枋之用法，尚为后世所常见，皆为普通之梁，无复杂之力学作用。其与后世制度最大之区别，乃其横断面之比例。梁之载重力，在其高度，而其宽度之影响较小；今科学造梁之制，大略以高二宽一为适宜之比例。按清制高宽为十与八或十二与十之比，其横断面几成正方形。宋《营造法式》所规定，则为三与二之比，较清式合理。而观音阁及山门(辽式)则皆为二与一之比，与近代方法符合。岂吾侪之科学知识，日见退步耶！

其在结构方面最大之发现则木材之标准化是也。清式建筑，皆以"斗口"②为单位，凡梁柱之高宽，面阔进深之修广，皆受斗口之牵制。制至繁杂，计算至难；其"规矩"对各部分之布置分配，拘束尤甚，致使作者无由发挥其创造能力。古制则不然，以观音阁之大，其用材之制，梁枋不下千百，而大小只六种。此种极端之标准化，于材料之估价及施工之程序上，皆使工作简单。结构上重要之特征也。

观音阁天花，亦与清代制度大异。其井口甚小，分布甚密，为后世所不见。而与日本镰仓时代③遗物颇相类似，可相较鉴也。

阁与山门之瓦，已非原物。然山门脊饰，与今日所习见之正吻不同。其在唐代，为鳍形之尾，自宋而后，则为吻，二者之蜕变程序，尚无可考。山门鸱尾，其下段已成今所习见之吻，而上段则尚为唐代之尾，虽未可必其为辽原物，亦必为明以前按原物仿造，亦可见过渡形制之一般。砖墙下部之裙肩，颇为低矮，只及清式之半，其所呈现象，至为奇特。山西北部辽物亦多如是，盖亦其特征之一也。

观音阁中之十一面观音像，亦统和重塑，尚具唐风，其两傍侍立菩萨，与盛唐造像尤相似，亦雕塑史中之重要遗例也。

---

① 楼阁外周之露台，古称"平座"。斗栱之在屋角者为"转角铺作"，在柱与柱之间者为"补间铺作"——作者注。
② 斗栱大斗安栱之口为"斗口"——作者注。
③ 日本古代历史时代，起自公元1185年，止于公元1333年，当中国南宋孝宗淳熙十二年至元顺帝元统元年。镰仓时代建筑受同期中国南方建筑影响较大——傅熹年注。

二、寺　史

　　蓟县在北平之东百八十里。汉属渔阳郡，唐开元间，始置蓟州。五代石晋，割以赂辽[①]，其地遂不复归中国。金曾以蓟一度遣宋，不数年而复取之。宋元明以来，屡为华狄冲突之地；军事重镇，而北京之拱卫也。蓟城地处盘山之麓。盘山乃历代诗人歌咏之题，风景幽美，为蓟城天然之背景。

　　蓟既为古来重镇，其建置至为周全，学宫衙署，僧寺道院，莫不齐备（第一图）。而千数百年来，为蓟民宗教生活之中心者，则独乐寺也。寺在城西门内，中有高阁，高出城表，自城外十余里之遥，已可望见。每届废历[②]三月中，寺例有庙会之举，县境居民，百数十里跋涉，参加盛会，以期"带福还家"。其在蓟民心目中，实为无上圣地，如是者已数百年，蓟县耆老亦莫知其始自何年也。

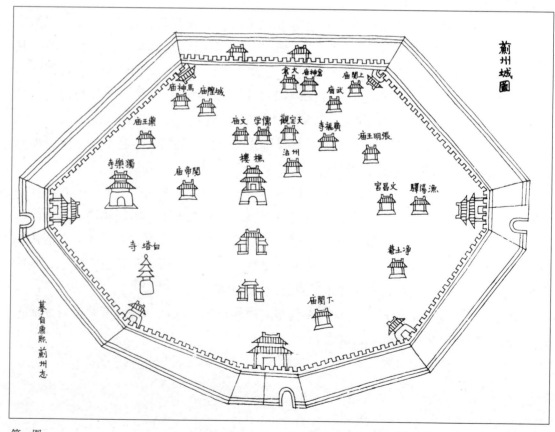

第一图

[①] 1927年北伐后，北京改称北平，至1949年建国后，又改称北京。此文撰于1932年，故称北京为北平——傅熹年注。
[②] 即夏历。1927年以后推行公历，故称夏历为废历——傅熹年注。

独乐寺虽为蓟县名刹,而寺史则殊渺茫,其缘始无可考。与蓟人谈,咸以寺之古远相告;而耆老缙绅,则或谓屋脊小亭内碑文有"贞观十年建"字样,或谓为"尉迟敬德监修"数字,或将二说合而为一,谓为"贞观十年尉迟敬德监修"者,不一而足。"敬德监修",已成我国匠人历代之口头神话,无论任何建筑物,彼若认为久远者,概称"敬德监修"。至于"贞观十年",只是传说,无人目睹,亦未见诸传记。即使此二者俱属事实,亦只为寺创建之时,或其历史中之一段。至于今日尚存之观音阁及山门,则绝非唐构也。

蓟人又谓:独乐寺为安禄山誓师之地。"独乐"之名,亦禄山所命,盖禄山思独乐而不与民同乐,故尔命名云。蓟城西北,有独乐水,为境内名川之一,不知寺以水名,抑水以寺名,抑二者皆为禄山命名也。

寺之创立,至迟亦在唐初。《日下旧闻考》引《盘山志》云[①]:

> "独乐寺不知创自何代,至辽时重修。有翰林院学士承旨刘成碑。统和四年孟夏立石,其文曰:'故尚父秦王请谈真大师入独乐寺,修观音阁。以统和二年冬十月再建上下两级、东西五间、南北八架大阁一所。重塑十一面观音菩萨像'"。

自统和上溯至唐初三百余年耳。唐代为我国历史上佛教最昌盛时代;寺像之修建供养极为繁多,而对于佛教之保护,必甚周密。在彼适宜之环境之下,木质建筑,寿至少可数百年。殆经五代之乱,寺渐倾颓,至统和(北宋初)适为须要重修之时。故在统和以前,寺至少已有三百年以上之历史,殆属可能。

刘成碑今已无可考,而刘成其人者,亦未见经传。尚父秦王者,耶律奴瓜也[②]。按辽史本传,奴瓜为太祖异母弟南府宰相苏之孙,"有膂力,善调鹰隼",盖一介武夫。统和四年始建军功。六年败宋游兵于定州,二十一年伐宋,擒王继忠于望都。当时前线乃在河北省南部一带,蓟州较北,已为辽内地,故有此建置,而奴瓜乃当时再建观音阁之主动者也。

谈真大师,亦无可考,盖当时高僧而为宗室所赏识或敬重者。观音阁之再建,是在其监督之下施工者也。

统和二年,即宋太宗雍熙元年,公元984年也。阁之再建,实在北宋初年。《营造法式》为我国最古营造术书,亦为研究宋代建筑之唯一著述,初刊于宋哲宗元符三年(公元1100年)[③]上距阁之再建,已百十六年。而统和二年,上距唐亡(昭宣帝天祐四

[①] 同治十一年李氏刻本《盘山志》方无此段——作者注。
[②] 查辽史,统和四年碑上提到的"故尚父秦王"应是韩匡嗣,而不是开泰初(公元1012~1021年)始加尚父的耶律奴瓜——莫宗江注。
[③]《营造法式》初刊于宋崇宁二年(公元1103年)——莫宗江注。

年，公元907年）仅七十七年。以年月论，距唐末尚近于法式刊行之年。且地处边境，在地理上与中原较隔绝。在唐代地属中国，其文化自直接受中原影响，五代以后，地属夷狄，中国原有文化，固自保守，然在中原若有新文化之产生，则所受影响，必因当时政治界限而隔阻，故愚以为在观音阁再建之时，中原建筑若已有新变动之发生，在蓟北未必受其影响，而保存唐代特征亦必较多。如观音阁者，实唐宋二代间建筑之过渡形式，而研究上重要之关键也。

阁之形式，确如碑所载，"上下两级，东西五间，南北八架"。阁实为三级，但中层为暗层，如西式之 Mezzanine。故主要层为两级，暗层自外不见。南北八架云者，按今式称为九架，盖谓九檩而椽分八段也。

自统和以后，历代修葺，可考者只四次，皆在明末以后。元明间必有修葺，然无可考。

万历间，户部郎中王于陛重修之，有〈独乐大悲阁记〉，谓：

"……其载修则统和已酉也。经今久圮，二三信士谋所以为缮葺计；前饷部柯公①，实倡其事，感而兴起者，殆不乏焉。柯公以迁秩行，予继其后，既经时，涂暨之业斯竟。因赡礼大士，下赐金碧辉映，其法身庄严钜丽，围抱不易尽，相传以为就刻一大树云。"

按康熙《朝邑县后志》：

"王于陛，字启宸，万历丁未进士。以二甲授户部主事，升郎中，督饷蓟州。"

丁未为万历二十五年（公元1595年）。其在蓟时期，当在是年以后，故其修葺独乐寺，当在万历后期。其所谓重修，亦限于油饰彩画，故云"金碧辉映，庄严钜丽"，于寺阁之结构无所更改也。

明清之交，蓟城被屠三次，相传全城人民，集中独乐寺及塔下寺，抵死保护，故城虽屠，而寺无恙，此亦足以表示蓟人对寺之爱护也。

王于陛修葺以后六十余年，王弘祚复修之。弘祚以崇祯十四年（公元1614年）"自盘阴来牧渔阳"。入清以后，官户部尚书，顺治十五年（公元1658年）"晋秩司农，奉使黄花山，路过是州，追随大学士宗伯菊潭胡公来寺少憩焉。风景不殊，而人民非故；台砌倾圮，而庙貌徒存。……寺僧春山游来，讯予（弘祚）曰，'是召棠冠社之所凭也，忍以草莱委诸？'予唯唯，为之捐资而倡首焉。一时贤士大夫欣然乐输，而州牧胡君②，毅然劝助，共襄盛举。未几，其徒妙乘以成功告，且曰宝阁配殿，及天王殿山门，皆

---

①《蓟州志》〈官秩·户部分司题名〉柯维橐，万历中任是职，王于陛之前任——作者注。

②《蓟州志》〈官秩·知州题名〉胡国佐，三韩人，廪生。修学宫西虎戟门，有记。陞湖广德安府同知，去任之日，民攀辕号泣，送不忍舍，盖德政有以及人也——作者注。

焕然聿新矣"〈修独乐寺记〉。

此入清以后第一次修葺也。其倡首者王弘祚，而"州牧胡君"助之。当其事者则春山妙乘。所修则宝阁配殿，及天王殿山门也。读上记，天王殿山门，似为二建筑物然者，然实则一，盖以山门而置天王者也。以地势而论，今山门迫临西街，前无空地，后距观音阁亦只七八丈，其间断不容更一建筑物之加入，故"天王殿山门"者，实一物也。

乾隆十八年（公元1753年）"于寺内东偏……建立座落，并于寺前改立栅栏照壁，巍然改观"（蓟州沈志卷三）。是殆为寺平面布置上极大之更改。盖在此以前，寺之布置，自山门至阁后，必周以回廊，如唐代遗制。高宗于"寺内东偏"建立座落，"则寺内东偏"原有之建筑，必被拆毁。不唯如是，于"西偏"亦有同时代建立之建筑，故寺原有之东西廊，殆于此时改变，而成今日之规模。"巍然改观"，不唯在"栅栏照壁"也。

乾隆重修于寺上最大之更动，除平面之布置外，厥唯观音阁四角檐下所加柱（第二十三图），及若干部分之"清式化"。阁出檐甚远，七百余年，已向下倾圮，故四角柱之增加，为必要之补救法，阁之得以保存，唯此是赖。

关于此次重修，尚有神话一段。蓟县老绅告予，当乾隆重修之时，工人休息用膳，有老者至，工人享以食。问味何如，老者曰："盐短，盐短！"盖鲁班降世，而以上檐改短为不然，故曰"檐短"云。按今全部权衡，上檐与下檐檐出，长短适宜，调谐悦目，檐短之说，不敢与鲁班赞同。至于其他"清式化"部分，如山花板，博脊及山门雀替之添造，门窗隔扇之修改，内檐柱头枋间之填塞，皆将于各章分别论之。

高宗生逢盛世，正有清鼎定之后，国裕民安，府库充实；且性嗜美术，好游名山大川。凡其足迹所至，必重修寺观，立碑自耀。唐宋古建筑遗物之毁于其"重修"者，不知凡几，京畿一带，受创尤甚。而独乐寺竟能经"寺内东偏"座落之建立，观音阁山门尚侥幸得免，亦中国建筑史之万幸也。

光绪二十七年（公元1901年），"两宫回銮"之后，有谒陵①盛典，道出蓟州，独乐寺因为座落之所在，于是复加修葺粉饰。此为最后一次之重修，然多限于油漆彩画等外表之点缀。骨干构架，仍未更改。今日所见之外观，即光绪重修以后之物。

有清一代，因座落之关系，独乐寺遂成禁地，庙会盛典，皆于寺前举行。平时寺内非平民所得入，至清末遂有窃贼潜居阁顶之轶事。贼犯案年余，无法查获，终破案于观音阁上层天花之上；相传其中布置极为完善，竟然一安乐窝。其上下之道，则在

---

①清东陵，在蓟东遵化县境——作者注。

东梢间柱间攀上，摩擦油腻、尚有黑光，至今犹见。

鼎革以后，寺复归还于民众，一时香火极盛。民国六年，始拨西院为师范学校。十三年，陕军来蓟，驻于独乐寺，是为寺内驻军之始。十六年，驻本县保安队，始毁装修。十七年春，驻孙□□①部军队，十八年春始去。此一年中，破坏最甚。然较之同时东陵盗陵案，则吾侪不得不庆独乐寺所受孙部之特别优待也。

北伐成功以后，蓟县党部成立，一时破除迷信之声，甚嚣尘上，于是党委中有倡议拍卖独乐寺者。全蓟人民，哗然反对，幸未实现。不然，此千年国宝，又将牺牲于"破除迷信"美名之下矣。

民国二十年，全寺拨为蓟县乡村师范学校，阁，山门，并东西院座落归焉。东西院及后部正殿，皆改为校舍，而观音阁山门，则保存未动。南面栅栏部分，围以土墙，于是无业游民，不复得对寺加以无聊之涂抹撕拆。现任学校当局诸君，对于建筑，保护备至。观音阁山门十余年来，备受灾难，今归学校管理，可谓渐入小康时期，然社会及政府之保护，犹为亟不容缓也。

三、现　　状

统和原构，唯观音阁及山门尚存，其余殿宇，殆皆明清重建(第二图)。今在街之南，与山门对峙者为乾隆十八年所立照壁。街之北，山门之南为墙，东西两端辟门道，而中部则用土坯垒砌，与原有红墙，显然各别。此土墙部分，原为乾隆十八年立栅栏所在，日久栅栏朽坏，去岁蓟县乡村师范学校接收寺产后，遂用墙堵塞。以防游民入校。虽将山门遮掩，致使瞻仰者不得远观前面立面之全部，然为古物之保存计，实亦目前所不得不尔者。栅栏之前有旗杆二，一杆虽失，而石座夹杆则并存。旗杆与栅栏排列并非平行，东座距壁0.28米而西座距壁0.73米。座高1.57米，见方约0.84米。与北平常见乾隆旗杆座旨趣大异。且剥蚀殊甚，殆亦辽物也。

栅栏之内为山门(第三图)，二者之间，地殊狭隘。愚以为山门原临街，乾隆以前未置栅栏，寺前街道，较他部开朗，旗杆立于其中，略似意大利各寺前之广场，其气象庄严，自可想见。山门面阔三间，进深二间②，格扇装修，已被军队拆毁无存、仅存楹框。南面二梢间③，立天王像二尊，故土人亦称山门曰"哼哈殿"。天王立小砖台上，

---

①指孙殿英——傅喜年注。
②建筑物之长度为面阔,深度为进深——作者注。
③如屋五间，居中者为明间或当心间，其次曰次间，两端为梢间——作者注。

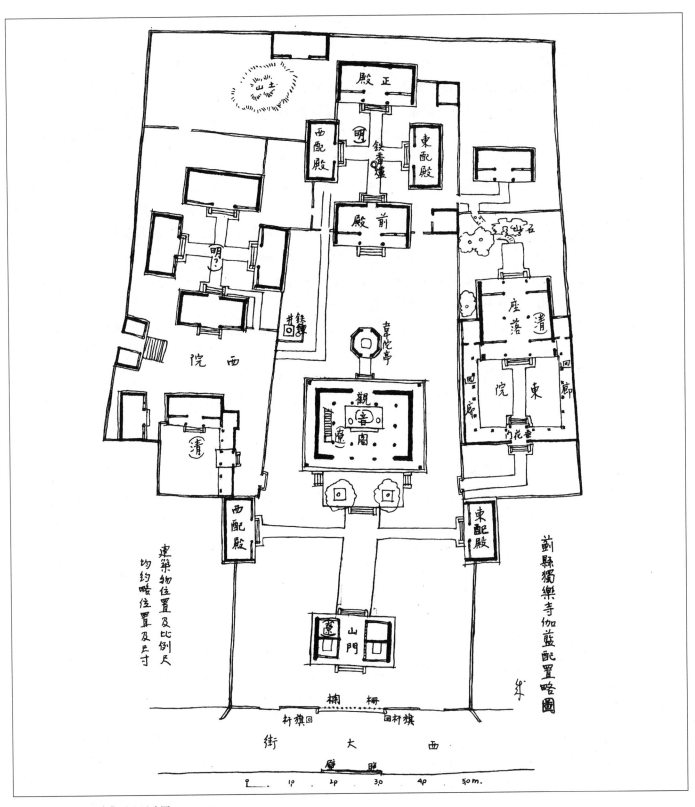

第二图　蓟县独乐寺伽兰配置略图

然砖已崩散，天王将无立足之地矣！北面二梢间东西壁画四天王，涂抹殊甚，观其色泽，殆光绪重修所重摹者。笔法颜色皆无足道。

山门之北为观音阁，即寺之主要建筑物也。阁高三层，而外观则似二层者。立于石坛之上，高出城表，距蓟城十余里，已遥遥望见之(第四图)。经千年风雨寒暑之剥蚀，百十次兵灾匪祸之屠劫，犹能保存至今，巍然独立。其完整情形，殊出意外，尤为难得。阁檐四隅，皆支以柱，盖檐出颇远，年久昂腐，有下倾之虞，不得不尔。阁中主人翁为十一面观音像，高约16米，立须弥坛上，二菩萨侍立。法相庄严，必出名手，其年代或较阁犹古，亦属可能。与大像相背，面北部分尚有像，盖为落伽山中之观音。此数像者，其意趣尚具唐风，而簇新彩画，鲜艳妖冶，亦像之辱也。坛上除此数像外，尚有像三躯，恐为明以后物。北向门额悬铁磬一，万历间净土庵物，今为学生上课敲点用。庵在县城东南，磬不知何时移此。

阁与山门之间，为篮球场，为求地址加宽，故山门北面与观音阁前月台南面之石阶，皆已拆毁，其间适合球场宽度。球场(即前院)东西为配殿，各为三楹小屋，纯属清式。东配殿门窗全无，荒置无用，西配殿为学校接待室。

阁之北，距阁丈余为八角小亭，亦清构。亭内立韦驮铜像(第五图)，甲胄武士，合掌北向立，高约2.30米，镌刻极精。审其手法，殆明中叶所作。光绪重修时，劣匠竟涂以灰泥，施以彩画，大好金身，乃蒙不洁，幸易剔除，无伤于像也。

亭北空院为网球场，场北为本寺前殿，殿三楹，殊狭小，而立于权衡颇高之台基上。弦歌之声，时时溢出，今为音乐教室。前殿之后为大殿，大小与前殿略同，为学校办公室。东西配殿为学生宿舍，此部分或为明代重修。然气魄极小，不足与阁调和对称(第六图)。庭中有铁香炉一座，高约2.60米，作小圆亭状，其南面檐下斗栱间文曰：

顺天府蓟州

独乐寺大殿前进

□炉一座

本寺僧正　□僧□

□□　　　□□(?)

　　　　　元成(?)

　　　　　□智

　　　　　□□

　　　　　宽龙(?)

　　　　　普福

　　　　　普祥

第三图 山门

第四图 观音阁远望

第五图 韦驮铜像

第六图 后殿及香炉

惜僧正名无可读。西南二门之间文曰：

　　信士　平冶　陈□程元忠魏邦治

　　铸匠　王之禄　王之富　男王有文等
　　　　　王之屏　王之蒲

崇祯拾肆年拾壹月吉日造

韦驮亭西有井一口，据县老绅士王子明先生言，幼时曾见寺有残碑，于光绪重修时用作垒砌井筒之用，岂即刘成碑耶？井口现有铁钟一口(第七图)，系于井架，高0.83米。钟分八格，其中二格有左列文字：

　　蓟州独乐　　口二百斤
　　寺募缘比　　弘治二年
　　丘戒莲诚　　四月　日
　　资铸钟一　　首座戒宗
　　皇图永固　　匠人邓华
　　帝道遐昌　　信女惠成
　　佛日增辉　　妙真妙全
　　法轮常转　　刘氏刘氏
　　　　　　　　惠贤
　　　　　　　　惠荣
　　　　　　　　铸钟信人
　　　　　　　　王璲

藉此得知明孝宗时首座之名。

前院东配殿之北，墙有门，通东院，即乾隆十八年所建之"座落"也。入门有空院，其北为垂花门，内有围廊，北面广厅，东西三楹，南北二间，其一切形制，皆为最合规矩之清式。厅现为大讲堂(第八图)。其后空院，石山大树犹存，再后则小屋三楹，荒废未用。

前院西配殿之北，墙亦有门，通西院，殆亦同时建。入门为夹道，垂花门东向，内有小廊，小屋三楹，他无所有。现为校长及教员宿舍。

此部之后面，尚有殿二进，东西配殿各一座，皆三楹。现为学生宿舍及食堂。其西尚有大门三楹，外临城垣，内有礓磜①，颇似车骑出入之门。在寺产完全归校以前，此即学校正门也。

---

①斜坡不作阶级，由一高度达另一高度之道为礓磜——作者注。

第七图　铁钟

第八图　东院座落正厅

总之，寺之建筑物，以观音阁为主，山门次之，皆辽代原构，为本次研究主物。后部殿宇，虽属明构，与清式只略异，东西两院，则纯属极规矩之清式，无特别可注意之点也。

四、山　门

（一）**外观**　山门为面阔三间进深二间之单层建筑物。顶注四阿①，脊作鸱尾，青瓦红墙。南面额曰"独乐寺"，相传严嵩手笔。全部权衡，与明清建筑物大异，所呈现象至为庄严稳固。在小建筑物上，施以四阿，尤为后世所罕见(第九图)。

（二）**平面**　面阔三间，进深二间，共有柱十二。当心间(今称明间)面阔 6.10 米，中柱②间安装大门，为出入寺之孔道。梢间面阔 5.23 米，南面二间立天王像，北面二间

---

①屋顶各面斜坡相交成脊。如屋顶四面皆坡，则除顶上正脊外，四隅尚有四垂脊，即"四阿"是——作者注。
②在建筑物纵中线之上之柱，在明间次间之间，或次间梢间之间者为"中柱"。在最外两端者为"山柱"。在建筑物前后面之柱为"檐柱"，在角者为"角柱"——作者注。

原来有像否、尚待考。中柱与前后檐柱间之进深为4.38米。因进深较少于梢间面阔，故垂脊与正脊相交乃在梢间之内而不正在中柱之上也(见卷首图一)。

(三) **台基及阶** 台基为石质，颇低；高只0.50米。前后台出①约2.20米，而两山台出则为1.30米，显然不备行人绕门或在两山②檐下通行者。南面石阶三级，颇短小，宽不及一间，殆非原状。盖阶之"长随间广"，自李明仲至于今日，尚为定例，明仲前百年，不宜有此例外也。北面石阶已毁，当与南面同。

(四) **柱及柱础** 山门柱十二，皆《营造法式》所谓"直柱"者是。柱身与柱径之比例，虽只为8.6与1之比，尚不及罗马爱奥尼克式③柱之瘦长，而所呈现象，则较瘦；盖因抱框④等附属部分遮盖使然。柱之下径较大于上径，唯收分⑤甚微，故不甚显著，非详究不察；然在观者下意识中，固已得一种稳固之印象。兹将各柱之平均度量列下：

柱高　4.33米　　下径　0.51米
上径　0.47米　　高:径　8.65:1
收分　25‰

前后柱脚与中柱脚之距离为4.38米，而柱头间则为4.29米，柱头微向内偏，约合柱高2%。按《营造法式》卷五：

"凡立柱，并令柱首微收向内，柱脚微出向外，谓之侧脚。每屋正面，随柱之长，每一尺即侧脚一分；若侧面，每长一尺，即侧脚八厘。至角柱，其柱首相向各依本法"。

山门柱之倾斜度极为明显，且甚于《营造法式》所规定，其为"侧脚"无疑(第九图)。

柱身经历次重修，或坎补，或涂抹，乃至全柱更换，亦属可能。观音阁柱头，皆"卷杀⑥作复盆样"(第二十六图)，而山门柱头乃平正如清式，其是否原物，亦待考也。

柱础⑦为本地青石造，方约0.85米不及柱径之倍，而自《营造法式》至清《工程做法》皆规定柱础"方倍柱之径"，此岂辽宋制度之不同欤？础上"覆盆"较似清式简单之"古镜"，不若宋式之华丽也。

---

① 由檐柱中线至台基外边为前后"台出"，由山柱中线至两旁台基外边为两山"台出"——作者注。
② 长方形建筑物之两狭面为"两山"——作者注。
③ 罗马建筑五式之一(爱奥尼克柱式)，其柱之长为径之九倍——作者注。
④ 柱间安窗，先将窗框安于柱旁，谓之"抱框"——作者注。
⑤ 柱下大上小，谓之"收分"——作者注。
⑥ 将木材方正之端，斫造使圆，谓之"卷杀"——作者注。
⑦ 柱下之石，清名"柱顶石"。其上雕起作盆形部分，宋称"覆盆"，清称"古镜"，宋式繁多，而清式简单——作者注。

第九图　山门北面

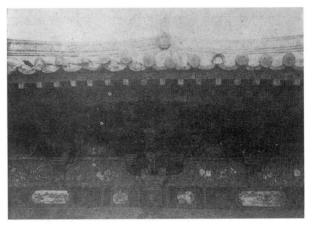

第十图　山门柱头铺作及补间铺作

(五)斗栱　山门外檐斗栱，共有三种，分述如次：

1. **柱头铺作**[①]　清式称柱头科(第十、十一图)。其栌科(今称坐斗)"施之于柱头"，不似清式之将"坐斗"施于"平板枋"上。自栌斗外出者计华栱(今称翘)两层，故上层长两跳[②]。上层跳头施以令栱(今称厢栱)，与耍头相交，置于交互斗(今称十八斗)内。其耍头之制，将头作成约三十度向外之锐角，略似平置之昂，不若清式之作六十度向内之钝角者。令栱之上，置散斗(今称三才升)三个，以承栱形小木，及其上之槫(今称桁)按《营造法式》卷五，有所谓"替木"者，其长按地位而异，"两头各下杀四分……若至出际，长与槫齐。"此栱形小木，殆即"替木"欤？与此"替木"位置功用相同者，于清式建筑中有"挑檐枋"，长与檩同，而此处所见，则分段施于各铺作令栱之上，且将两端略加卷杀，甚足以表示承受上部分散之重量，而集中使移于柱头之机能，堪称善美。

与华栱相交，而与建筑物表面平行者为泥道栱(今称瓜栱)及与今万栱相似之长栱。然此长栱者；有栱之形，而无栱之用，实柱头枋(清式称正心枋)上而雕作栱形者也。就愚所知，敦煌壁画，嵩山少林寺初祖庵[③]营造法式及明清遗构，此式尚未之见，而与独乐寺约略同时之大同上下华严寺，应县佛宫寺木塔皆同此结构，殆辽之特征欤？

华栱二层，其上层跳头施以令栱，已于上文述及；然下层跳头，则无与之相交之

[①]清称"斗栱"，宋称"铺作"——作者注。
[②]用栱之制，原则上为上层材较下层伸出，层层叠出，即挑檐或悬臂之法是也。《营造法式》栱每伸出一层，谓之一"跳"。栱端谓之"跳头"——作者注。
[③]敦煌壁画大部为唐代遗物。初祖庵建于宋徽宗宣和七年——作者注。

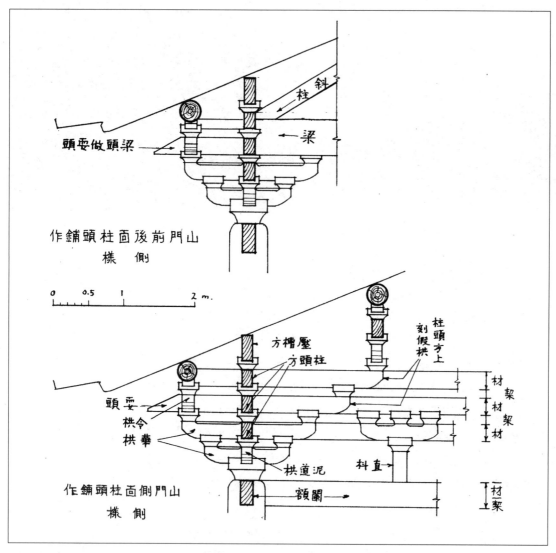

第十一图 山门柱头铺作侧样

栱、亦为明清式所无。按《营造法式》卷四，《总铺作次序》中曰：

"凡铺作逐跳上安栱谓之'计心'。若逐跳上不安栱，而再出跳或出昂者谓之'偷心'"。

山门柱头铺作，在此点上适与此条符合，"偷心"之佳例也。

前后檐柱柱头铺作后尾为华栱两跳，跳头不安栱，而以上层跳头之散斗承托大梁之下。使梁之重量全部由斗栱转达于柱以至于地，条理井然，为建筑逻辑之最良表现(见卷首图七)。

山柱柱头铺作后尾，则唯华栱四跳，层层叠出，以承平槫。跳头皆无横栱，为明清制度所无(第十一图第十二图)。此式《营造法式》亦未述及。然考之日本镰仓时代所建之奈良东大寺南大门，及伊东忠太博士发现之怀安县照化寺掖门①，皆作此式，虽内外之位置不同，而其结构法则一。此式在日本称"天竺样"，虽称"天竺"，亦来自中土，不过以此示别于日本早年受自中国之"唐样"，及其日本化之"和样"耳。

服部胜吉《日本古建筑史》所引〈东大寺造立供养记〉关于寺中佛像之铸造，则有"……铸物师大工陈和卿也，都宋朝工舍弟陈佛铸等七人也，日本铸物师草部是助以下十四人也。……"等句，是此寺所受中土影响，毫无疑义。前此只见于日本者，追溯其源，伊东先生得之于照化寺，今复见之于蓟县遗物，其线索益明瞭矣。

至于斗栱之正面，则栌斗之内，与华栱相交者，有泥道栱(今称正心瓜栱)其两端施以散斗(散斗之在正心上者今称槽升子)；其上则为柱头枋，枋上刻成长栱形。再上为第二层柱头枋，亦刻作栱形，长与泥道栱同，其上为第三层柱头枋，又刻作长栱形。其全部所呈现象，为短栱上承长栱之结合共二层，各栱头皆施以散斗。

上述泥道栱，即今之正心瓜栱。其长栱殆即《营造法式》所谓"慢栱"是。《营造法式》卷四有各栱名释，谓"造栱之制有五"，而所释只四。同卷中又见"慢栱"之名，慢栱盖即第五种栱而为李所遗者。但卷三十大木作图样中，又有慢栱图，其形颇长。清式建筑中，与之位置相同者称"万栱"，南语慢万同音，故其名称无可疑也。

在结构方面着眼，将多层枋子，雕作栱形，殊不合理。营造法式以至明清制度，皆在慢栱之上，施以枋子，无将枋上雕作栱形者。然追溯古例，其所以如此之故，颇易解释。按西安大慈恩寺大雁塔门楣雕刻所见，乃正心瓜栱上承正心枋，正心枋上又有小坐斗(《营造法式》所称"齐心斗"?)斗上又有正心瓜栱及正心枋。是同一物而上下两层叠叠者也(第十三图)。今若将此下层正心枋雕以慢栱之形，再将上层正心瓜栱伸引成枋，则与山门所见无异。其来历固极明显也。

2. 转角铺作 清式称"角科"。其结构较柱头铺作为复杂，盖两朵②柱头铺作相交而成(第十四图)。于柱之中线上，其正面及侧面皆有华栱二层。上层华栱之上，正面侧面皆各出耍头，与柱头铺作上者同。而此面耍头之后尾，则为他面第二层柱头枋，换言之，则正侧二面第二层柱头枋相交后伸出而为耍头也。此面第一层华栱之后尾为彼面泥道栱，第二层华栱后尾则为彼面刻成慢栱形之第一层柱头枋。此种做法，即清式所谓"把臂"，宋式称为"列栱"者是。每层华栱跳头，皆施以栱，成所谓"计心"者。

---

① 见《营造学社汇刊》三卷一期刘敦桢译《法隆寺建筑》补注。补图第十六、第十七——作者注。
② 斗栱之全部称"朵"，清称"攒"——作者注。

 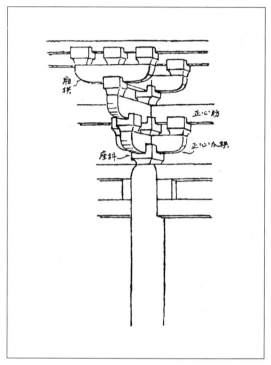

第十二图　山门转角铺作并补间铺作后尾　　　　第十三图　西安大雁塔门楣石柱头铺作（刘士能先生制图）

屋角四十五度斜线上，有角栱三层，最上者与跳头令栱平，以支角梁。与角栱成正角，而施于柱中线上者，有长栱一道，与令栱平，唯安于二层跳头之瓜子栱（今称外拽瓜栱）上，姑名之曰"抹角慢栱"。其栱端亦安散斗，以承槫下之替木。

转角铺作之后尾乃由角栱后尾五层叠成，与山柱头铺作后尾同其形制，其最上一跳则以承正面及山面下平槫（今称下金桁）之相交点。

3. 补间铺作（第十图及第十五图）　清式称"平身科"。其机能在防止两柱头间之槫及上部向下弯坠。其位置在二柱头之间。其最下层为"直斗"，立于阑额（今称额枋）之上，直斗之上置大斗，大斗之上安华栱两跳，上层跳头施以替木，以承檐槫（今称挑檐桁）。下层华栱与第一层柱头枋相交安于大斗口内。此第一层柱头枋雕作泥道栱（瓜栱）形，其上第二层柱头枋则雕作慢栱，第三层又雕作泥道栱。与柱头铺作上各层枋上所雕栱，长短适相错。若皆为真栱，则此相错排列，为事实上所不能，亦其不合理处也。

此种补间铺作，与明清制度固极不同，而与《营造法式》亦迥然异趣。明清式之补间铺作，多者可至七八攒——如太和殿。《营造法式》卷四《总铺作次序》则谓：

第十四图　山门转角铺作

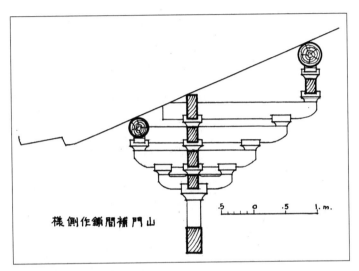

第十五图　山门补间铺作侧样

> "当心间须用补间铺作两朵，次间及梢间各用一朵。其铺作分布，令远近皆匀。"

而独乐寺观音阁及山门，补间铺作皆只一朵（即一攒），虽当心间亦无两朵者。

至于其结构，则与宋元明清更异，如直斗一物，在六朝隋唐遗物中，固所常见；在《营造法式》中则并其名亦无之；日本称之曰"束"，刘士能先生称之曰"直斗"，今沿刘先生称。隋唐直斗上多安一斗以承枋，而无栱交于其口内。明清补间铺作则似柱头铺作，以栌斗安于平板枋上。此处所见，则直斗之上，施以华栱二跳，以承檐桁，盖二者间之过渡形式，关键至为明显。今南北西三面直斗皆已失，唯东面尚存，劣匠施以彩画，竟与垫栱板画成一片（第十图），欲将其机能之外形一笔抹杀；幸仔细观察，原形尚可见也。

补间铺作之后尾，与山柱柱头铺作后尾略同，为四层华栱，跳头无横栱，层层叠出以承下平槫。其梢间铺作与山面铺作皆不在二柱之正中，与《法式》"令远近皆匀"一语不符，前者偏近角柱，后者偏近山柱，而二者与角柱间距离则同，盖其后尾与转角铺作之后尾共同承支前后下平槫及山下平槫之相交点，其距离乃视下平槫而定也。

山门内檐斗栱，则有：

4. 中柱柱头斗栱　其机能在承托大梁之中段，将其重量转达于柱。华栱二跳自栌斗伸出，与外檐柱头铺作后尾同，前后二面皆如此。正面则泥道栱一道，上承三层枋，枋上亦雕栱形，如外檐所见。

5. 补间铺作　内檐补间铺作乃将外檐补间铺作而去其华栱所成。其直斗立于阑额上,其上承枋三层,枋亦雕成栱形。当心间铺作上,第一层枋雕作泥道栱,第二层则雕作慢栱。第三层不雕。梢间唯第一层雕作栱形,二三层不雕。此三层枋子者,实山面柱头铺作后尾伸引而成,亦有趣之结构法也。

大梁以上尚有斗栱数种,当于下节分析之。

至于斗栱各部尺寸,亦饶研究价值,兹先表列如左:

	长(米)	宽(米)	高(米)
栌　斗	0.51	0.51	0.32
交互斗	0.27	0.22	0.165
散　斗	0.22	0.22	0.165
补间铺作大斗	0.43	0.43	0.25
华　栱	按跳定	0.165	0.24
泥道栱	1.17	0.165	0.24
慢　栱	1.90	0.165	0.24
令　栱	1.08	0.165	0.24
替　木	1.83	0.165	0.105

考之《营造法式》,卷四有造斗之制:

"栌斗……长与广皆三十二分……高二十分;上八分为耳,中四分为平,下八分为欹,开口广十分,深八分。底四面各杀四分,欹颥一分。"

其长广与高之比例为八与五之比;0.51米与0.32米亦适为八与五之比,故在此点,与宋式同,而异于清式之三与二之比。宋式之耳,平,欹,及清式之斗口,升腰,斗底,皆为二——一——二之比;而山门栌斗此三部乃0.37,0.26,0.43米①。其开口之深度,较宋清式略浅,而其影响于全朵之权衡则甚大。

交互斗及散斗与法式所述亦略有出入,然因体积较小,故对于全朵权衡之影响亦较小也。

关于栱之横断面,《法式》所定宽与高为二与三之比,此处所见虽略有不同,大致仍符合。而清式则为一与二之比。

---

①栌斗耳、平、欹的高应为0.11,0.08,0.13米——莫宗江注。

宋式口广十分，泥道栱长六十二分，慢栱长无可考①。清式瓜栱之长与斗口之比亦六十二分，而万栱则为九十二分。山门泥道栱长1.17米，口广0.165米，其比例约为七十一分弱；慢栱长1.90米，约合一百十五分强，故辽栱之长，实远甚于宋以后之栱。

华栱之长，视出跳之数及其远近而定。然出跳似无定制，第一跳长0.49米，第二跳则长0.35米，耍头则长0.47米，不若清式之各跳均匀也。华栱卷杀，每头四瓣，每瓣长约0.075米；泥道栱则每头三瓣，与宋清制度均同。

（六）梁枋 阑额横贯柱头之间，清名额枋。其广0.37米，厚0.15米。厚约当广之五分之二。额上无平板枋，异于清制。补间铺作即置于阑额之上。

山门有梁二架(卷首图七)，置于柱头铺作之上，梁端伸出，即为耍头，成铺作之一部分。清式耍头只用于平身科(即补间铺作)，柱头科上梁头则大几如梁身，不似辽式之与栱同大小也。耍头既为梁头，而又为斗栱之一部分，梁与斗栱间之联合乃极坚实。同时耍头又与令栱交置，以承替木及"橑檐槫"②(今称挑檐桁)，于是各部遂成一种有机的结合。梁之中段，置于中柱柱头铺作之上，虽为五架梁，因中段不悬空，遂呈极稳固之状。梁上檐柱及中柱之间置柁墩，然其形不若清式之为"墩"，乃由大斗及相交之二栱而成，实则一简单铺作(第十六图)；其前后栱则承上层之三架梁，左右栱则以承襻间(今称枋)。然此铺作，不直接置于梁上，而置于梁上一宽0.21米，厚0.06米之缴背上。其位置亦非檐柱及山柱之正中，而略偏近檐柱。距檐柱1.88米，距中柱则2.41米。

三架梁与下平槫相交于此铺作上，梁头亦形如耍头。枋上复有散斗及替木以承平槫。梁之中段则置于五架梁上直斗之上；其上则有驼峰，驼峰上又为直斗，直斗上为交互斗(或齐心斗)，口内置泥道栱及翼形栱一。泥道栱上为襻间(今称脊枋)，枋上置散斗，枋端卷杀作栱形，以承替木及脊槫。自枋之前后，有斜柱下支于三架梁，平槫之前或后，亦有斜柱下支于五架梁。斜柱下空档，现有泥壁填塞，原有玲珑状态为此失去不少(第十七图)。

五架梁于《营造法式》称"四椽栿"，三架梁称"平梁"。平梁上之直斗称"侏儒柱"。斜柱亦称"叉手"，见《法式》卷五《侏儒柱》节内。翼形栱不知何名，《法式》卷三十一第二十二页图中有相类似之栱；以位置论，殆即清式所谓"棒梁云"之前身欤？

---

① 1932年所用陶本《营造法式》缺慢栱条全文——莫宗江注。
② 据《营造法式》卷5栋条，应称"橑风槫"。后同——傅熹年注。

《营造法式》卷五《侏儒柱》节又谓：

"凡屋如彻上明造，即于蜀柱之上安斗，斗上安随间襻间，或一材或两材。

襻间广厚并如材，长随间广，出半栱在外，半栱连身对隐。……"

"彻上明造"即无天花。柱上安斗，即山门所见。襻间者，即清式之脊枋是也①。今门之制，则在斗内先作泥道栱，栱上置襻间。其外端作栱形，即"出半栱在外，半栱连身对隐"之谓欤？(第十八图)。

此部侏儒柱之结构，合理而美观，良构也。然至清代，则侏儒改称脊瓜柱，驼峰斜柱合而为一，成所谓"角背"者，结构既拙，美观不逮尤远。

侏儒柱之机能在承脊槫，而槫则所以承椽。而用槫之制，于檐槫——清式称檐桁或檐檩——一部，辽宋清略有不同，特为比较。

清式于正心枋上置桁(即槫)，称"正心桁"，而于斗栱最外跳头上亦置桁。称"挑檐桁"。营造法式卷三十一殿堂横断面图二十二种，其中五种有正心桁而无挑檐桁，其余则并正心桁亦无之，而代之以枋。嵩山少林寺初祖庵，建于宣和间，正与《营造法式》同时，亦只有正心桁而无挑檐桁，其为当时通用方法无疑。

独乐寺所见，则与宋式适反其位置，盖有挑檐桁而无正心桁者。同一功用，而能各异其制如此，亦饶趣矣(第十一图)。

《营造法式》造梁之制多用月梁，于力学原则上颇为适宜。《法式》图中亦有不用月梁而用直梁者。山门及观音阁所用亦非月梁。其最异于清式者，乃在梁之横断面。《工程做法则例》规定梁宽为高之十分之八，其横断面几成正方形。不知梁之载重力，视其高而定，其宽影响甚微也。《营造法式》卷五则规定。

"凡梁之大小，各随其广分为三分，以二分为厚。"

其广与厚之比为三与二。此说较为合理。今山门大梁(法式称"檐栿")广(即高)0.54米，厚0.30米，三架梁(《法式》称"平梁")广0.50米，厚0.26米，两者比例皆近二与一之比。梁之载重力既不随其宽度减小而减，而梁本身之重量，因而减半。宋人力学知识，固胜清人；而辽人似又胜过宋人一筹矣！

梁横断面之比例既如上述，其美观亦有宜注意之点，即梁之上下边微有卷杀，使梁之腹部，微微凸出。此制于梁之力量，固无大影响，然足以去其机械的直线，而代以圜和之曲线，皆当时大匠苦心构思之结果，吾侪不宜忽略视之。希腊雅典之帕蒂农神庙亦有类似此种之微妙手法，以柔济刚，古有名训。乃至上文所述侧脚，亦希腊制度所有，岂吾祖先得之自西方先哲耶？

---

①清代已无营造法式中襻间的做法——莫宗江注。

第十六图　山门大梁柁橔

第十七图　山门侏儒柱

第十八图　山门脊槫与侏儒柱并内檐补间铺作

第十九图　山门鸱尾

(七)角梁 垂脊之骨干也。于屋之四隅伸出者，计上下二层，下层较短，称老角梁或大角梁，上层较长者为仔角梁，置于老角梁之上。由平槫以达脊槫者今称"由戗"，《法式》卷五则称为"隐角梁"。大角梁及隐角梁皆置于槫（即桁）上，前后角梁相交于脊槫之上。清式往往使梢间面阔作进深之半，使其相交在梁之中线上。山门因面阔较大，故相交在梢间之内，而自侏儒柱上伸出斗栱以承之（第十八图）。

大角梁头卷杀为二曲瓣，颇简单庄严，较清式之"霸王拳"善美多矣。仔角梁高广皆逊大角梁，而长过之。头有套兽，下悬铜铎，皆非辽代原物。

(八)举折 今称"举架"，所以定屋顶之斜度，及侧面之轮廓者也（卷首图七）。

山门举折尺寸，表列如下：

部　位	长（米）	举高	高长之比
橑檐槫中至平槫中	2.72	1.11	十之四强
平槫中至脊槫中	2.41	1.46	十之六强
橑檐槫中至脊槫中	5.13	2.57	十之五强

此第一举（即橑檐槫至平槫）之斜度，即今所谓"四举"；第二举（平槫至脊槫）之斜度，即今所谓"六举"。而全举架斜度，由脊至檐，为二与一之比，即所谓"五举"是。其义即谓十分之长举高四分五分或六分是也。《法式》卷五：

"举屋之法，如殿阁楼台，先量前后橑檐方相去远近，分为三分，从橑檐方背至脊槫背，举起一分。如瓪瓦厅堂，即四分中举起一分。又通以四分所得丈尺，每一尺加八分……"。

若由脊槫计，则瓪瓦厅堂之斜度，实乃二分举一分，即今之五举①。山门举架之度，适与此合。宋式按屋深而定其"举"高，再加以"折"，故举为因而折为果。清式不先定屋高，而按步数（即宋式所谓椽数）定为"五，七，九"或"五，六五，七五，九"举，此若干斜线连续所达之高度，即为建筑物之高度。是折为因而举为果。清式最高一步，互折达一与一之比，成四十五度角，其斜度大率远甚于古式，此亦清式建筑与宋以前建筑外表上最易区别之点也。

(九)椽 与举折有密切关系，而影响于建筑物之外观者，则椽出檐之远近是也。清式出檐之制，约略为高之十分之三或三分之一，其现象颇为短促谨严。《营造法式》檐出按椽径定，而椽径按槫数及其间距离定，与屋高无定比例②。然因斗栱雄大，故出檐率多甚远，恒达柱高一半以上。其现象则豪放，似能遮蔽檐下一切者。与意大

---

①宋代举屋之法仍应按以上所引《法式》原文，非清式之五举——莫宗江注。
②《营造法式》规定檐出按椽径定，而椽径是按殿阁或厅堂而定。如殿阁椽径九分至十分，厅堂椽径七分至八分等——莫宗江注。

利初期文艺复兴式建筑颇相似。

山门自台基背至橑檐槫背高为6.09米,而出檐自檐柱中线度之,为2.63米,为高之十分之四·三二或二·三一分之一。斜度既缓,出檐复远,此其所以大异于今制也。

椽头做法,亦有宜注意者,椽头及飞椽头(即飞子)皆较椽身略小。《营造法式》卷五檐节下:

"凡飞子,如椽径十分,则广八分厚七分;各以其广厚分为五分,两边各斜杀一分,底面上留三分,下杀二分。……"

此种做法,于独乐寺所见至为明显。且不惟飞子如是,椽头亦加卷杀,皆建筑上特加之精致也(第十图)。

梢间檐椽,向角梁方面续渐加长,使屋之四角,除微弯向上外,还要微弯向外,《营造法式》称为"生出",清式亦有之,但其比例略异耳。

(十)瓦　蓟县老绅士言,观音阁及山门瓦,原皆极大,宽一尺余,长四尺,于光绪重修时,为奸商窃换。县绅某先生,曾得一块,而珍藏之。请借一观则谓已遗失。其长四尺,虽未必信,而今瓦之非原物,固无疑义。其最可注意者,则脊上两鸱尾,极可罕贵之物也(第十九图)。鸱尾来源,固甚久远,唐代形制,于敦煌壁画及日本奈良唐招提寺见之,盖纯为鳍形之"尾",自脊端翘起,而尾端向内者也。明清建筑上所用则为吻,作龙头形,其尾向外卷起,故其意趣大不相同。《营造法式》虽有鸱尾之名,而无详图,在卷三十二《小木作制度图样》内,佛道帐上有之,则纯为明清所习见之吻,非尾也。此处所见,龙首虽与今式略同,而其鳍形之尾,向内卷起,实后世所罕见;其辽代之原物欤?即使非原物,亦必明代仿原物所作。于此鸱尾中,唐式之尾与明清之吻,合而为一,适足以示其过渡形制。此后则尾向外卷,而成今所习见之吻焉。

正脊与垂脊,皆以青砖垒成,无特殊之点。但《营造法式》以瓦为脊,日本镰仓时代建筑物亦然,是独乐寺殿堂原脊之是砖是瓦,将终成永久之谜。垂脊之上有兽头(今称垂兽),脊端为"仙人",《法式》称"嫔伽",而实则甲胄武士也!嫔伽与垂兽间为"走兽",《法式》亦称"蹲兽",其数为四。宋式皆从双数,而清式从单。其分布则不若清式之密,亦不若宋式"每隔三瓦或五瓦安兽一枚"之踈,适得其中者也。

(十一)砖墙　两山及山柱与中柱间皆有砖墙,其为近代重砌,毫无可疑,然其制度则异于清式。清式以墙之最下三分之一为"裙肩",此处则墙高4.33米,而裙肩高只0.97米,约为全高之1/4.5,其现象亦与清式所习见者大异(第三图)。此外则别无特殊可志者。姑将其各部尺寸列下:

墙高　4.33米　　　外裙肩高　0.97米　　　山墙厚　约0.97米　　　收分　2%

里裙肩高　0.38米　　　墙肩高　0.31米　　　中墙厚　0.44米

梢间檐柱与角柱间，尚有槛墙痕迹，高1.13米，厚0.43米，亦清代所修，而近数年始失去者。

(十二) 装修 辽代原物，一无所存。清物则大门二扇，尚称完整。考其痕迹，南北二面梢间之外面，清代曾有槛墙，上安槛窗。今抱框及上中槛尚存，横披花心亦在，其楞子为清故宫内最常见之"菱花"几何形纹样。檐柱与中柱间，当曾有栅栏，想已供数年前驻军炊焚之用矣。

(十三) 彩画 彩画之恶劣，盖无与伦。乃光绪末年所涂者。画匠对于建筑各部之机能，既毫无了解。而于颜色图案之调配，更乏美术。除斗栱所施，尚称合宜外，其他各部，皆丑劣不堪。因结构之不同，以致清式定例不能适用，而画者又乏创造力，于是阑额作和玺，檐槫(桁)作"大点金"，大点金而间以万字"箍头"又杂以"苏画枋心"。数层柱头枋上彩画亦如是，而枋心又不在其正当位置。替木上又加以⌐⌐纹。尤为荒谬者则垫栱板上普遍之万字纹上添花，竟将补间铺作之直斗亦置于其掩盖之下，非特加注意，观者竟不知直斗之存在。喧哗嘈杂，不可响尔(第十图)。夫名刹之山门，乃法相庄严之地，而施以滑稽如彼之彩画，可谓大不敬也矣。

(十四) 塑像 南面梢间立塑像二尊，土人呼为哼哈二将，而呼山门为"哼哈殿"。像状至凶狞，肩际长巾，飘然若动。东立者闭口握拳，为哼(第二十图)。西立者开口伸掌为哈。实为天王也。像皆前倾，背系以铁索。新涂彩画甚劣。

(十五) 画像 北半梢间山墙，画四天王像。东壁为增长(南)持国(北)，西壁为多闻(北)广目(南)(第二十一图)。笔法平庸，而布局颇有意趣，盖近代重修而摹画者耶？驻军曾以纸糊墙，今虽撕去，而画受损已多矣。

(十六) 匾 山门南面额曰"独乐寺"，匾长2.17米，高1.08米，字方约0.9米。相传为严嵩手笔(第二十二图)。

五、观 音 阁

(一) 外观 阁高三层，而外观则似二层；其上下二主要层之间，夹以暗层，如西式所谓Mezzanine者，自外部观之不见。阁外观上最大特征，则与唐敦煌壁画中所

第二十图　山门东间天王塑像

第二十一图　山门西壁天王画像

第二十二图　山门匾

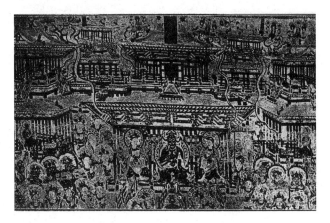
第二十三图　敦煌壁画净土图

第二十四图　观音阁南面

见之建筑极相类似也(第二十三图)。伟大之斗栱，深远之檐出，及屋顶和缓之斜度，稳固庄严，含有无限力量，颇足以表示当时方兴未艾之朝气。其三层斗栱，各因其地位而异其制。屋顶为"歇山"式①，而收山殊甚，正脊因之较清式短，而山花②亦较清式小。上层周有露台，可登临远眺。今檐四角下支以方柱，以防角檐倾圮。阁立于低广石台基上，其前有月台，台上有花池二方，西池内尚有古柏一株(第二十四图)。

(二)**平面**　阁东西五间，南北四间；柱分内外二周。外檐柱十八，内檐柱十(卷首图

---

① 中国屋顶之结构，可分三大类：前后左右皆为斜坡者为"庑殿"，古称"四阿"；前后有斜坡而左右山墙直上者为"悬山"；四周有斜坡而左右两坡之上半截改为直上，如悬山与庑殿相合者为"歇山"——作者注。

② 歇山直立部分之三角形为山花，宋式称"两际"——作者注。

一)。最中为须弥坛，坛略偏北，上立十一面观音像一，侍立菩萨像二，其他像三；与大像相背有山洞及像。西梢间内为楼梯，可达中层。

中层位于下层天花板之上，上层地板之下，其外周为下檐及平坐铺作所遮蔽，故无窗。其檐柱以内，内柱(清称金柱)以外一周，遂空废无用。内柱以内上下空通全阁之高，而有小台可绕像身一周(卷首图四、图五)。楼梯在西梢间北端，至中层后折而向南，可达上层。

上层极为空朗，周有檐廊①，可以远眺岖峒盘谷。内柱以内，地板开六角形空井，围绕佛身，可以凭栏细观像肩胸以上各部(第二十五图)。南面居中三间俱辟为户，可外通檐廊，北面唯当心间辟户。其余各间则皆为土壁，梯位置亦在西梢间，可以下通中下二层。

下层面阔，当心间较阔于次间，次间又阔于梢间；进深则内间较深于前后间。而梢间之阔与前后间之深同，故檐柱金柱之间乃成阔度相同之绕廊一周。而内部少二中柱，为佛坛所在。其特可注意者，乃中上二层之金柱，立于下层金柱顶上，而上中层檐柱乃不立于下层檐柱顶上，而向内立于梁上，故中上二层外周间较狭，而阁亦因之呈下大上小之状。兹将各层各柱脚间尺寸列下：

	下层(米)	中层(米)	上层(米)
明间面阔	4.75	4.75	4.75
次间面阔	4.35	4.35	4.35
梢间面阔	3.39	3.03	2.98
前后间进深	3.39	3.03	2.98
内间进深	3.74	3.74	3.74

以上度量，不唯可见中上二层檐柱之内移，且可见柱侧脚之度②。

(三)台基及月台　观音阁全部最下层之结构为台基，全部之基础，而阁与地间之过渡部分③也。台基为石砌，长26.66米，宽20.45米，高1.04米。以全部权衡计，台基颇嫌扁矮，若倍其高，于外观必大有裨益。然台基今之高度，是否原高度，尚属可疑，惜未得发掘，以验其有无埋没部分也。砌台基之石，皆当地所产花刚石，虽经磋琢，仍欠方整，殆亦原物而经重砌者。台基之上面，墁以方砖；檐柱以内，即为下层地面。

台基之前为月台，长16.22米，占正面三间有余，宽7.70米，而较台基低0.20米。月台亦石砌，与台基同。上墁方砖。台上左右有花池二，方约2米，西池内尚

---

① 清代在外檐平坐栏杆的四角加支柱，造成类似一周檐廊的错觉，实际是平坐(下同)——莫宗江注。

② 文中只有各柱脚间尺寸，无各柱头间尺寸，因此不能看出柱侧脚之度——莫宗江注。

③ Transitional member——作者注。

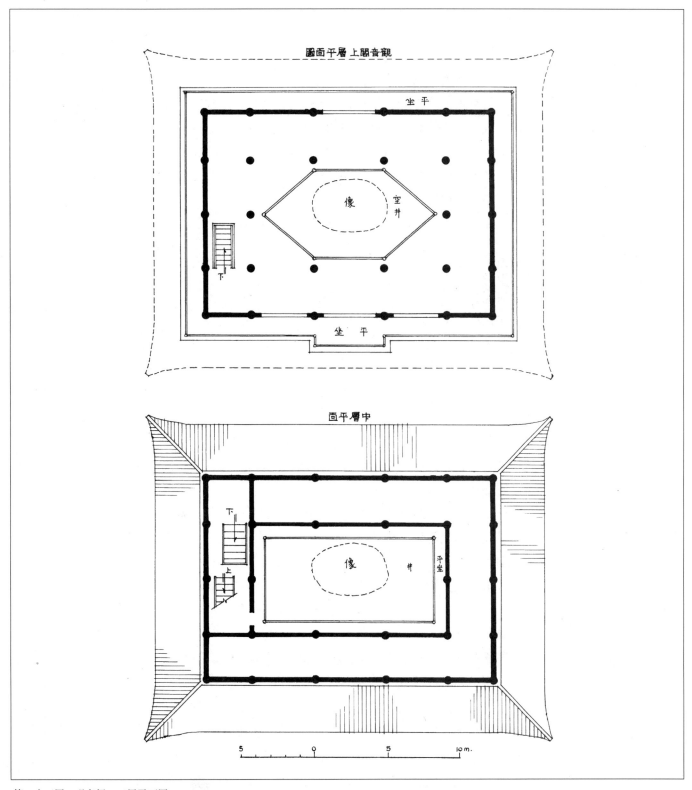

第二十五图　观音阁二三层平面图

有古柏一株，而东池一株并根不存矣。

月台东西两方，与台基邻接处，有阶五级，可下平地。南面原亦有阶，然因有碍球场，已于去岁拆毁。今阶石尚存月台东阶下，拆毁痕迹尚可见。台基北面亦有阶。

(四)柱及柱础　观音阁柱与山门柱形制相同，亦《营造法式》所谓直柱者也。山门诸柱，原物较少，而观音阁殆因不易撤换，故皆(?)原物，千年来屡经修葺，坎补涂抹之处既多且乱，致使各柱肥瘦不同，测究非易。然测究之结果，乃得知各柱因位置之不同，尺寸略约，姑列如下表：

	高(米)[1]	下径(米)	上径(米)	收分	高与径比
下层檐柱	4.35	0.48	—	—	9.1:1
下层内柱	4.58	0.505	—	—	9.1:1
上层檐柱	2.75	0.49	0.49	无	5.6:1
上层角柱	2.75	0.52	0.52	无	5.3:1
上层内柱	2.75	0.54	0.52	7‰	5.1:1
上层中柱	2.75	0.47	0.45	7‰	5.85:1

综上列诸度量及山门柱度量，得知柱径与高无一定之比例。清式定例，柱高为柱径之十倍，而独乐寺所见，则绝无定例。考之《营造法式》卷五，用柱之制，亦绝无以柱高或径定其比例及尺寸者。山门及观音阁，其柱径虽每柱不同，然皆约略为0.5米，愚意以为原计划必每柱皆同径，不分地位及用途；其略有大小不同者，乃选材不当或施工不准及后世斫补所使然耳。

阁柱收分尤微，虽有亦不及1%。然因各柱尺寸不同，亦难得知确为何如。

其最显而易见者，则柱之侧脚度也。关于此点，上文已详加申述，然于楼阁柱侧脚之制，则法式有下列一段：

"若楼阁柱侧脚，只以柱以上为则，侧脚上更加侧脚，逐层仿此"。

按前页各层面阔进深尺寸表，梢间面阔及前后间进深，向上层层缩减，可知其然；即未测量，肉眼描视，亦显现易见也(第二十四图)。

阁高既为三倍，柱亦为三层垒叠而上达，而各层于斗栱檐廊等部，各自齐备；故阁之三层，可分析为三个完整之结构垒叠而成[2]。然则各层相叠之制，亦研究所宜注意。中层檐柱，不立于下层檐柱之上，而立于其上之梁上，二柱中线相距0.355米。惧其不固也，更以横木承之。而此横木，乃一旧栱，其必为唐以前物无疑。上下二柱既不衔

---

[1]表中将上层檐柱、角柱、内柱、中柱的柱高都作2.75米，这是当时还不了解古代建筑的柱高有生起之误——莫宗江注。
[2]欧洲建筑有所谓Superposed Order者，此其真正之实例也——作者注。

接，则其荷重下达亦不能一线直下，而藉梁枋为之转移，此转移荷重之梁枋，遂受上下二柱之切力[1]，为减少切力之影响，故加旧栱以增其力。但枋下梁栱叠出，最上受柱重之枋，已将其重量层层移向下层柱心，而切力亦在栱之全身，而不独在受柱之枋。此法固非极善，然因斗栱结构完善，足以承重不敝也(卷首图四图五)。清式楼阁有童柱之制，与此略同。然因童柱立于梁中，而不在梁之一端，故其应力亦不同也。

至于上层檐柱，乃立于中层柱头栌斗之上，上中层内柱，亦立于中下层内柱柱头栌斗之上；与各栱相交，似成为斗栱之中心然者；因与各栱交置，故各柱脚竟多劈裂倾斜，亦非用木之善法也。此种作法，当于下文平坐铺作题下详论之(第四十图)。

至于柱之形式，上径下径相差无几，其收分平均不过1%，故其所呈现象颇长而直。所谓直柱者是。其柱头卷杀作覆盆样，亦为特征，此点于在暗层内之中层内柱，未经油饰诸部分最为明显(第二十六图)。

柱基石料与山门同，亦当地青石造。方0.90米，亦不及柱径之倍，然比例较大于山门柱础。其上覆盆之制亦与山门同[2]。

(五)**斗栱** 观音阁上下内外计有斗栱二十四种，各因其地位及功用之不同，而异其形制。

下层外檐斗栱四种：

1. 柱头铺作 栌斗施于柱头，斗上出华栱四跳，并耍头共计五层。与华栱耍头相交者计泥道栱一层，柱头枋四层，共计亦五层。下三层柱头枋皆雕作假栱形，如山门之制。跳头每隔一跳，上安横栱，作"偷心"之制，故华栱四跳中，唯第二跳及第四跳跳头上安横栱，栱上承枋(第二十七，二十八图)。关于此部结构，法式卷四《总铺作次序》谓：

"……每跳令栱上只用素方一重，谓之单栱。……每跳瓜子栱上施慢栱，慢栱上用素方，谓之重栱。"

而此段小注中则谓

"素方在泥道栱上者谓之柱头方，在跳上者谓之罗汉方[3]，方上斜安遮椽板。"

第二跳跳头计瓜子栱慢栱各一层，上用罗汉方，即所谓重栱之制。此制至清代仍沿用之。第四跳跳头上则只用单栱，唯令栱一层，与耍头相交，清代亦同此制。唯清式于令栱(清称厢栱)上散斗(清称三才升)内安挑檐枋，上承挑檐桁。宋式则无桁而用橑檐枋，辽式则以替木代挑檐枋(第二十九图)，上加橑檐槫(挑檐桁)。此节上文虽已论及，唯为清

---

[1] Shearing force——作者注。
[2] 独乐寺的阁与门柱础上都没有覆盆——莫宗江注。
[3] 罗汉方长通建筑物之全长宽度或全长度，清式谓之"拽枋"；其在外者为"外拽枋"，在内者为"内拽枋"。柱头枋清式称"正心枋"——作者注。

第二十六图　观音阁暗层内柱头

第二十七图　观音阁下层外檐柱头及补间铺作

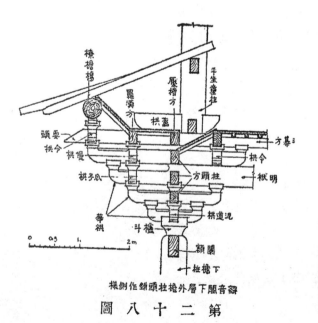

第二十八图

第二十九图　观音阁下层外檐柱头铺作之替木

晰计，故重申述之。

至于各跳长度，亦因地位功用而稍异。第一第三两跳出跳较长，而第二第四两跳出跳较短，盖因偷心之制，二四两跳较重要于一三两跳，故使然也。

铺作后尾之结构(第三十图)，亦殊饶趣味。最下华栱两层，与前面相同，唯长0.02米。第三跳前为华栱尾为梁，直达内柱柱头铺作上。第四跳为栱，顺安于梁上，长只如三跳，而于二跳中线上施以令栱，以承内罗汉枋。更上则为耍头后尾，直达内檐柱头铺作上。檐柱与内柱之间，遂有联络材二件，梁枋各一。二者功用皆在平的联络，而不在上面负重者也。

各跳间素枋上皆有遮椽板，清称盖斗板者是。因方间相距颇远，故板下以小楞木承之，为清式所无，然多见于日本，亦隋唐遗制也。

铺作正面立面为重栱两叠，令栱一层，其在柱上者，除泥道栱外，皆由柱头枋雕成假栱，第二跳跳头为重栱；第四跳跳头为令栱。其偷心之结构，特长之慢栱，及全铺作雄大之权衡，遂使建筑物全部之现象，迥异于明清建筑矣。

2. 转角铺作 转角铺作者，实两面之柱头铺作，前已述及。故仍当按此原则析分之(第三十一图)。栌斗口中，泥道栱与华栱相列之列栱二件相交，其上华栱三跳，皆由三层柱头枋伸出，即柱头枋与华栱相列也。斜角线上，亦安角栱，与各华栱及耍头相垱者五层。正面及侧面华栱第二跳跳头之瓜子栱及慢栱相交于第二跳角栱跳头之上，其另一面遂成罗汉枋下之华栱第三四跳，瓜子栱或慢栱与华栱相列者也。最上一层之柱头枋，在彼一面伸出为耍头，与令栱相交于华栱第四跳跳头之上。而罗汉枋亦在彼一面伸出，与耍头并列，但上不施栱，其端则斫作翼形。角华栱第四跳跳头上则有令栱二件相交，上施散斗，斗上承长替木，达正令栱之上。而与耍头相垱之角枋，则端亦作栱形，成第五层角华栱，栱端斗上安"宝瓶"，以承大角梁。

其后尾唯角华栱二层。第三层为斜梁，达内角柱。第四层为栱，顺安梁上。第五层为斜枋，即外端上置宝瓶之最上层角华栱后尾也。此部结构与柱头铺作后尾完全相同，唯位置斜角；其唯一不同之点，乃内罗汉枋下令栱，其一端为栱，而另一端乃与第三层柱头枋相交，《法式》所谓令栱与切几头相列者是也(第三十图)。

此转角铺作，骤观颇似复杂不堪者，但略加分析，则有条不紊，逻辑井然，结构法所自然产生之结果也。

3. 正面补间铺作 下檐唯当心间及次间有补间铺作，而梢间无之。由结构上言，谓下檐无补间铺作可也。盖柱头铺作与柱头铺作之间，有柱头枋四层互相联络，而所谓补间铺作者，徒在枋上雕作栱形；其在下一层为泥道栱，其上为慢栱，再上为令栱，无华栱出跳，非所以承檐者也。各栱上置散斗三，以承上层之柱头枋，而最下层之下，则有一小斗及直斗，置于阑额之上。今直斗已失，其形制幸自山门东面得见之；而大斗则至今尚虚悬枋下也(第二十七图)。

4. 山面补间铺作 亦唯内间有之，而前后间不置。虽与正面补间铺作同在枋上雕成假栱形，然因间之进深较小，故栱形亦略异。其最下层为翼形栱，上置一散斗，其上为泥道栱，再上为慢栱，与柱头铺作同层之慢栱"连栱交隐"(第三十二图)。各层枋间，亦垫以散斗，最下则支以直斗，如正面及山门之制。

补间铺作，自宋而后始见繁杂，隋唐遗例，殆多用人字形或直斗者。人字形及直斗之功用在各层枋间上下之联络，于檐之出跳无与也。观音阁他层及山门虽有较繁杂之补间铺作，而简单如阁之下檐，只略具后代补间铺作之雏型，而于功用上仍纯为"隋唐的"者，实罕见之过渡佳例也。

下层内檐斗栱三种

5. 柱头铺作(第三十三图) 立于内柱柱头上平板枋上，其内向者为铺作之正面，而向外一面乃其后尾。此斗栱者，所以承中层内平坐：华栱两跳，每跳上安素枋，枋上铺地板，置栏杆，可绕佛身中段一周。而中层内柱，亦立于同柱头之上。重栱计心，与《营造法式》下列数段符合：

"造平坐之制，其铺作减上屋一跳或两跳，其铺作宜用重栱及逐跳计心造作。"

"凡平坐铺作下用普拍方，厚随材广或更加一栔……"

而普拍方者，盖即清式所谓平板枋；清式凡斗栱皆置于平板枋上，无将栌斗直接置于柱头者，而此处所见于普拍枋之用，只限于平坐铺作之下，与宋式适同。

铺作后尾。第一层为栱，第二层为梁，即外檐第三跳后尾之梁也。第三跳又为栱，第四层为枋。即外檐耍头后尾伸引部分也。

铺作正面，栌斗之内，泥道栱与华栱相交，第二层为慢栱，乃由柱头枋雕成假栱形，柱头枋共计三层，第二层亦雕泥道栱形。第一跳跳头施重栱，上安素枋，第二跳跳头施令栱，上安散斗三枚，以承素枋。

中层内柱，立于下层内柱上栌头之上，与各层栱枋相交，似成为斗栱之一部分者(第三十四图)。《法式》卷四造平坐之制：

"凡平坐铺作，若叉柱造，即每角用栌斗一枚，其柱根叉于栌斗之上；若缠柱造，即每角于柱外普拍方上安栌斗三枚。"

平坐铺作与上层柱之不能分离，于此已可见；故上一层柱根，实即为下层平坐铺作之一部分。观音阁所见，显然非缠柱造，然是否即为叉柱造，愿以质之贤者。

6. 转角铺作(第三十三图) 其正面向内，故其结构亦与向外之转角铺作不同。其正侧二面各有泥道栱慢栱，泥道栱与后尾之华栱相列，慢栱与后尾之梁相列，斜角上华栱二

第三十图　观音阁下层外檐柱头铺作及转角铺作后尾

第三十一图　观音阁下层外檐转角铺作及柱头铺作

第三十二图　观音阁西面各层斗栱

第三十三图　观音阁下层内檐平坐铺作

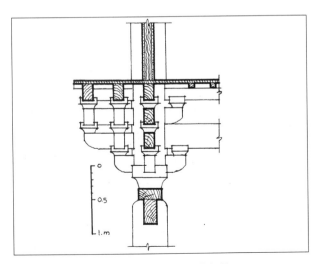
第三十四图　观音阁下层内檐平坐柱头铺作侧样

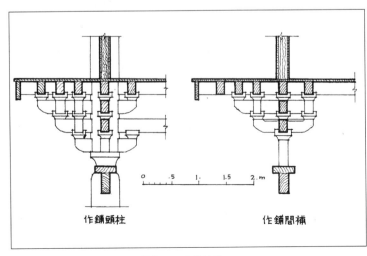
第三十五、三十六图　观音阁外檐平坐斗栱侧样

跳。第一跳跳头正侧二面重栱相交，重栱之后尾为切几头，接于柱头枋上。第二跳跳头为二面令栱相交，其后尾亦为切几头，与第一跳上慢栱相交于瓜子栱端斗内。斜角华栱后尾为华栱及梁，与柱头铺作同，亦为外檐转角铺作之后尾。外檐转角铺作及次梢间正面山面二柱头铺作后尾，三面梁枋会于此柱头之上，于结构上，其位置殊为重要也。

7. 补间铺作(第三十三图)　唯正面有之，山面则无。其形制似外檐山面补间铺作，只各层柱头枋间之联络，与出檐结构无关系。下层内外檐补间铺作皆如此，制度一致，非偶然也。

中层外檐铺作五种　皆平坐铺作也；同在一平坐之下，因功用及地位之不同，而各异其结构(第二十四及三十二图)。

8. 柱头铺作　栌斗安于普拍方上。华栱三跳，计心重栱：第一跳跳头安重栱，第二跳跳头安令栱，第三跳跳头无横栱，唯安散斗以承素枋及耍头；重栱令栱上亦施素枋，故共有素枋三道；方上铺板，即上层外平坐也。耍头之头，不斜砑作耍头形，而南面正中一间，且将此耍头加长约0.5米，以增加平坐之深度，俾登临者可瞻李太白题额。泥道栱上为柱头枋三层，上雕假栱形。铺作后尾第一三两层锯齐无卷杀，第二层为枋，直达内檐中层柱头，铺作之上；第四层即耍头后尾，亦为枋以达内柱柱头。耍头端外即为挂落板。《法式》卷五平坐之制末条谓：

"平坐之内，逐间下草栿前后安地面方，以拘前后铺作；铺作之上安铺板方，用一材；四周安雁翅板，广加材一倍，厚四分至五分。"

第二跳后尾盖即地面枋，耍头后尾盖即铺板枋耶？清式称为挂落板者，即雁翅板也西面铺作后尾，虽在暗层，适当梯间，故第一三两层作栱形，栱端施斗。(第三十五图)。

9. 转角铺作　华栱三跳，计心，重栱，各栱平正相交相列，角栱亦三跳，绝无不规则之结构(第三十二图)。

10. 正面当心间及次间补间铺作　亦华栱三跳，计心，重栱。其外形与柱头铺作相同，结构亦极相似，唯栌斗上无斗(第二十四图)。今自外视之，其栌斗与柱头铺作栌斗同，然其背面，则次间无栌斗，而代以驼峰(第三十九图)。其后尾唯第三跳作地面方(?)直达内檐铺作上，"以拘前后铺作"。

11. 山面补间铺作　指山面居中两间而言。其泥道栱雕于下层柱头枋上，华栱与之相交，计二跳，第一跳跳头横施令栱，上承最内罗汉枋，第二跳无栱，唯安斗以承中罗汉枋，至于外罗汉枋则由柱头达柱头，其间无承支之者。其泥道栱上未雕慢栱形，盖单栱计心造也。下跳华栱与泥道栱之下，盖有大斗及直斗以置于普拍枋者，今皆毁无存(第三十二图，第三十五图)。山面补间铺作之必须异于正面者，盖因山面柱间距离较小，不足以容全部之阔也。

12. 梢间补间铺作　柱间距离较山面尤小，并单栱而不能容，故下层柱头枋上雕云形栱，跳头令栱则与并列之柱头铺作及转角铺作之第一跳上慢栱连栱交隐(第二十四、第三十二图)。

中层内檐铺作五种　如下层内檐铺作，以内向一面为正面，外向一面为后尾。外向一面，即为暗层之内，故其中除抹角铺作及西面与梯相近之铺作外，其后尾皆如外檐平坐铺作之后尾，栱头概无卷杀，不加修饰。

斗栱之功用，即在承上层之结构，故此部斗栱，亦因上层特殊之布置(第二十五图)，而有特殊之形制。

13. 当心间两旁柱头铺作　上层地板围绕像身之空井为六角形，东西两端成较正角略小之锐角，其余四角则成约一百三十度之钝角；然中层空井则为长方形。此六角形者，实由自当心间与次间之间之内柱上至中柱上抹角所成。而此抹角之结构，与其他部分两柱头间之结构相同，其各层枋与柱头上各层枋相交于柱头而成铺作；而铺作上除正角相交之华栱与柱头枋外，乃沿约一百三十度之钝角线上，加交各层枋，此乃中层内檐柱头铺作之特点也。谓为转角铺作亦未尝不可(第三十七图)。

以位置及功用论，则此部实为平坐；既为平坐，则按法式之制，须用计心造；然因抹角之故，计心颇为不便——结构不便即不合理——故从权用偷心造也。

其结构为华栱二跳，偷心造，跳头横施令栱，栱上置斗，斗上承罗汉枋。与华栱正角相交者为泥道栱及柱头枋三层，枋上雕假栱形，本平平无奇。乃于百三十度斜线上加普拍枋，泥道栱，以及柱头枋三层，全部斜加一份，此其所以异也。

铺作后尾则锯齐如外檐平坐铺作，而第二第四两层则伸长成地面枋及铺板枋焉。

14. 中柱柱头铺作　其结构与13同，唯各层抹角枋自两面来交(第四十一图)。

15. 补间铺作　栌斗安于普拍枋上，华栱二跳，偷心造，第二跳跳头施令栱，栱斗上承罗汉枋，枋上为上层地板(第三十八图)。今栌斗作斗形，然自后尾观之，则作驼峰形；当心间驼峰(第三十九图)与次间驼峰(第四十图)复略异，正面所见之栌斗，恐非原物也。

16. 转角铺作　构结殊简单，角栱三跳，上承三方面之罗汉枋。第二层柱头枋上雕翼形栱，适在慢栱头散斗上，其上复置交互斗以承罗汉枋(第三十八图)。

此角栱中线，非将角平分而成四十五度者[①]。盖角栱上素枋之彼端，乃承于抹角枋正中之铺作上，而素方非将角平分，则角栱须随方略偏也。

17. 抹角枋上补间铺作　自结构方面观之，各层枋皆置于柱头之上，而铺作居枋之中，与普通补间铺作无异，唯因悬空而过，下无墙壁，故其所呈现象，殊觉玲珑精巧。

[①] 角栱仍是 45°——莫宗江注。

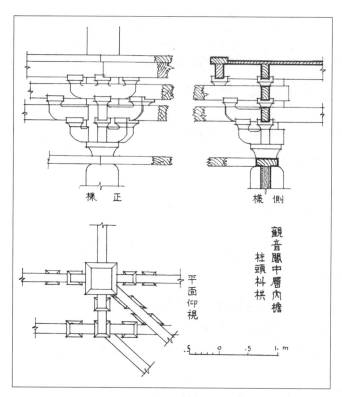

第三十七图　观音阁中层内檐柱头斗栱

第三十八图　观音阁中层内檐次间补间铺作及转角铺作

第三十九图　观音阁中层内檐当心间补间铺作后尾

第四十图　观音阁中层内檐次间补间铺作后尾

驼峰置普拍方上，上置交互斗；华栱与雕作泥道栱形之柱头方相交于交互斗内。华栱计共两跳，偷心造，第二跳跳头置散斗，斗上承素方，而不施横栱。结构至简（第四十一图）。

观音阁全部结构中，除中层内外檐当心间及次间平坐补间铺作外，其余各铺作，泥道栱皆雕于第一层柱头枋上，而于其下置直斗或驼峰；此类部分，内外上下皆毁，唯此抹角铺作上尚存，良可贵也。

上层外檐斗栱三种 在结构上及装饰上皆占最重要位置，观音阁全部之性格，可谓由此部斗栱而充分表现可也。

18. 柱头铺作 栌斗施于柱头，其上出四跳，下两跳为华栱，上两跳为昂，即《法式》所谓"重杪重昂"①者是。其跳头斗栱之分配为重栱，偷心造。第二跳华栱跳头施瓜子栱及慢栱，慢栱上为罗汉枋。与瓜子栱及慢栱相交者为下昂二层，第二层昂上施令栱，以承替木及橑檐槫。其正面立面形与下檐略同，而侧面因用昂而大异（第四十二图）。

华栱第一跳后尾为华栱；第二跳后尾伸引为梁，直达内柱柱头铺作上。梁以上又为华栱，与令栱相交；令栱上承平棊枋（井口枋），与又一素枋相交。此第三层栱之外端，长只及第二跳跳头，第四层枋则长只及柱头枋，二者背上皆斫截成斜尖，以承第一层下昂。下昂下部承于第二跳跳头交互斗内，斜向后上伸，至与柱头枋相交处，其底适与第三层柱头枋之底平，昂之斜度，与水平约略成三十度。第二层昂在第一层昂之上，而与之平行，昂端横施令栱，与第二跳跳头上之慢栱平。其向外伸出较第二跳长两跳，而向上升高，则只较之高一跳。故其出檐较远而不致太高；盖伸出如华栱两跳之远，而上升只华栱一层之高也。与令栱相交者为耍头，与华栱平行，虽平出在第四跳之上，而高下则与第四跳平。其后斫斜，平置昂上（第四十三图）。

昂之后尾，实为上层柱头铺作最有趣部分。上下二昂，伸过柱头枋后，斜上直达草栿（清称"三架梁"）之下。昂之外端，受檐部重量下压，其尾端因之上升，而赖草栿重量之下压而保持其均衡。利用杠杆作用，使出跳远出，以补平出华栱之不逮。《法式》卷四《造昂之制》有"如当柱头，即以草栿或丁栿压之"之句，盖即指此。宋代建筑用昂之制，尚以结构为前提。明清以后，斗栱虽尚有昂，而徒具其形而失其用，只平置华栱（翘）而将其外端斫成昂嘴状，非如辽宋昂之具"有机性"矣。

---

①重杪重昂清式称"重翘重昂"——作者注。

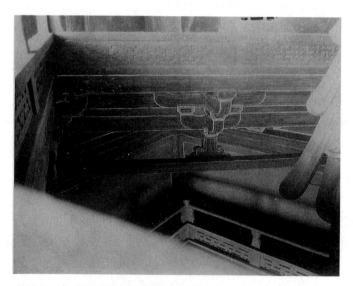

第四十一图　观音阁中层内檐抹角补间铺作

第四十二图　观音阁上层外檐柱头铺作及补间铺作

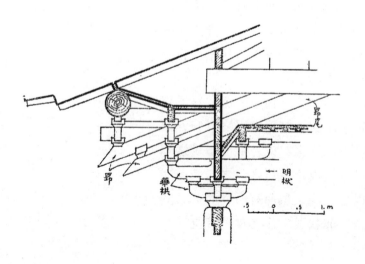

第四十三图　观音阁上层外檐柱头铺作侧样

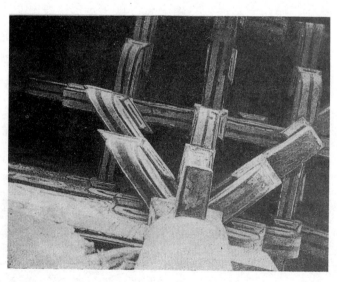

第四十四图　观音阁上层外檐转角铺作栌斗上各栱

昂嘴部分，宋以后多为曲线的。《法式》卷四谓：

"……昂面中䫜二分，令䫜势圜和。"

清式亦如此。然观音阁昂嘴，则为与昂底成三十五度之斜直线，其所呈现象，颇似敦煌壁画所见。此式宋代殆尚有之，见于《造昂之制》文内小注中：

"……亦有自斗外斜杀至尖者，其昂面平直，谓之'批竹昂'。"

适与此处所见符合。应县佛宫寺塔亦如此，其为唐辽盛行之式无疑。其后刚强之直线，受年代磋磨，日渐曲柔，至明仲之世，已成"亦有"之一种，退居小注之中；此固所有艺术蜕变之途径，希腊之成罗马，乔托[①]之成拉斐尔，顾虎头之成仇十洲，其起伏之势，如出一辙，非独唐宋建筑之独循此道也。

19. 转角铺作（第三十一图）　在柱头中线上，正侧二面各层栱昂之结构与程次与柱头铺作者同，所异者唯第二跳跳头重栱与同层他栱相列。角线上角栱二跳，角昂二跳，其上更有"由昂"，上置宝瓶，以承角梁。此三重角昂，在正面及侧面之投影，与正昂投影之角度相同，然其与地面所成之真角，度数实较小，而斜度较缓和，宜注意也。第二跳角栱之上，有正侧二面第二跳上之重栱伸出而成华栱二跳，与角昂相交；上跳跳头置散斗以承替木。第二层角昂之上，置令栱两件相交，与由昂相交；令栱上置散斗，以承其上相交之正侧二面替木。此外尚有斜华栱两层，与角栱成正角而与正栱成四十五度角，相交于栌斗口内（第四十四图）；其上又置栱两跳，与角栱上之两栱夹衬于正昂之两旁。与此栱相交者重栱，其外一端与角栱上之华栱相列，其内一端则慢栱与柱头铺作上相垜之慢栱连栱交隐。

此转角铺作之全部，殊为雄大，似繁而实简，结构毕现焉。

20. 补间铺作　正面当心间次间及山面居中两间用之。华栱两跳，偷心造，跳头横施令栱，以承罗汉枋。下层华栱与下层柱头枋交于交互斗内，枋雕作翼形栱。二层枋以上则雕重栱，铺作后尾唯栱一跳，上施令栱，以承平棊枋（第四十五图）。交互斗下，原有直斗，今已无存。

上层内檐补间铺作，除当心间北面一朵结构特殊外，其余皆与外檐补间铺作相同。其中略异之一朵，乃内檐山面补间铺作，因地位狭窄，其令栱慢栱皆与两旁铺作连栱交隐（第四十六图）。

上层内檐斗栱五种

21. 柱头铺作　正面与下层外檐柱头铺作完全相同，为华栱四跳，重栱，偷心造

[①] 乔托（Giotto），文艺复兴初期意大利画家，画纯朴有蕴力，拉斐尔（Rahpael）文艺复兴后期画家，写实妙肖，唯和柔有女性——作者注。

(第四十六图)。后尾则与上层外檐柱头铺作完全相同(第四十五图)。上层内檐柱头铺作之特殊者为。当心间北面柱头铺作。

22. 当心间北面柱头铺作 因观音像之位置不在阁之正中，而略偏北，故像顶上之斗八藻井亦随之北偏；因是之故，藻井之南面承于平棊枋上。而北面乃承于罗汉枋上，而平棊枋至当心间而中断。于是华栱第四跳跳头之令栱，在次间内之一端承平棊枋，而在当心间内之一端则斫作四十五度角，以承藻井下之抹角枋。而罗汉枋遂为抹角方与藻井下北面枋相交点之承支者，遂在其相交点之下，承之以斗，而斗下雕作栱形(第四十七图)。

23. 转角铺作 角栱四跳，偷心造，因地位狭小。其势不能容重栱之交列，故第二跳跳头之上，唯短小之翼形栱与第三跳相交。翼形栱与切几头相列，交于柱头枋上。其上则施短令栱与第四跳相交，而在山面，则短令栱与补间铺作上之令栱连栱交隐。第四跳上则短令栱二件相交，以承平棊枋(第四十六图)。

正侧二面，则泥道栱相交，其上慢栱之后尾及第二层华栱之后尾皆为梁，第三层柱头枋之后尾则为方，皆三面分达角柱及其旁二柱，于结构上至为重要焉。

24. 当心间北面补间铺作 与他间略同，所异者乃华栱跳头只置翼形小栱，更上则于罗汉枋上雕令栱形，上置三散斗，以承藻井下枋(第四十七图)。

全阁斗栱共计二十四种，各以功用而异其结构，条理井然，种类虽多而不杂，构造似繁而实简，以建筑物而如此充满理智及机能，艺术之极品也。

(六)天花 观音阁上下二层顶部皆施天花。天花宋称"平棊"①，其主要干架即斗栱上之素方名"平棊方"者，及与之成正角而施于明栿(梁)上之"算桯方"(?)也。支条(宋称平闇椽)纵横交置方上，其分布颇密，而井口亦甚小。约0.28米见方，与今所见约二尺(0.70米)见方之天花，其现象迥异(第三十，四十五图)。《法式》于平棊之大小，并无规定，只曰"分布方正"，其是否如此，尚待考。今天花板泰半已供年前驻军炊焚，油饰亦非旧观，然日本镰仓时代之兴福寺北圆堂及三重塔内天花(第四十八图)，皆与此处所见大致同一权衡，且彩画尚存，与《营造法式》彩画极相类似，可相鉴较也。

天花与柱头枋间，亦用平闇椽斜置，上遮以板，日本遗物，尚多如此。

当心间像顶之上，作"斗八藻井"，其"椽"尤小，交作三角小格，与他部颇不调谐。是否原形尚待考。

(七)梁枋 山门屋内上部，用"彻上露明造"之制，一切梁枋椽桁，自下皆见。

---

①这里所指的是"平闇"。下同——莫宗江注。

第四十五图　观音阁上层内外檐柱头及补间铺作后尾

第四十六图　观音阁上层内檐斗栱

第四十七图　观音阁上层内檐北面柱头及当心间补间铺作

第四十八图　日本奈良兴福寺北圆堂内天花

观音阁则上施平棊。平棊以上之梁枋等等，自下不见，故其做法，亦较粗糙。《法式》卷二《总释》平棊下小注云：

"今宫殿中，其上悉用草架梁栿承屋盖之重，如攀额……方槫之类，及纵横固济之物，皆不施斤斧。……"

其后常用之"草栿"，即指此不施斤斧之梁枋而言；而与之对称者，即"明栿"是也。

观音阁各柱头斗栱上，第二或第三跳华栱之后尾，皆伸引为"明栿"，明栿背上架"算桯枋"（第四十五图），已于斗栱题下论及。然明栿及算桯方之功用在拘前后铺作，及承平棊；屋盖之重，及纵横固济之责，悉在平棊以上不施斤斧之梁栿之上焉。

此处用梁之制，与清式大同小异。檐柱与内柱之上施"双步梁"（宋称"乳栿"?），内柱与内柱之上施"五架梁"（"檐栿"?），五架梁之上置柁橔，上施"三架梁"（"平梁"），三架梁上立"脊瓜柱"（"侏儒柱"），其上承脊槫。（卷首图四）其与今日习见所不同者，厥为其大小比例及其与柱之关系。

清式造梁之制，其大梁不论长短及荷重如何，悉较柱宽二寸，而梁高则为宽之四分之五或五分之六。就此即有二问题须加注意者：一，梁对荷重之比例；二，梁宽与梁高之比例。关于第一问题，当于下文另述。

横梁载重之力，在其高度而不在其宽度；宋人有见于此，故其高与宽为三与二之比。载于《法式》，奉为定例。清人亦知此原则，故高亦较大于宽，然其比例已近方形。岂七八百载之经验，反使其对力学之了解退而无进耶？

至于梁之大小，兹亦加以分析，并与清式比较：

梁长 7.43 米，　　每架长 1.86 米，　　当心间面阔 4.73 米，

举高 2.51 米，　　斜顶长 4.40 米，　　梁横断面 0.305×0.585 米。

当心间顶面积 4.40×2×4.73＝41.70 平方米，

静荷载：

木料（柁橔，三架梁，侏儒柱，斗座，槫，攀间，椽，望板，均在内）体积为 7.069 立方米，

$$\left.\begin{array}{ll}\text{瓦（筒瓦板瓦）} & \text{体积为 3.13} \\ \text{脊体积为} & 2.13\end{array}\right\} \text{共 5.26 立方米，}$$

苫背体积为　　　　　　　　　　　　　　　　　　　　　　　　　　　　3.13 立方米，

木料重量为每立方米 720 公斤，　　　　　　　　故 7.069×720＝5,100 公斤

砖瓦重量为每立方米 2000 公斤，　　　　　　　故 5.26×2000＝10,520 公斤

泥土（苫背）重量为每立方米 1600 公斤，　　　故 3.13×1600＝5,000 公斤

共 20,620 公斤

又五架梁自身重为 $\qquad 0.585 \times 0.305 \times 7.43 \times 720 = 954$ 公斤

用上得之静荷载，则五架梁所受之最大挠曲弯矩为 $10,310 \times 1.86 + 954 \times \dfrac{7.43}{8} = 20,100$ 公斤-米，其所受最大之竖切力为 $10,310 \times \dfrac{954}{2} = 10,800$ 公斤，则五架梁中之最大挠曲应力为 $\dfrac{6 \times 20,100}{0.305 \times 0.585^2} = 1,160,000$ 公斤/米²，其最大切应力为 $\dfrac{10,800}{0.305 \times 0.585} \times \dfrac{3}{2} = 91,000$ 公斤/米²。

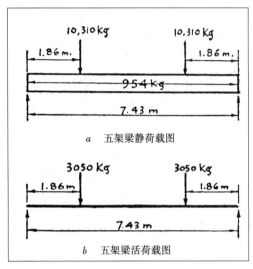

第四十九图

活荷载：

屋顶之活荷载包括屋顶所受之雪压及风力等数。此项荷载，通常可假定为 195 公斤/米²，然其重量之四分之一，已由梁之两端，直下内柱之上。由梁身转达柱上者，只其余四分之三。故其活荷载总量为

$$195 \times 41.70 \times \dfrac{3}{4} = 9,000 \text{公斤}$$

其最大挠曲弯矩为 $3050 \times 1.86 = 5670$ 公斤-米；其最大竖切力为 3,050 公斤。

其最大挠曲应力为 $\dfrac{6 \times 5670}{0.305 \times 0.585^2} = 327,000$ 公斤/米²

其最大切应力为 $\dfrac{3050}{0.305 \times 0.585} = 25,600$ 公斤/米²

木料之强度，至不一律，且因年龄与气候而异。观音阁梁枋木料之最大强度果为若干，未经试验，殊难臆断，但木料之最大挠曲强度约在每平方米 3,000,000～4,600,000 公斤/米²间；而其最大切强度约在 120,000～230,000 公斤/米²。若以上述之平均数为此阁木料之最大强度，则其挠曲强度为 3,800,000 公斤，而切强度为 180,000 公斤，则此五架梁之安全率约如下表：

	挠 曲		切	
	应力（公斤/米²）	安全率	应力（公斤/米²）	安全率
静荷载独计	1,160,000	3.23	91,000	1.98
静活荷载并计	1,487,000	2.56	116,600	1.54

右安全率，虽微嫌其小，然仍在普通设计许可范围之内。且各部体积，如瓦之厚度，乃按自板瓦底至筒瓦上作实厚许，未除沟陇之体积；脊本空心，亦当实心计算，故静荷载所假定，实远过实在重量。且历时千载，梁犹健直，更足以证其大小至为适当，宛如曾经精密计算而造者。今若按清式定例计算，则其高当为0.74米，宽为0.59米，辟为二梁，尚绰有余裕，清人于力学与经济学，岂竟皆不如辽宋时代耶？（第五十图）。

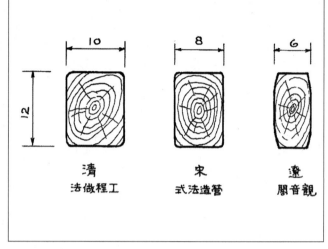

第五十图　辽宋清梁横断面比较

至于梁与柱安置之关系，则五架梁并非直接置于柱或斗栱之上者。五架梁之下，尚有双步梁，在檐柱及内柱柱头铺作之上；然双架梁亦非如明栿之与铺作合构而成其一部，而只置于其上者。双架梁之内端上，复垫以枕，上置五架梁，结构似嫌松懈。然统和以来，千岁于兹，尚完整不欹，吾侪亦何所责于辽代梓人哉！

草栿之附属部分，多用旧料，其中如垫五架梁之柁橔，皆由雄大旧栱二件叠成，较今存栱尤大；是必统和重葺以前原建筑物或他处拆下之旧栱，赫然唐木，乃尚得见于兹，惜顶中黑暗，未得摄影为憾耳。

三架梁及五架梁头，并双步梁上柁橔及三架梁上侏儒柱上皆置槫（桁），槫与梁或橔间，皆垫以替木；替木之下，复有襻间（枋），长随间广，与梁相交。侏儒柱上襻间尤大。襻间与替木间，复支以短柱；使槫、替木，襻间三者合成一"复梁"作用焉。

脊襻间之左右，有斜柱支撑于平梁之上。以下每槫之下，皆有斜柱支撑，此为清式所无，而于坚固上，固有绝大之关系也（卷首图四）。

斜柱之制，不唯用于梁架之上，于中层暗部亦用之（第五十一图）。此部或为后世修葺所加；然当初若知用于梁上以支槫，则将此同一原则转用于此处，亦非不可能也。

此次独乐寺辽物研究中，因梁枋斗栱分析而获得之最大结果，则木材尺寸之标准化是也。清式用材，其尺寸以"斗口"为单位，制至繁而计算难。而观音阁全部结构，梁枋千百，其结构用材，则只六种，其标准化可谓已达极点。《营造法式》卷四，大木作制度，辟头第一句即谓：

"凡构屋之制，皆以材为祖。材有八等，度屋之大小，因而用之。……各以其材之广,分为十五分,以十分为其厚。凡屋宇之高深,名物之短长,曲直举折之势,规矩绳墨之宜,皆以所用材之分以为制度焉。"

在八等材尺寸比例之后,复谓:

"栔广六分,厚四分。材上加栔者谓之足材。"

此乃宋式营造之标准单位,固极明显。然而"材""栔"之定义,并未见于书中;虽知其大小比例,而难知其应用法,及其应用之可能度。今见独乐寺,然后知其应用及其对于设计及施工所予之便利及经济。

"材"、"栔"既为营造单位,则全建筑物每部尺寸,皆为"材"、"栔"之倍数或分数;故先考何为一"材"。"材"者:(一)为一种度量单位;以栱之广(高度),谓之"一材"。(二)为一种标准木材之称,指木材之横断面言,长则无限制。例如泥道栱,慢栱,柱头枋等,其长虽异,而横断面则同,皆一材也。

"栔广六分,厚四分":其"广"即散斗之"平"(升腰)及"欹"(斗底)之总高度,即两层栱间之空隙;六分者,"材"之广之十五分之六也。"栔"为"材"之辅,亦为度量单位名称;用作木材时,则以补栱间之隙,非主要结构木材也。材栔二者,用为度量单位时,皆用其"广"(高度)。栔"厚四分"者,材之广之十五分之四也。"厚"从不用作度量单位,只是标准木材之固定大小而已。

观音阁山门各部栱枋之高,自0.241米至0.25米不等。工匠斧锯之不准确,及千年气候之影响,皆足为此种差异之原因,其平均尺度则为0.244或0.245米,此即阁及门"材"之尺寸也。其"栔"则平均合0.10米,约合"材"之五分之二强(虽略有出入,合所谓"六分"——十五分之六)。然则以材栔为度量之制,辽宋已符,其为唐代所遗旧制必可无疑。

材栔之义及用既定,若干问题即迎刃而解。例如:泥道,慢,瓜子,令,诸栱;柱头,罗汉,平棊,等枋;昂,皆"单材"也(其广一材,其厚为广三分之二)。阑额,普拍方,华栱皆"足材"也(其广一材一栔,其厚为一材之三分之二)。明栿广一材一栔;剳牵(双步梁)[1]广约二材弱;平梁(三架梁)广二材,檐栿(五架梁)[2]广二材一栔。共计凡六种,此外其他部分亦莫不如是,其标准化可谓已达最高点。《法式》谓"构屋之制,以材为祖"信不诬也。

(八)角梁 下层大角梁卷杀作两瓣,而上层则作三瓣;其卷杀之曲线严厉,颇具希腊风味。下层角梁后尾安于中层角柱之上。而上层后尾与角昂由昂,皆置上层内角柱之

---

[1] 观音阁无剳牵,应是指前后乳栿——莫宗江注。
[2] 内槽柱上的五架梁,不应是檐栿——莫宗江注。

上。仔角梁较大角梁短小，头戴套兽。大小角梁下皆悬铜铎，每当微风，辄吟东坡"东风当断渡"句，不知蓟在山麓，无渡可断也。

(九)举折 观音阁前后橑檐槫相距17.42米，举高为4.76米，适为五五举弱。较山门举度(五举)略甚。按《法式》之制(见第六十六页)，殿阁楼台，三分举一分，而筒瓦厅堂则四分举一分又加百分之八，五五举弱适与此算法相符，是非偶然，盖以厅堂举法而施于殿阁也。

至于其折高，则第一举为三二五举，第二举为五举弱，第三举为六举强，第四举为六五举弱，第五举为七五举，其折法不如《法式》之制，与清制亦异。

(十)椽及檐 椽皆以径约0.14米之杉木造。椽头略加卷杀，飞子亦然，如山门所见。

清式檐出为高三分之一。观音阁下层自橑檐槫背至地高6.57米，而自檐柱中至飞头平出檐为3.28米，适为高之半。上檐出与下檐出大略相同，因童柱之移入及侧脚之故，故较下檐退入约0.33米。然吾侪平日所习见之明清建筑，上檐多造于内柱之上。故似退垒而呈坚稳之状；而观音阁巍然两层远出如翼，其态度至为豪放(第二十四图)。

橑檐槫及罗汉枋间，罗汉枋及柱头枋间，皆有似平闇椽之斜椽，上安遮椽板。

(十一)两际 屋顶为歇山式，其两际之结构，与清式颇异。清式收山少，山花几与檐柱上下成一垂直线。收山少则悬出多，其重量非自梁上伸出之桁(槫)所能胜，故须在山花之内，用种种方法——如踢脚木，草架柱子等——以支撑之；而此种方法，因不甚合理，故不美观，于是用山花板以掩藏之。宋以前则不然，两际之构造，颇似清之"悬山"；无山花板，各层梁枋槫头等构材，自下皆见。观音阁两际今则掩以山花，一望而知其非原物；及登顶细察。则原形尚在(第五十二图)，惜为劣匠遮掩，自外不得见。

侏儒柱上大襻间，头卷杀作简洁之曲线，长及出际之半。平槫下襻间与平梁(三架梁)交，伸出长如大襻间，卷杀如栱，上置散斗，以承替木。斜柱与侏儒柱之间，其先必填以壁，以防风寒吹入，今则拆去，而于槫头博风板下，掩以山花。既不合理，又复丑恶，何清代匠人之不假思索耶？

博风板之下。原先必有悬鱼惹草等装饰，今亦无存。谨按《营造法式》所见，补摹于卷首图三。

(十二)瓦 与山门瓦同，青瓦，亦非原物，其正吻，正脊，垂脊，垂兽，仙人等。殆为明代重修时所配者。

正吻颇似清式，然尾翘起甚高，亦不似清式之如螺旋之卷入。须眉口鼻皆较玲珑。吻背之上皮，斜上尾部，不若清式之平。其剑把则似真剑把，斜插于吻背之背。

背兽颇瘦小(第五十三图)。

正脊为双龙戏珠纹样。其正中作小亭。相传每届除夕夜午以后，盘山舍利塔神灯，下降蓟城，先独乐而后诸刹。神灯降临则亭中光芒射出，照耀全城，称"独乐晨灯"，为蓟州八景之一云。小亭之神话，尚不止此。蓟人告予，光绪重修以前，亭内有碑，碑刻"贞观十年，尉迟敬德监修"云云。吾以望远镜仔细察良久，未见只字。碑上原有文字当无可疑，贞观敬德，颇近无稽；尉迟敬德监修寺庙，亦成匠人神话，未可必信也。

垂脊亦有花纹，但无龙。垂兽为清式所不见。似仙童骑于独角犀牛上，双手攀犀角，颇饶谐趣。走兽虽略异，亦无奇。仙人乃甲胄武士，傲然俯视檐下众生。亦历数百寒暑矣。

筒瓦板瓦与山门同，详见五十三图，不复赘。

(十三)墙壁 下层除南面居中三间及北面居中一间外，皆于柱间砌砖墙。墙高至阑额下。厚约1米，计合墙高四分之一。墙收分之度，约为2%。墙顶近阑额处，斜收入为墙肩。下肩甚低，约合墙高七分之一。清式定例，下肩高为墙高三分之一。明物则下肩尤高。而观音阁及山门与应县佛宫寺塔，下肩皆特低，绝非偶然，窃疑其为辽制。

乾隆御制诗〈过独乐寺戏题〉有"梵宇久凋零，落色源流画……"句，其夹注则曰"佛有十二源流，僧家多画于壁间"，是独乐寺本有画壁，其画题则十二源流，当时已"落色"，必明以前画也。

上层外墙及中层内墙系在柱间先用绳索系枝为篱，然后将草泥敷于篱上，似今通用之板条抹灰墙；然所用绳索枯枝，皆甚粗陋。壁内藏有斜柱，以巩固屋架之结构(第五十四图)。

(十四)门窗 原物无丝毫痕迹。清代修葺，门窗改用菱花棂子。下层横披尚见。其活动部分，已全被年前驻军拆毁。

(十五)地板 在中层各铺作上铺板枋上，敷设地板，板上敷灰泥约一寸。枋间距离，至短者亦在2米余以上，而板则厚仅一寸。人行板上，板上下弯曲弹动，殊欠安稳。清式于"承重"梁上加"楞木"，无弹动之虞。每年旧历三月中，蓟人举行酬神盛会，登楼者辄同时百数十人，如地板不加坚实，恐惨剧难免发生。

(十六)栏杆 中层内平坐上，绕像一周；上层内地板上，六角形空井一周，及上层外檐平坐一周，皆绕以栏杆。栏杆于转角处立望柱，其间则立短小之蜀柱。柱下为地栿，中部为盆唇，上为寻杖，蜀柱之间盆唇之下为束腰。其各部名称见于《营造法式》，而形制则较似敦煌壁画所见。中层栏杆束腰花纹，与敦煌者尤相似(第五十六图)。上层内栏杆六面十二格，花纹六种(第四十一图，第五十六图)，虽各不同，而精神则一贯。上层外檐栏杆，云栱瘿项改作花瓶形，已失原意矣。

第五十一图　观音阁中层内部斜柱

第五十二图　观音阁两际结构

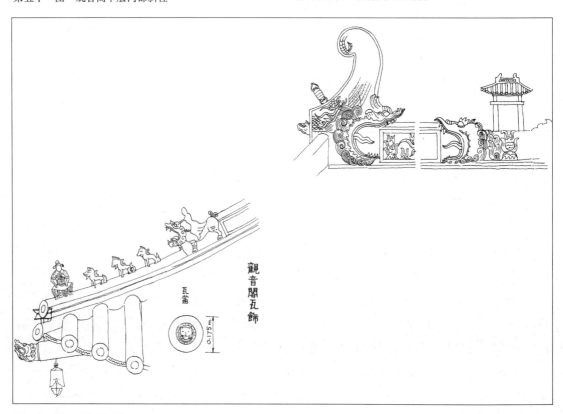
第五十三图　观音阁瓦饰

(十七)楼梯 位于西梢间居中两间内,自地北向上至中层,复折而南至上层。梯斜度颇峻,约作四十五度角。梯脚下有小方坛,梯立坛上。梯之两框,颇为长大,辅以栏杆,略如上述。其上下两端,立以望柱;望柱之间,立蜀柱数支,其间贯以盆唇寻杖,其不同者,为束腰部分,不用板而代以一方杖。梯之上端,穿地为孔,孔之三面复以小蜀柱及盆唇束腰栏护焉(第五十七图)。

今梯下段分二十八级,上段分二十级。仰察梯底,乃知今每级只原阶之半,原级之大,实倍于今,下段十四而上段十级,每级高0.38米,宽0.43米,卯痕犹在,易复原状也(第五十八图)。

(十八)彩画 我国建筑,每逢修葺,辄"油饰一新",故古建筑之幸存者,亦只骨架,其彩画制度,鲜有百岁以上者。独乐寺彩画,亦非例外,盖光绪重修时所作也。彩画之基本功用在保护木料而延其寿命,其装饰之方面,乃其附带之结果。善施彩画,不唯保护木材,且能籍画以表现建筑物之构造精神。而每时代因其结构法之不同,故其彩画制度亦异。

观音阁及山门,皆以辽式构架,施以清式彩画。内部油饰,犹简单稍具古风,尚属可用。外檐彩画,则恶劣不堪,"大点金"也,各种"苏画"或"龙锦枋心"也,橑檐樽,阑额,及斗栱上,尚因古今相似,勉强可观。而各层柱头枋及罗汉枋,在清式所占地位极不重要,在平时几不见,故无彩画,但在辽式,则皆各露,拙匠遂不知所措,亦画以"旋子"、"枋心"等等文样。有如白发老叟,衣童子衣,又复以裤为衣,以冠为履,错置乱陈,喧哗嘈杂,滑稽莫甚焉(见外檐各图)!

(十九)塑像及须弥坛 十一面观音像,实为本阁——或本寺——之主人翁。像高约十六米,立须弥坛上,二菩萨侍立。相传像为檀香整木刻成,实则中空而泥塑者也。像弯眉楔鼻,长目圆颔,微带慈笑;腹部微突,身向前倾;衣褶圜和,两臂上飘带下垂,下端贴莲座上,皆为唐代特征。然历代重修,原形稍改,而近代彩画,尤为可厌(第五十九图)。

坛上左右侍立菩萨,姿势手法,尤为精妙,疑亦唐代物也(第六十图)。坛上尚有像数尊,率皆明清以后供养,兹不赘。

像所立之须弥坛及坛前供桌,制作亦颇精巧。坛下龟脚,束腰,及上部之栏杆,皆极有趣。供桌叠涩太复杂,与坛似欠调谐(第六十一图)。

(二十)匾 阁尚有匾额三,下层外额曰"具足圆成",内曰"普门香界",乾隆御书。上层外额曰"观音之阁",匾心宽1.63米,高2.08米,每字径几1米,相传李太白书,笔法古劲而略拙,颇似唐人笔法。阁字之下署"太白"二字,其为后代所加无疑。朱桂辛先生则疑为李东阳书,而后人误为太白也(第六十二图)。

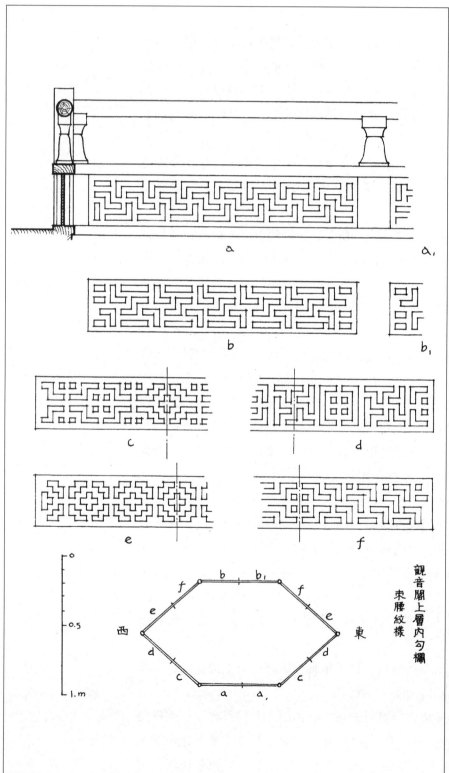

第五十六图　观音阁上层内勾栏束腰纹样

第五十四图　观音阁上层外墙结构

第五十五图　观音阁中层内栏杆并下层内檐铺作

第五十七图　观音阁上层梯口

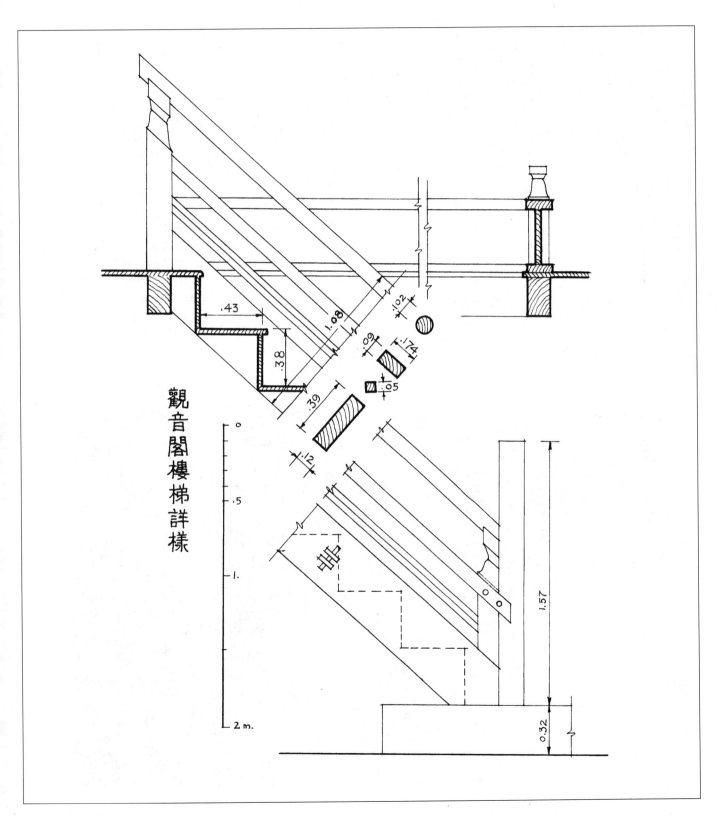

第五十八图

第五十九图　十一面观世音像

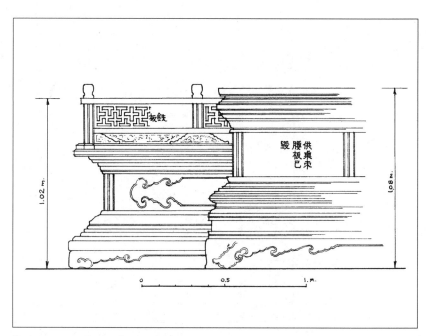

第六十一图　观音阁须弥座供桌详图

第六十图　东面侍立菩萨像

第六十二图　观音阁匾

六、今后之保护

观音阁及山门，既为我国现存建筑物中已发现之最古者，且保存较佳，实为无上国宝。如在他国，则政府及社会之珍维保护，唯恐不善。而在中国则无人知其价值，虽蓟人对之有一种宗教的及感情的爱护，然实际上，蓟人既无力，亦无专门智识，数十年来，不唯任风雨之侵蚀，且不能阻止军队之毁坏。今门窗已无，顶盖已漏，若不及早修葺，则数十年乃至数年后，阁、门皆将倾圮，此千年国宝，行将与建章、阿房同其运命，而成史上陈迹。故对于阁、门之积极保护，实目前所亟不容缓也。

保护之法，首须引起社会注意，使知建筑在文化上之价值；使知阁、门在中国文化史上及中国建筑史上之价值，是为保护之治本办法。而此种之认识及觉悟，固非朝夕所能奏效，其根本乃在人民教育程度之提高，此是另一问题，非营造师一个所能为力。故目前最重要问题，乃在保持阁、门现状，不使再加毁坏，实一技术问题也。

木架建筑法劲敌有二，水火是也。水使木朽，其破坏率缓；火则无情，一炬即成焦土。今阁及山门顶瓦已多处破裂，浸漏殊甚，椽檩已有多处呈开始腐朽状态。不数年间，则椽檩将折，大厦将颓。故目前第一急务，即在屋瓦之翻盖。他部可以缓修，而瓦则刻不容缓，此保持现状最要之第一步也。

瓦漏问题既解决，始及其他问题；而此部问题，可分为二大类，即修及复原是也。破坏部分，须修补之，如瓦之翻盖及门窗之补制。有失原状者，须恢复之，如内檐斗栱间填塞之土取出，上檐清式外栏杆之恢复辽式，两际山花板之拆去等皆是。二者之中，复原问题较为复杂，必须主其事者对于原物形制有绝对根据，方可施行；否则仍非原形，不如保存现有部分，以志建筑所受每时代影响之为愈。古建筑复原问题，已成建筑考古学中一大争点，在意大利教育部中，至今尚为悬案；而愚见则以保存现状为保存古建筑之最良方法，复原部分，非有绝对把握，不宜轻易施行。

防火问题，亦极重要。水朽犹可补救，火焰不可响尔。日本奈良法隆寺由政府以三十万巨金，特构水道，偶尔失慎，则顷刻之间，全寺可罩于雨幕之内；其设备之周，管理之善，非我国今日所敢希冀。然犹可备太平桶水枪等，以备万一之需。同时脊上装置避雷针，以免落雷。在消极方面，则寺内吸烟及佛前香火，尤须永远禁绝。阁立寺中，周无毗连之建筑物，如是则庶几可免火灾矣。

在社会方面，则政府法律之保护，为绝不可少者。军队之大规模破坏，游人题壁窃砖，皆须同样禁止。而古建筑保护法，尤须从速制定，颁布，施行；每年由国库支出若干，以为古建筑修葺及保护之用，而所用主其事者，尤须有专门智识，在美术，历史，工程各方面皆精通博学，方可胜任。日本古建筑保护法颁布施行已三十余年，支出已五百万。回视我国之尚在大举破坏，能不赧然？唯望社会及学术团体对此速加注意，共同督促政府，从速对于建筑遗物，与以保护，以免数千年文化之结晶，沦亡于大地之外。

1929年世界工程学会中，关野贞博士提出"日本古建筑物之保护"一文，实研究中国建筑保护问题之绝好参考资料。蒙北大教授吴鲁强先生盛暑中挥汗译就，赐载本期汇刊。籍资借鉴，实所至感。

附　　录

独乐寺大悲阁记

王于陛

予入蓟州城西门寺名独乐当其中有杰阁焉高毋虑十数丈内供大士阁仅周其身而复创寺之年邈不可考其载修则统和乙酉也经今久圮二三信士谋所以为缮葺计前饷部柯公实倡其事感而兴起者殆不乏焉柯公以迁秩行予继其后既经时涂塈之业斯竟因瞻礼大士下睹金碧辉映其法身庄严钜丽围抱不易尽相传以为就刻一大树云夫瞿昙氏之教主空于诸所有而归之空虽悬像设教未尝执色相亦未尝离色相故牟尼悬珠见而非见千百亿化身非见而见上士超于见外中人摄于见中同斯诣耳众生苦海诸佛慈航独大士从闻思修证三摩地法力弘浩号大慈悲现相化身不一而足遍满东土大要使智愚共仰凡圣同皈或大旃檀香刻画宝身烧香灯烛如妙高聚或白衣清净冰月微茫或千手千眼或一枝净瓶总一无二兹寺之以环钜称且以大树奇也亦有异乎夫予不知一茎草何以能化丈六金身奚啻为树予又不知兹树之为峄山之桐仓野之桂为梗为楠为梓傥亦执身则菩提是树菩提是身离身则身亦非身树亦非树耶予与大士相视一笑而已如破悭贪障福利影响之说予识也时何足以知之姑为记其崖略若此

修独乐寺记

王弘祚

岁辛巳予自盘阴来牧渔阳时羽书旁午钲鼓之声震于天地予缮城治械飞刍储粸日无假晷焉间公余时不废登临之兴思所以畅发其性情而澄鲜其耳目是州也宫观梵刹之雄以独乐寺称寺之雄以大士阁称阁之雄以菩萨像称予徒倚其间日迪夫民而教以兴仁勉义遂生复性之事阴骘神而祷以时和年丰民安物阜之庥予盖未尝一念置夫民而州之民亦相率曰子大夫以诚求如是也以故凡系夏秋正赋之索民不敢私其财学校仓廪之兴民不吝其力抚今思昔已十数年于兹矣越戊戌予晋秩司农奉使黄花山路过是州追随大学士宗伯菊潭胡公来寺少憩焉风景不殊而人民非故台砌倾圮而庙貌徒存相与徘徊悲悼忆往事而去乃寺僧春山游来讯予曰是召棠冠社之所凭也忍以草莱委诸予唯唯为之捐赀而倡首焉一时贤士大夫欣然乐输而州牧胡君毅然劝助共襄盛举未几其徒妙乘以成功告且曰宝阁配殿及天王殿山门皆焕然聿新矣予讶之曰是何成功之速也僧曰公恩德所被士民思慕一闻公言欢趋恐后予曰谚人之所靳者财与力耳固或有唯正之供而不输公家之役而不作虽督责迫索无足以悚其中者此阁之修非有督责迫索之威也而不日之成如子趋父事其故何哉盖历千百劫而不灰者菩萨度世之性随念圆满触之而即动者众生向善之诚也寺之兴不知创于何代而统和重葺之钜今六七百岁矣菩萨以广大慈悲现种种法力性不传也而相传菩萨之教无相而无不相也相其寄也阁则寄所寄也今人于寄所寄者踊跃欢喜尚复如是苟或因其外而求其内由夫似而得其真其鼓舞欢喜又可量乎虽然佛之理甚深微妙不可思议而予以显者示之出作入息即六时课诵也承颜聚顺即妙相庄严也桔槔之声盈于野弦歌之声闻于塾即天龙八部殊音妙乐也兴仁勉义毋残尔生毋伤尔性则菩萨广大慈悲必赐以和丰康阜之福而五教实委司徒则由蓟而达之三辅由三辅而达之畿甸采卫皆勉于向善之念享夫乐利之庥以成圣代无疆之治彼菩萨化千万亿身现种种愿力亦当作如是观矣

蓟县观音寺白塔记

登独乐寺观音阁上层，则见十一面观音，永久微笑，慧眼慈祥，向前凝视，若深赏蓟城之风景幽美者。游人随菩萨目光之所之，则南方里许，巍然耸起，高冠全城，千年来作菩萨目光之焦点者，观音寺塔也（第一图）。塔之位置，以目测之，似正在独乐寺之南北中线上，自阁远望，则不偏不倚，适当菩萨之前。故其建造，必因寺而定，可谓独乐寺平面配置中之一部分；广义言之，亦可谓为蓟城千年前城市设计之一著，盖今所谓"平面大计划"者也。

《蓟州志》曰：

"白塔寺在州西南隅，不知创自何年；以寺内有白塔，故名。于乾隆六十年，直隶总督梁公肯堂奉旨重修白塔。工毕，立石塔下，题曰'奉旨重修观音宝塔。'"

梁碑之东，有明碑一，为户部郎中毛维骐作，其文如下：

塔下寺碑记

蓟州西南隅有塔屹然皛然似峰似云似标似螺末锐基肆皮旋腹实朝惹燕盘霞夕送崦嵫日盖蓟镇也亦蓟观也祖创固与城俱嘉隆间葺之者再然基则比连卫廨囊以恤弁驻其所时筑墉涂墁辄取给附土沿成潢污下丈许雨集卒岁不涸相违才数尺也淹溉浸没日甚一日即原基盘据有年然气泄于针茫长堤溃自蚁穴于是杞人漆室忧蓟人不无关矣顷善友宗君林君辈喜为捐资不啻常格家兄渭滨与焉适行僧宽裕募辅其间而工以次第举首罗土石实其虚所以本也次整其缺次粉其郛次饰金翠冠其巅一时插霄拂云绚星夺日遥目之则仙掌玉茎诸天恍落迩睨之则两胁欲风神情怡荡洵一时伟观哉而诸君乐施之功不少也夫塔非于蓟无系也塔神物非块物古建都启土每封望为镇主塔为蓟望旧矣蓟氓依附倚藉默仗荫庇于是焉在且其形类毛锥岢一笔峰也蓟文运萧瑟殆三十余禩幸文笔新提毫端健秀扫云判江河走龙蛇行不让长铨铦戟收笔峰第一捷盖在此会蓟土尚勉图破天荒题雁塔无负默相神工且以符施修之证果也则愚所望也抑又闻之语曰活人一命胜造九级浮屠此又广于修塔建寺之外可并附以为蓟人说大明万历二十二年起至二十八年八月吉日"

寺之创立，虽云无考，要之不能早于独乐寺，盖其与独乐寺在平面上之关系，如上文说，绝非偶然。以规模论，独乐寺大而白塔寺小，故必先有独乐而后白塔按其中线以树立也。

在今塔建造之先，原址是否已有一塔，已无可考。而今塔之建造，必在辽代。毛

---

① 本文原载1932年《中国营造学社汇刊》第三卷第二期——莫宗江注。

碑所谓"祖创固与城俱"者,非也。沿唐以前塔,平面率多方形,其八角形者,除嵩山净藏禅师塔(天宝五年立)外,尚未他见。而净藏塔乃墓塔,非真正之塔,故谓为唐代尚无八角塔可也。净藏塔盖为后世八角塔之前型,五代辽宋以后,其形制始普遍中国。白塔之平面为八角形,即此一证,已可定其为五代以后物也。

塔之立面,至为奇异。全高 30.6 米。其最下为花冈石基,基每面长 4.58 米。基之上为砖砌覆枭混①及其他线条数层;其上则为栏杆,栏杆之上为莲座,此全部为塔之基坛。基坛之上,则为塔之第一层,上冠以檐,第二层略似第一层而矮小,第三层则较第二层高,檐短浅,最上则喇嘛式之"圆肚"塔也。

基坛上之各部,与观音阁所见极相似。其做法盖以基坛当平坐做,故上绕以栏杆。其斗栱则按平坐斗栱做法,华栱两跳,计心造。每角有转角铺作,其间置斗栱两朵。每朵之间,柱头慢栱皆连栱交隐②。斗栱各件权衡,较观音阁者略肥硕,盖以砖仿木形,势必然也(第二、三图)。

平坐之上为栏杆,其形制与阁中者完全相同,每角有圆望柱,每面之地栿,束腰,蜀柱,盆唇,瘿项皆如木制,唯寻杖方而不圆耳。各档束腰,皆用直线几何形花纹,其类数略同观音阁上层内栏杆束腰纹样。而以一曲一竖联成者为最普通。各瘿项间空档,则雕种种动植物纹样,如狮子,宝相华等等。

平坐斗栱普拍枋(平板枋)之下,每角上有"硬朗汉"一,挺胸凸腹,双手按膝,切齿睁目,以头顶转角铺作,为状殊苦;以百尺浮屠,使八"人"蹲而顶之,挣扎支持,以至千载,无乃不仁?每面其余二朵斗栱之下,则承以肥短之橄,橄雕种种动植物纹。橄之间,作唐代几案之"腿"形,如壁画及唐代造像座上所常见者,其形式线路,颇为刚劲,而其上所雕"舞女",姿势飘飘,刻工精秀,尤为可爱。

第一层为塔之主要层。其八角上皆辅以重层小八角塔。小塔座圆如球,球上为莲座。下层之檐,如穗下垂,上层亦有莲座,在下檐之上。上檐作瓦形,上刹如小圆肚塔。此八个小塔,在日光之下,反光射影,不唯增加点缀,且足以助显塔形,设计至为适当。

此层之东西南北四正面,皆为门形,唯南面为真门,可入塔内,其余三面,则皆假门形耳。门为圆栱,挟以凸起之门框,其顶圆部,则刻花纹。门在栱内,上槛高及圆栱中心。门扇皆起门钉。每门上有门簪二,其形方,与清代之四个六角形者异,而与应县佛宫寺木塔所见者同,盖亦古制也。门栱上两旁,挟以"飞天,飞翔门上,颇有娇趣。

---

①⌐形曲线,清称"枭混",拉丁文曰:"Cyma recta"——作者注。
②见观音阁及山门斗栱条——作者注。

第一图　观音寺白塔全景

第二图　塔南面

第三图　塔东北面

第四图　塔前经幢

其四斜面则浮起如碑形，每面大书偈语十字：

诸法因缘生　　我说是因缘(东南)

因缘尽故灭　　我作如是说(西南)

诸法从缘起　　如来说其因(西北)

彼法因缘尽　　是大沙门说(东北)

碑头则刻小佛像一尊。

此层檐以一极大仰枭混做成，中夹以线条，足以减小其过笨大之现象。檐上覆瓦，角悬铜铎。

此二层似第一层而矮小，无门窗及其他雕饰。其檐制亦无异。

第三层亦八角形，但较高于第二层，上无远出之檐，亦无其他雕饰，盖顶上窣堵坡之座也。

窣堵坡之最下层为仰莲座，座上为"圆肚"，肚上浮出悬鱼形之雕饰，共十六个。圆肚之上又为八角者一层，颇矮小，檐以砖层层叠出，檐下亦有悬鱼形雕饰，再上则炮弹形之顶，印度制也。

按塔于嘉(嘉靖)隆(隆庆)间葺之者再。盖在晚明，塔之上部必已倾圮，唯存第一二层。而第三层只余下半，于是就第三层而增其高，使为圆肚之座，以上则完全晚明以后所改建也。圆肚上之八角部分，或为原物之未塌尽部分，而就原有而修砌者，以其大小及位置论，或为原塔之第六层亦未可知也。房山云居寺塔，亦以辽塔下层，而上冠以喇嘛塔者，其现象与此塔颇相似。

塔之内部，随塔外形，南面为门；北面小孔，方约10厘米，自孔北窥正见观音阁。内壁皆有壁画。盖明画而清代加以补涂者也。塔内佛像数尊，多已毁，佛头及手足，散置遍地。像皆木刻，颇精美，皆明物也。

塔前正中，有经幢残石立香炉座上(第四图)。座八面，每面一字，曰"塔前供养金炉宝鼎"，唯无年月，然就手法观之，必为梁肯堂重修时所置无疑。座旁倚立残幢之半，字迹模糊，不复可辩。其他半则在寺旁道中，现已作路石之一矣。座上及原幢之座或冠，皆刻佛像，精美绝伦。其顶上奏曲诸侍者，尤雕刻之佳品也。

塔前地下铁钟一口，高约1米，形似独乐寺钟，为正统元年(公元1436年)六月造。

寺其他部分，规模狭小，为清代重建。兹不赘。

参 考 书 目

《蓟州志》
《辽史》卷八十五耶律奴瓜传
《日下旧闻考》卷一百十四
[光绪]《顺天府志》
《畿辅通志》
《畿辅通志·金石略》
《辽痕》卷二(黄任恒著)
《盘山志》 同治十一年李氏刻本
《营造法式》
《中国营造学社汇刊》第三卷第一期〈法隆寺与汉六朝建筑式样之关系并补注〉(刘敦桢译注)及〈我们所知道的唐代佛寺与宫殿〉(梁思成著)
《日本古建筑史》第三册(服部胜吉著)
《支那建筑》(伊东忠太,关野贞,塚本靖共著)(卷上)
《Les Grottes de Touen-Houeng》Paul Pelliot 著

大唐五山诸堂图考[①]

田边泰[②] 著 梁思成 译

一、序　言

　　《大唐五山诸堂图》者，京都市东福寺所藏支那禅刹图式（传《大宋诸山图》）纸本墨书一卷，石川县大乘寺藏支那禅刹图式（寺传《五山十刹图》）纸本墨书二卷，及出所不明，某氏所藏《大唐五山诸堂图》是也。前二者皆于明治四十四年四月指定为国宝，而此三者皆为完全相同之物。大乘寺本有上下二卷，东福寺本亦然，而缺其下卷。某氏所藏与大乘寺本同，上下二卷齐备，内容亦同。如此完全相同之物，而有三种存在，固易想像其由同一原本摹得者，例如某氏所藏本，其误写之处至为明显。然余尚未获详细比较研究之机会，故未能定大乘寺本与东福寺本二者之孰为原本，至为遗憾。

　　同物而有三本，一曰《大宋诸山图》（东福寺本），一曰《五山十刹图》（大乘寺本），一曰《大唐五山诸堂图》（某氏所藏本），寺传之名称虽异，而其内容乃图写中国五山之寺规与礼乐等物。此五山者，可视为宋代禅刹之代表，故余暂用《大唐五山诸堂图》之名称。本文只阐明其本质，而三者之比较研究，则将俟诸异日。

　　《大唐五山诸堂图》之由来颇为不明，盖余尚未得阅此类故籍，证其出处故也。然据大乘寺所传，寺第一祖彻通义介尝渡宋，历访当时之五山，图写其所闻见。至于东福寺及某氏所藏本，其由来亦不明。然三者之出自同一原本，固可推定也。

　　大乘寺寺传所述之彻通义介传，余将于次节述之。然《本朝高僧传》之沙门义介传中，有"正元元年（公元 1259 年，当南宋理宗开庆元年）遂入诸夏，登径山、天童诸刹，谒一时名衲，见闻图写丛林礼乐而归永平"之记载。此外《扶桑禅林僧宝传》、《延宝传灯录》、《日本洞上联灯录》中，亦记有游历径山、天童诸寺，拜谒名衲，研究丛林礼乐、图写见闻而归之事。且义介于其晚年又住持贺州大乘寺，圆寂于是，塔亦设于寺内。故余亦将依据寺传，暂以彻通义介为此《大唐五山诸堂图》之作者。

　　余于《大唐五山诸堂图》本身之研究，不得供给多数贵重资料，甚为遗憾。然余研究着眼处，勿宁谓为考察图之内容，即其描写之建筑物是也。是以此图之研究，实可谓为现在几将废置之宋代禅林研究亦可。且余对此图之传统，视为发展日本镰仓时代禅宗建筑之主因，亦不得不加以叙述也。

[①] 本文原载 1932 年《中国营造学社汇刊》第三卷第三期．田边泰原文名〈大唐五山诸堂图にらつて〉，载日本昭和 6 年（1930 年）《早稻田建筑学报》8 号——傅熹年注。

[②] 田边（1899~1982 年）：日本建筑学家。1924 年日本早稻田大学理工学部建筑学科毕业，1939 年获工学博士学位，1941 年为该校教授。著有《日本建筑的性格》、《日光庙建筑》等。

二、沙门义介传

《大唐五山诸堂图》之制作，鄙见以为与贺州大乘寺第一祖沙门义介有关，已如序言所述矣。然更进一步，为明了此绘卷制作之理由及年代计，凡关于沙门义介之传记，亦不得不述焉。

详述沙门义介者为《扶桑禅林僧宝传》①，《本朝高僧传》②《延宝传灯录》③，《日本洞上联灯录》，④《永平寺三祖行业记》⑤。诸书所记义介传，内容几完全一致。其中《扶桑禅林僧宝传》刊刻年代最古，《本朝高僧传》次之，《高僧传》以《僧宝传》为参考之处已历历可稽，故诸书出自同一蓝本，自可想见。今录诸书中记述最详之《本朝高僧传》卷二十一义介传原文于此，以见一般。

贺州大乘寺沙门义介传（录原文）

释义介，字彻通，越前足羽县人，镇守府将军藤利仁之裔也。年方舞勺，师本州波著寺怀鉴禅德下发。鉴承印记于觉晏，禀大戒于道元，声高越国。十四登睿山戒坛进具，习听台教，归侍鉴公。探楞严深赜，兼修净业。仁治二年，参道元于洛之兴圣。一日，闻元示众有省，由是住锡服侍左右，寅夕参讯。宽元初元，如越前，寓止吉峰古精舍，结制安居。介掌典座，不分寒暑，自担饭粮，供一会众。明年秋，元开新永平寺，百务猬集，介管带四载，终无难色。又充监寺，昼则管辨众事，夜则坐禅达旦。元见其行操，曰"真道人也！"建长辛亥春，鉴公遭病，以《佛照下印书》并《菩萨大戒仪轨》付介曰："吾观汝学解堪受洞上宗，宜随元和尚绵密参寻。"苦口警告，介反袂而退。癸丑秋，元依病上洛，召介曰："闻受鉴公之付嘱，善委悉否？"介以实告之。元叹曰："鉴公明眼衲僧，有知人之见，汝他后当为我门之巨魁。吾去京师，须守制抚

---

① 《扶桑禅林僧宝传》共十卷，僧高泉撰，辑录日本禅僧一百十七人之传而成。卷首有延宝三年乙卯（一六七五）之记录，高泉字性潡，宽文元年辛丑由宋渡日，入黄蘗山为第五世继席，本书以外著作甚多——作者注。
② 《本朝高僧传》系日本高僧传中最完备者，浓州盛德沙门师蛮撰，乃本朝各宗僧一千六百六十二人之传记，元禄十五年壬午三月（一七〇二）著，较《扶桑禅林僧宝传》后二十七年。师蛮乃禅宗僧，号卍元，本书以外尚有其他著作——作者注。
③ 《延宝传灯录》四十一卷，与《本朝高僧传》同为僧师蛮所撰，乃纂辑日本禅宗之名僧硕德，稿成于延宝六年戊午（一六七八），其后二十八年，于宝永三年丙戌（一七〇六）刊行——作者注。
④ 《日本洞上联灯录》十二卷，僧秀恕篡，乃辑录本朝曹洞宗之名僧七百四十三人之传也，有享保十二年丁未（一七二七）之自序，宽保二年壬戌（一七四二）梓行。著者秀恕乃武州万年之嗣祖，字岭南——作者注。
⑤ 《永平寺三祖行业记》之有义介传，见于《日本佛教全书》中《本朝高僧传》注中，惟余尚未见此书——作者注。

众。"及奘公补席，命介首众。一日问奘："师兄，先师寻常垂示诸法实相外，别有密意否？"奘曰："实无密意；岂不闻先师曰：'吾平生垂示，为人之外，更无覆藏底法。'"介又曰："某甲近日会得先师身心脱落话。"奘曰："你作么生会？"介曰："将谓赤须胡，更有胡须赤。"奘颔之，乃告之曰："先师在日语予，义介于法拔群，他日必能弘通吾法。今又于先师悟处亲会其意。先师大寂定中必为你作证，吾今以洞上之宗付你，善自护持。"复曰："佛法中得人为难，若不得人，不免所灭佛种之罪；纵使得人，不堪其器，亦不免斯罪。此是佛祖所钦，吾今得你，免斯罪耳。"又属以遵先师训建立宗旨矣。介乃游历洛之建仁，东福，相之寿福，建长，具见寺规。正元元年，遂入诸夏，登径山、天童诸刹，谒一时名衲。见闻图写丛林礼乐而归永平。丕募化缘，竭力经营，凡禅刹所有始备焉。文永四年夏开堂，怀香酬孤云之恩，钟鼓铿锵，龙象蹴踏，时称"永平中兴。"住持六载，造养母堂，退位养母二十余岁，不赴外请。奘公临灭，付先永平所传法衣，勿令断绝。贺州大乘寺澄海阿阇梨慕其道，望参禅服膺，革密院为禅刹，与檀越藤家尚请介为第一世。国中缁白，星聚云奔，郁为丛林。一日示疾，嘱诸沙弥童行，悉令剃发受戒。寻集门人，示出世始末毕，说偈曰："七颠八倒，九十一年；芦花覆雪，午夜月圆。"少顷坐蜕，时延庆二年九月十四日也。时龄如偈，法腊七十有八。塔于寺乾隅，院曰定光焉。

赞曰：介公初事元师，辨众务剧繁。后嗣奘兄，任新寺兴建。巡访宋和之名刹，观制取准。于是晨钟夕皷，朔望演说，大方礼乐，一旦完备，夫永平清规虽莹山校定之，其基只是介公之功也，遂为第三祖。年及耄余，唱新丰曲，而归正位，实百世之模范也。

据此可略知沙门义介之经历及为人矣。此外诸书之记事亦殆与此仿佛相同，故为避繁从省计，惟参照诸书作年表如次。

〔后表中事迹栏之末记有《僧宝》《高僧》《联灯》等乃前记各书之略号也〕

后表所示甚不完全，然概观之，亦可知沙门义介之概略。

师生于顺德天皇之承久元年(宋宁宗嘉定十二年公元1219年)宽喜三年十三岁，初从怀鉴禅师落发[①]。十四登睿山之戒坛修台教。仁治二年二十三岁，改衣参道元禅师，于是决定彼将来为禅僧。后游历京师之建仁寺、东福寺，相模之寿福寺、建长寺等，研究禅林寺规。正元元年(宋理宗开庆元年公元1259年)四十一岁始渡宋土，游历"五山"中之径山寺、天童寺，就丛林礼乐，亲自图写见闻而归，即前述《大唐五山诸堂图》是也。归国后居永平寺，专募化缘，竭力经营寺规，文永四年公元1267年，宋度宗咸淳3年就任为永平寺住职，至文永九年，凡住持六载。

[①]各书皆有"年方舞勺云云"之句《汉书·礼乐志》有"十三舞勺"故余以为指义介十三岁之时，即宽喜三年也——作者注。

沙门义介传年表

天皇	日本年号 （西历纪元）	年龄	事　迹
顺德	承久元年（1219） （宋宁宗嘉定十二年）	1	二月二日，沙门义介生《联灯》。越前足羽县人，镇守府将军藤利仁之裔也《高僧》、《僧宝》、《联灯》。
后崛河	宽喜三年（1231）	13	以本州怀鉴禅德为师落发《高僧》。 执童子之役《僧宝》。
仝	贞永元年（1232）	14	登睿山之戒坛，习听台教《高僧》。
四条	仁治二年（1241）	23	改衣参道元和尚《僧宝》、《高僧》。
后嵯峨	宽元元年（1243）	25	从道元赴越前吉峰之古精舍，司典坐《高僧》、《僧宝》。
仝	宽元二年（1244）	26	开道元永平禅寺，为监寺《高僧》、《僧宝》。
后深草	宝治二年（1248）	30	至此年居于永平寺《高僧》。
仝	建长三年（1251）	33	鉴公罹病。授印书及菩萨之大戒仪轨，嘱随元和尚参寻云《高僧》。
仝	建长五年（1253）	35	道元于洛得病，召介云："汝后当为我们之巨魁，吾去京师，须守制抚众。"乃游历洛之建仁、东福、相之寿福、建长等禅刹，具见寺规《高僧》。
仝	正元元年（1259） （宋理宗开庆元年）	41	渡宋，登径山、天童等诸禅刹，留四年《联灯》。谒此间名衲，见闻图写丛林礼乐《高僧》。
龟山	弘长二年（1262） （宋理宗景定三年）	44	自宋归国《联灯》，居永平寺，募化缘，竭力经营寺规《高僧》。
仝	文永四年（1267）	49	为永平寺第三世，在位六年《高僧》、《僧宝》。
仝	文永九年（1272）	54	至此年住持永平寺。建养母堂退位。称永平中兴之祖《高僧》。
伏见	正应二年（1289）	71	兴贺州大乘寺禅刹，介被请为第一祖《高僧》、《僧宝》。
花园	延庆二年（1309）	91	此年九月十四日于贺州大乘寺示寂，时年九十一，法腊七十有八《高僧》、《僧宝》。

文永九年退位，此后二十余年间，养母尽孝。正应二年公元1289年，元世祖至元26年师七十一岁，加贺大乘寺澄海阿阇梨，闻道望而请益服膺，革真言院为禅寺，请介为大乘寺第一祖。其后二十年间继续为大乘寺住持，至延庆二年公元1309年，元武宗至大2年九月十四日以九十一岁之高龄示寂。

据此略传得推知于师者甚多，而关于本论必要之点，则尚待另考。仁治二年，初参道元之后，于宽元二年，就永平寺监寺。而当时依道元所新创之永平寺，规模极微，未备禅刹之制，固不难想像而知。师于建长五年参寻在京师之道元，游洛之建仁、东福，与相之寿福、建长等寺，见学其寺规，其有志于当时正规禅刹制度之研究，可以想见。

正元元年，四十一岁，渡宋历访径山、天童及其他诸刹。其志愿原在谒当时名衲以求道，固不待言。顾于禅寺之寺规，夙具研究兴趣，故七堂伽蓝与礼乐之制，当然为其所最注目。留宋四年，至弘长二年(宋理宗景定三年)归国。其间所详细研究之寺规，或依笔录，或依图写，记其见闻，而成《大唐五山诸堂图》焉。自来高僧渡海求道，天平而后，迹未尝绝，顾专注力于研究寺规而成正果者，沙门义介可谓空前绝后矣。是以此绘卷之制作年代，乃在彼渡宋住留之间，即自正元元年至弘长二年之间公元1259年至1262年，不言自明。归国后居永平寺，则专注力于完成寺规，亦可推想而得也。

三、大唐五山诸堂图之形式及内容

如前所述《大唐五山诸堂图》乃见学禅刹之建筑与礼式，而记其重要诸点之见闻。其与日本镰仓时代极隆盛之一般小说式之绘卷物与风俗绘之类自异其趣，已不待言。然骤睹之，则颇似普通德川时代建筑传书之形式。

此图之作，盖对于当时不完全之日本禅宗建筑及其仪式，以供参考。其记录以实用为本位，非出自画家之手，故绘图之笔致，较劣于当时其他绘卷。然其中建筑平面，断面，细部等图之描法，不能视为昧于建筑学识者之观察记录，甯可谓为当时相当工匠之手笔也。

又此绘卷，一见而知其既非接连顺序之记录，亦非依照历访伽蓝之顺序而配列者。例如天童寺、径山寺虽同在上卷中，而前后综错，未依顺序，且有一图见于下卷之中。盖后人依某种标准，将当时断片描于一定之纸内者，适宜配列为二卷之绘卷耳。

以上所记，只关于《大唐五山诸堂图》形式之观察，若更就其所描写之内容观之，则所描之对象为"五山十刹"及其他诸寺。"五山"之建筑见于图内者有径山寺、阿育王寺、天童寺、灵隐寺四处，独净慈寺则毫无记录。而"十刹"之建筑则有建康府之蒋山太平兴国寺等。其他记录有天台万年山、明州碧山寺、镇江府金山寺、安吉州何山寺等。

义介渡宋时，南宋都临安①。其上陆地点则为当时多数日本渡宋僧侣上陆之宁波。彼历访今浙江北部江苏南部，即钱塘江与扬子江下流流域一带散在之各伽蓝。

其记录绘卷之内容，按类分别，可分为当时禅刹建筑、禅刹仪式及杂录三种。其中关于建筑者最为详尽，约占全卷之大半。更就建筑物之图写细别之，则有伽蓝平面计划、建筑各部详样、建筑构造法乃至禅刹特有之佛具等等。此类图录，至为精密，一见即可得实物实形者也。

四、大唐五山诸堂图中之建筑图探讨

中国"五山"之制，创于南宋。而"五寺"之称，则叔自天竺。即印度"祇园精舍"、"竹林精舍"、"大林精舍"、"誓多林精舍"、"那兰陀寺"五寺是也。更有次于五山而与"五山"并列者，有十刹之制，即俗称"五山十刹"是已。其名称如次：

五山

(一)径山兴圣万寿寺　杭州临安府。译者注：今名径山兴圣万寿禅寺，在浙江临安县治北三十里大云乡。

(二)阿育王山鄮峰广利寺　明州庆元府。今名育王禅寺，在今浙江鄞县旧宁波府治东五十里阿育王山下。

(三)太白山天童景德寺　明州庆元府。今名勅赐天童弘法禅寺，在今浙江鄞县旧宁波府治东六十里太白山之东。

(四)北山景德灵隐寺　杭州临安府。今名云林禅寺，在浙江杭县北高峰下。

(五)南山净慈报恩光孝寺　杭州临安府武林县。今名净慈禅寺，在浙江杭县南屏山。

十刹

(一)中天竺山天宁万寿永祚寺　杭州临安府。今名中天竺法净寺，在浙江杭县稽留峰北。

(二)道场护圣万寿寺　湖州乌程县。今名同，在浙江吴兴县旧湖州府城南道场山。

(三)蒋山太平兴国寺　建康上元府。今名灵谷寺，在江苏江宁县东北锺山左独龙冈，离朝阳门十里。

(四)万寿山报恩光孝寺　苏州平江府。今名万寿禅寺，在江苏吴县城东北。

(五)雪窦山资圣寺　明州庆元府。今名雪窦禅寺，在浙江奉化县县西五十里。

(六)江心山龙翔寺　温州永嘉县。今名江心寺，在浙江永嘉县永清门外江中。

---

①金兵南下，南宋高宗于公元一一二七年即位，一一三八。南宋都临安，一二七六年南宋遂亡

(七)雪峰山崇圣寺　福州侯官县。今名雪峰崇圣寺，在福建闽侯县。

(八)云黄山宝林寺　婺州金华县。今名宝林禅寺，在浙江义乌县县南二十五里云黄山下。

(九)虎丘山云严寺　苏州平江府。今名云严禅寺，在江苏吴县虎丘。

(十)天台山国清教忠寺　台州天台县。今名国清寺，在浙江天台县县北一十里。

以上皆禅宗之临济派也。夫宋代佛寺建筑，以当时极隆盛之禅宗建筑为中心，故此"五山十刹"亦可视为当时之中心建筑矣。然其遗构，现竟无一残存者，故此类建筑之真像，除平面计划外，其建筑式样，殆不得而知。然《大唐五山诸堂图》中所描绘者乃当时"五山"之详细图录，谓为研究当时佛寺建筑资料可也。其图之形式及内容，已于前节述之，兹更就其中重要建筑图，分项述之于下。

【平面计划】　伽蓝全部平面图，上卷中有天童山、灵隐山、万年山等。此外复有单座建筑之平面图数种。今就此种此等平面图观之，则其大抵方针，先于正面前方设池，次置门、佛殿、法堂、方丈于一直线上；其左右则鼓楼、钟楼、僧堂、东司、宜明(浴室)及其他各建筑，左右均齐配列，与日本镰仓时代以后所建禅刹，即禅宗七堂伽蓝之配置同其规例，盖其分布法则出自此式故也。例如建长寺、圆觉寺、东福寺、妙心寺、大德寺等，其为依据此式配置者，固极明显。

更观此平面图所表现者，其所描进深皆甚浅，盖中国有中庭铺砖之风，故一般建筑物与建筑物之间，相距殊近，而此图又为当时之观测绘图，绘者缺乏比例观念，亦有以致之。此种图在当时日本伽蓝图中亦往往可见，不足怪也。

第一、第二图乃天童寺及灵隐寺之平面，伊东博士调查所作之观测图也。以此与前记之第四、第五图大唐五山诸堂图比较，则可认其规模大概相同。据伊东博士所谈，此"五山"诸建筑之现存者，乃明末清初间物，在平面配置上，其中心建筑之配列，至少可认为按照当时"五山"遗迹建造者也。尤有趣者《五山图》天童寺池前描有七塔，七塔至今并列如故，而《五山图》灵隐寺门外右侧描有梅树，今此处亦尚有梅树，可以想见此图所写当时之情况，非虚构也。

【构造及意匠】　《大唐五山诸堂图》中，描写"五山"建筑之构造图案亦颇多，今不能全部详说，仅就其中二三重要者述之于下。

先于构造有兴味者，为上卷之杭州径山寺法堂图样(第六图)。此图乃径山寺法堂之断面图，五间重层之堂宇也。据此完全得知斗栱、月梁、下昂以至柱上部卷杀等之大概。第七图虽未标明寺名，而紧接径山寺法堂图样之后，或即径山寺之建筑亦未可知。此图乃某氏所藏，而与东福寺本比较，有明显误写之处，然亦可藉此了解斗栱下昂等檐端之制焉(东福寺所描者更为明瞭)。

第十一图为灵隐寺鼓台(此系佛具)，其上层使用插栱(译者注：插栱乃重叠之栱，后端插

于柱内,非载于座斗之上,如奈良东大寺中门之例。),如建筑式样,亦大可注意。盖日本天竺样之重叠式插栱,与唐式建筑显然区别,今于宋"五山"得见之,亦殊有兴趣也。

在图案方面,足以窥见建筑全部之外观者,有金山寺佛殿(第八图)之正面图。一见知其发挥中国式之特征,而与日本禅宗建筑之外观异趣。溯中国、朝鲜建筑影响日本者,其初多取模仿态度,然其后日本建筑界技术上已有相当之创作力,凡外观彩色诸

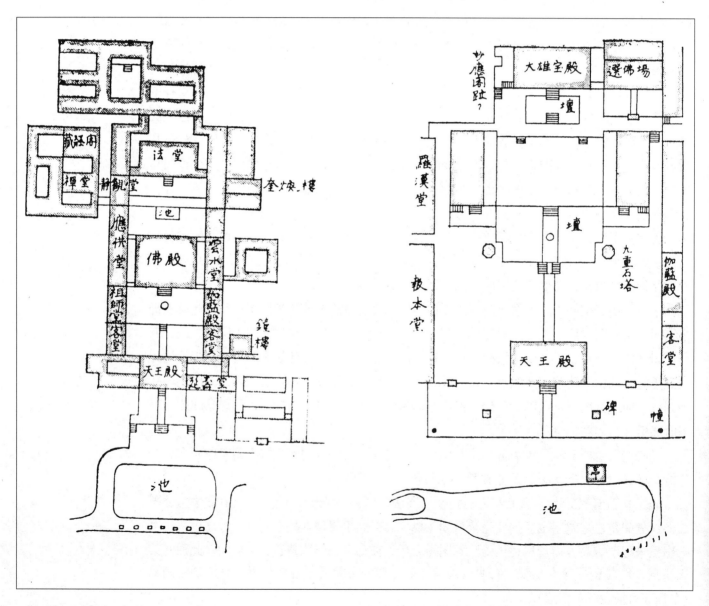

第一图　天童寺平面略图　　　　　　　　　　第二图　灵隐寺平面略图

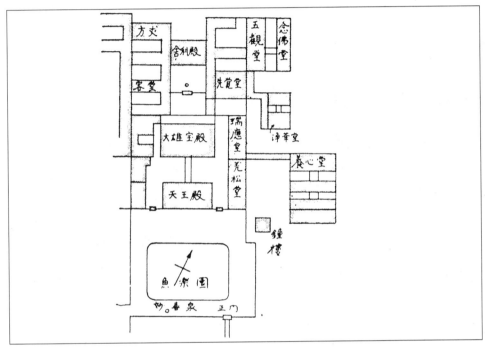

第三图　阿育王寺平面略图

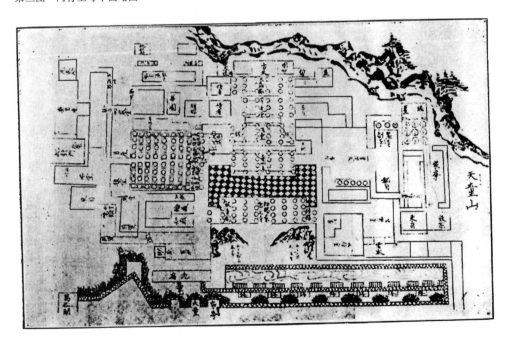

第四图　天童寺平面图

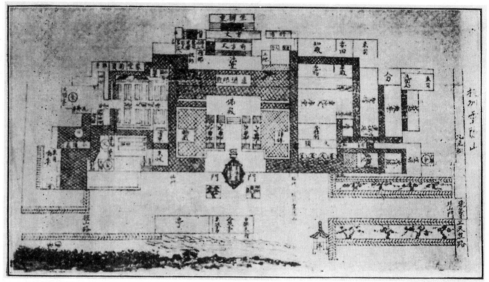

第五图　灵隐寺平面图

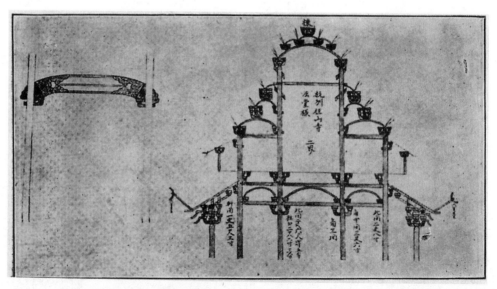

第六图　径山寺法堂断面及月梁图

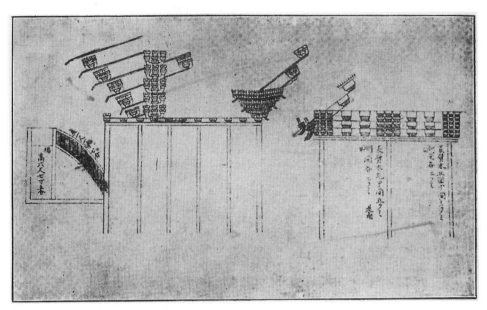

第七图　径山寺(?)檐端斗栱图

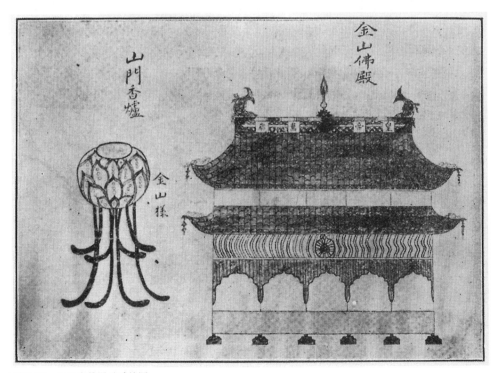

第八图　金山寺佛殿及香炉图

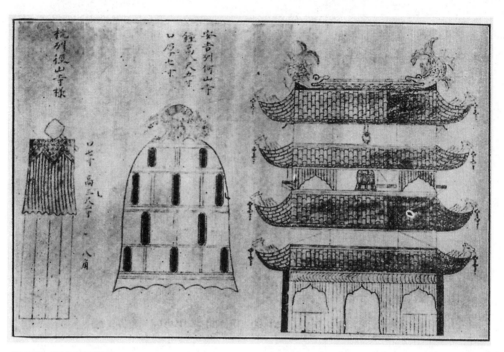

第九图　何山寺钟楼图

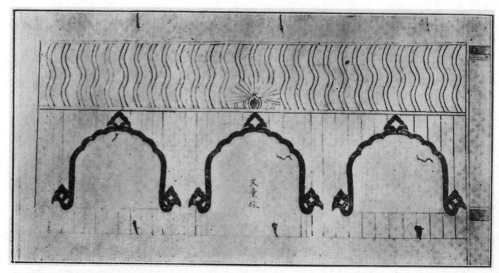

第十图　天童寺正面详细图

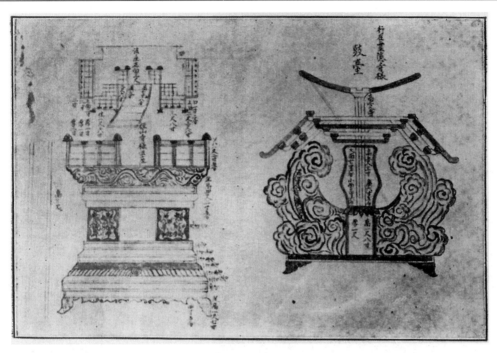

第十一图　灵隐寺鼓台及径山寺法座

第十二图　径山寺须弥坛图

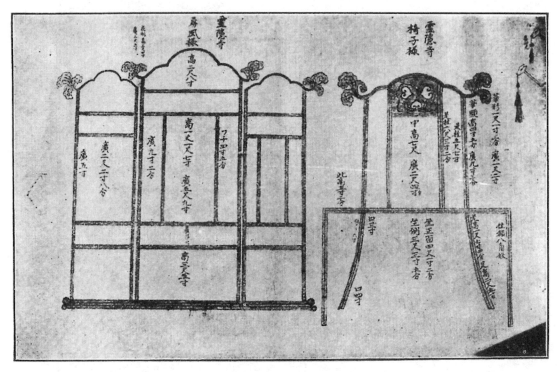

第十三图　灵隐寺椅子及屏风图

点，已能依国民好尚而定。是以构造与细部及佛具之类，虽模仿宋之"五山"，然于外观诸点，则必加以日本既定之风尚，融会其精神，而构成日本特有之禅宗建筑。

在细部图案，斗栱而外，如栏干，窗，壁等，亦发挥特质。例如栏干用日本禅刹特有之涌立形（即波形，见于日本圆觉寺舍利殿及其他各处），窗用单纯而力强之肩硬火灯窗（第十图），壁用竖板铺者（译者注：即障日板。），皆宋原形而传于日本者也。

【关于佛具类】　此绘卷所录之佛具，如法座（须弥坛），曲录，屏风等物，亦将其原形传于日本（参照第十一图、第十二图及第十三图）。

据以上略记观之，可知《大唐五山诸堂图》所描之建筑图，非纯属凭空臆造，乃当时写生而成之贵重资料也。视此绘卷年代稍古，且足为当时建筑资料之李明仲《营造法式》[1]中所绘之图与此相较，则其构造图案以至建筑之细部手法，皆大抵相同。故此图者，实中国禅刹之研究记录，而足以考证当时建筑之绝好材料也。

---

[1]《营造法式》三十四卷，宋李明仲奉敕编修。关于此书拟另稿论述之——作者注。

五、大唐五山诸堂图与日本禅刹之源流

镰仓时代传入日本之禅宗,蔚为镰仓京师之五山十刹,及其他各地经营之伽蓝,极其隆盛。然此新宗派之教义,皆传自求道入宋之僧侣及自彼地渡来之高僧,一变从来教义者也。故当禅刹新建之时,其规式一切,皆仿宋土,已为定说,毫无疑义。相传当时为预备营造伽蓝,曾派遣匠工于彼地[①],至于传来果由如何之方法,或自何时始正确传于日本,则问题甚多,不易解决。然当输入宋土禅刹规式之际,重要资料如《大唐五山诸堂图》二卷者,今尚残存,对于以上疑问——日本禅宗建筑之源流——为有力之资料,不可谓非甚有兴趣者也。

禅宗之传于日本,已远在奈良时代,而开传播之基础者则为荣西,彼曾再渡入宋,于建久二年(公元 1191 年,南宋光宗绍熙二年)以后归国。其先发展似极徐缓,盖其初荣西于正治二年(公元 1200 年,宋宁宗庆元六年)四月依政子之请,创寿福寺于相州龟谷,更于建仁二年(公元 1202 年,宋宁宗嘉泰二年),创建仁寺于京师,而朝廷于寺内设真言、止观二院,兼授台、密、禅三宗,颇为支配当时一切教权之延历寺所非难。

情况如此,故荣西时代采用宋土之禅宗建筑手法至如何程度,不得不成为疑问矣。更观嘉祯二年(公元 1236 年,宋理宗端平 3 年)藤原道家所创之东福寺,亦称诸教兼学,则可推定当时此类禅刹,非必严守仿自宋土之规式也。

禅宗与诸教对立而得堂堂地步者,则自宽元四年(公元 1246 年,宋理宗淳祐 6 年)丙午,东渡宋僧道隆于建长五年(公元 1253 年,宋理宗宝祐元年)完成建长寺以后也。建长寺有"始作大伽蓝拟中国之天下径山"之称,其为仿杭州临安府径山寺而作,甚为明显。故荣西以后约五十年,仿宋制之禅刹规式始渐具备,前述之寿福寺、建仁寺等亦成于此时,创建后复经增修数次,始稍备禅刹规制,诸书记载固甚详明矣。

然建长五年为道元完寂之年,亦沙门义介游历京师之建仁、东福,相模之寿福、建长诸寺,考察寺规之年也。而永平寺建于宽元二年(建长五年前十年,公元 1244 年,宋理宗淳祐 4 年),其禅刹之设备未臻完善,义介时居此寺,定抱研究禅刹规律之愿,其兴趣亦必深浓,故于正元元年(建长五年后六年,公元 1259 年宋理宗开庆元年)渡宋,图写所见五山丛林礼乐之制而归。其后(义介入宋后二十年)弘安二年(公元 1279 年,元至元 16 年),时宗为预备建立圆觉寺,亦派匠工于宋土,使之见学径山。故当时对于移值宋土禅刹制度于日本,其热心显然可想像也。

如是所传之禅宗建筑,即唐式建筑之式样,随禅宗之发达,大为发展,建武(公元

[①]《圆觉寺寺传》载,弘安二年,北条时宗为创立圆觉寺,远派木匠于宋——作者注。

1334年，元顺帝元统2年）以后，遂成日本"五山十刹"之制，而划日本建筑史上一时期焉。

故大唐五山诸堂图在日本建筑史上之地位，乃镰仓时代传入日本，逐渐隆盛之禅宗建筑创始时代之贵重参考资料。虽不能断言唐式建筑之传于日本仅藉此图与义介而已，然日本禅宗创造时代之遗构，极为缺乏，故亦得认为唐式建筑式样传来最初之遗物也。至其年代明确，对于考察唐式建筑之源流，尤为不可忽略看过之资料也。

六、结　论

以上五项乃余关于《大唐五山诸堂图》之见解，然如〈义介传〉有过于离题之倾向，亦未可知，此实因本问题对象之《大唐五山诸堂图》之作者，仅依大乘寺《寺传》定为义介，而无较此更确之佐证，故据《寺传》而记述余之调查焉。至于其他方面之考察，其问题较亘于广泛，遗误在所不免，惟略记余对此图之观察，并依此所得略如下列诸点，以代结论。

一、《大唐五山诸堂图》之异本有三种，皆由同一原本描写而成，虽间有误写之处，其内容大体相符。

二、图之制作为贺州大乘寺第一祖彻通义介所关与者也。

三、原本制作年代自正元元年（公元1259年，宋理宗开庆元年）至弘长二年（公元1262年，宋理宗景定3年）前后约四年间。

四、图之内容包含中国"五山"及其他平面，建筑图案，构造，佛具及礼仪规制等，故为研究现在几将湮灭之南宋禅宗建筑之绝好资料。

五、日本镰仓时代所始创之禅宗伽蓝内特有之唐式建筑，其为南宋之传统，已成定说，而由此图之存在，更足确证此说非谬。

六、日本唐式建筑创始之年代，与此图之制作年代约略相同，当在荣西禅师归国后约六十余年。

附　记

一、本论文所使用之插图，自第四图至第十三图，乃自某氏藏本《大唐五山诸堂图》所转模者。

二、本论文执笔之际，屡得恩师伊东忠太博士①之示教，谨表谢意。

译者按：我国宋代建筑遗物，现尚幸存者甚罕，其已经发现者，嵩山少林寺初祖庵正殿及用直保圣寺等数处而已。保圣寺复不幸于年前被毁；国内各地，穷乡僻壤间，固不敢必其无遗物之存尚，然在未经发现以前，吾侪对于宋代建筑之实例，固只此耳。实物而外，李氏《营造法式》厥唯研究宋代建筑最完整最重要之记录，此外则无可资。日本早稻田大学建筑助教授田边泰先生近著〈大唐五山诸堂图考〉一文，述义介禅师"旅行图记"之源委，为南宋江南禅刹之实写。平面配置，结构方法，外部形状，佛具坛座，莫不详尽。《营造法式》乃一部理论的，原则的著述，而《大唐五山诸堂图》乃一部实物的描写；两者较鉴，互相释解发明处颇多。而文中所引鼓台之插栱，与最近清华大学艾克教授调查福建宋代遗迹，颇多一致，则日本东大寺中门之插栱传自我国，又获一有力之证明。同时又知李氏《营造法式》虽风行一时，而无横栱之斗科如插栱者，南宋仍极流行，实我国建筑史中之重要资料也。民国二十一年九月，译者志。

---

①伊东忠太(1867~1954年)：日本建筑学家。1892年帝国大学工科大学造家学科毕业，1901年获工学博士，1905年为该校教授。后为日本学士院会员、艺术院会员、研究中国、印度、亚洲建筑史及建筑设计。撰存《伊东忠太建筑文献》、《支那建筑装饰》等——傅熹年注。

宝坻县广济寺三大士殿[①]

一、行　程

今年四月，在蓟县调查独乐寺辽代建筑的时候，与蓟县乡村师范学校教员王慕如先生谈到中国各时代建筑特征，和独乐寺与后代建筑不同之点，他告诉我说，他家乡——河北宝坻县——有一个西大寺，结构与我所说独乐寺诸点约略相符，大概也是辽金遗物。于是在一处调查中，又得了另一处新发现的线索。我当时想到蓟县绕道宝坻回北平，但是蓟宝间长途汽车那时不凑巧刚刚停驶，未得去看。回来之后，设法得到西大寺的照片，预先鉴定一下，竟然是辽式原构，于是宝坻便列入我们旅行程序里来，又因其地点较近，置于最早实行之列。

卷首图一　广济寺三大士殿外景

[①]本文原载 1932 年《中国营造学社汇刊》第三卷第四期——陈明达注。

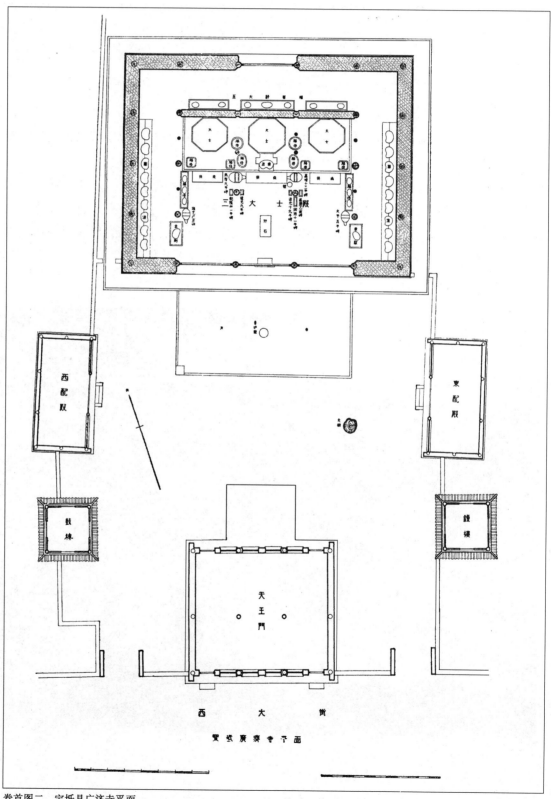

卷首图二　宝坻县广济寺平面

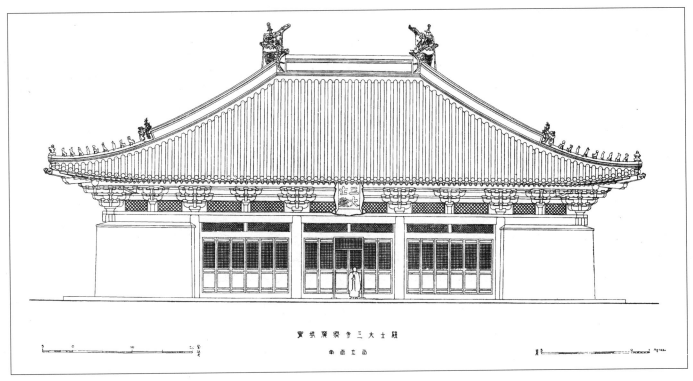

卷首图三　三大士殿南立面

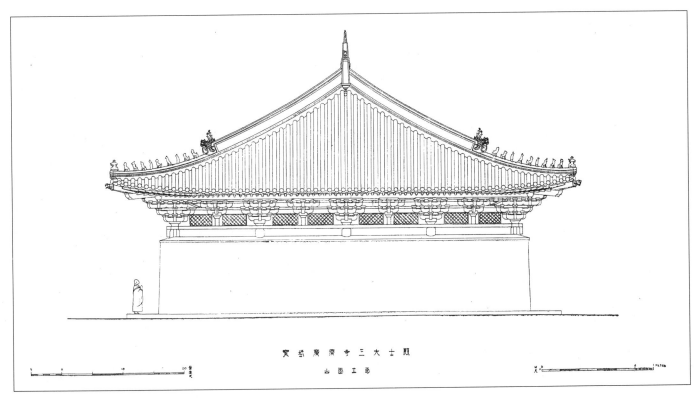

卷首图四　三大士殿山面立面

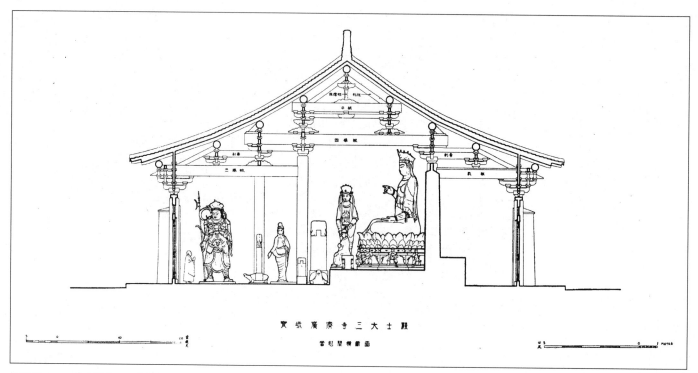

卷首图五　三大士殿当心间横断面

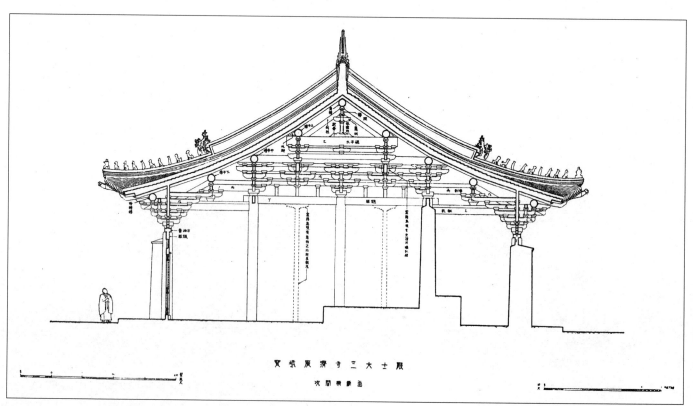

卷首图六　三大士殿次间横断面

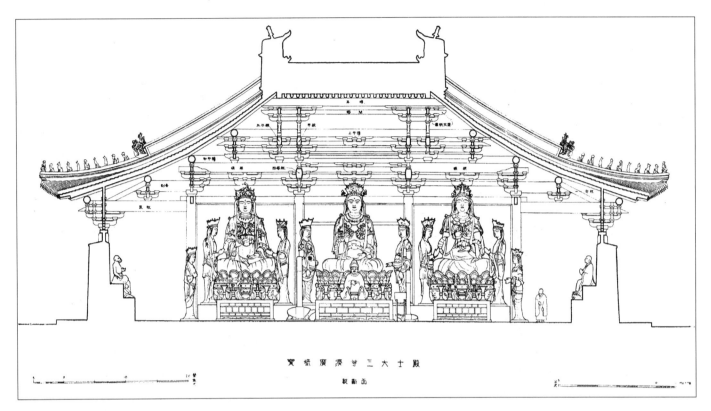

卷首图七　三大士殿纵断面

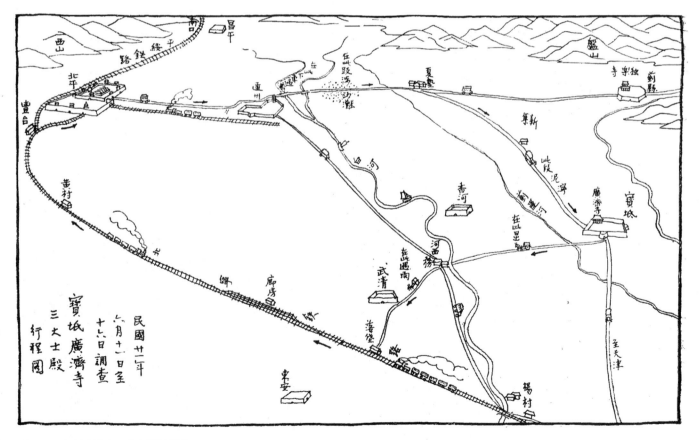

第一图　宝坻广济寺三大士殿行程图

我们预定六月初出发，那是雨季方才开始，长途汽车往往因雨停开，一直等到六月十一日，才得成行。同行者有社员东北大学学生王先泽和一个仆人。那天还不到五点——预定开车的时刻——太阳还没上来，我们就到了东四牌楼长途汽车站，一直等到七点，车才来到，那时微冷的六月阳光，已发出迫人的热焰。汽车站在猪市当中——北平全市每日所用的猪，都从那里分发出来——所以我们在两千多只猪惨号声中，上车向东出朝阳门而去（第一图）。

由朝阳门到通州间马路平坦，车行很快。到了通州桥，车折向北，由北门外过去，在这里可以看见通州塔，高高耸起，它那不足度的"收分"，和重重过深过密的檐，使人得到不安定的印象。

通州以东的公路是土路，将就以前的大路所改成的。过了通州约两三里到箭杆河，白河的一支流。河上有桥，那种特别国产工程，在木柱木架之上，安扎高粱杆，铺放泥土，居然有力量载渡现代机械文明的产物，倒颇值得注意，虽然车到了桥头，乘客却要被请下车来，步行过桥，让空车开过去。过了桥是河心一沙洲，过了沙洲又有桥，如是

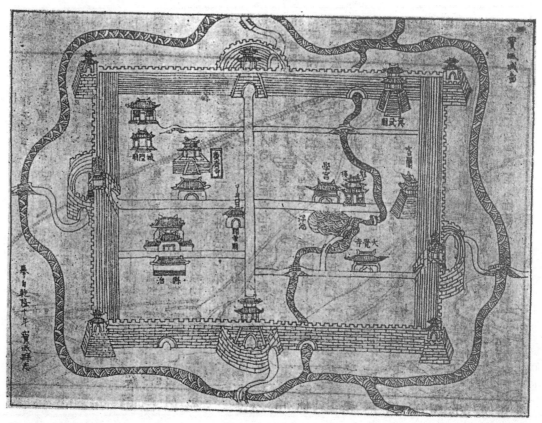

第二图　宝坻县城图

者两次，才算过完了箭杆河。河迤东有两三段沙滩，长者三四里，短者二三十丈，满载的车，到了沙上，车轮飞转，而车不进，乘客又被请下来，让轻车过去，客人却在松软的沙里，弯腰伸颈，努力跋涉，过了沙滩。土路还算平坦，一直到夏垫。由夏垫折向东南沿着一道防水堤走，忽而在堤左，忽而过堤右，越走路越坏。过了新集之后，我们简直就在泥泞里开汽车，有许多地方泥浆一直浸没车的蹬脚板，又有些地方车身竟斜到与地面成四十五度角，路既高低不平，速度直同蜗牛一样。如此千辛万苦，进城时已是下午三时半。我们还算侥幸，一路上机件轮带都未损坏，不然甚时才达到目的地，却要成了个重要的疑问。

我们这次期望或者过奢，因为上次的蓟县是一个山麓小城，净美可人的地方，使我联想到法国的村镇，宛如重游 Fugere, Arles 一般。宝坻在蓟县正南仅七十里，相距如此之近，我满以为可以再找到另一个相似净雅的小城镇。岂料一进了城，只见一条尘土飞扬的街道，光溜溜没有半点树影，转了几弯小胡同，在一条雨潦未干的街上，汽车到达了终点。

下车之后，头一样打听住宿的客店，却都是苍蝇爬满，窗外喂牲口的去处。好容易找到一家泉州旅馆，还勉强可住，那算是宝坻的"北京饭店"。泉州旅馆座落在南大街，宝坻城最主要的街上。南大街每日最主要的商品是咸鱼——由天津经一百七十里路运来的咸鱼——每日一出了旅馆大门便入"咸鱼之肆"，我们在那里住了五天。

西大寺座落在西门内西大街上，位置与独乐寺在蓟县城内约略相同(第二图)。在旅馆卸下行装之后，我们立刻走到西大寺去观望一下。但未到西大寺以前，在城的中心，看见镇海的金代石幢(第三图)，既不美，又不古，乃是后代重刻的怪物。不凑巧，像的上段也没照上。

第三图　石幢

第四图　天王门

西大寺天王门(第四图)已经"摩登化"了,门内原有的四天王已毁去,门口挂了"民众阅报处"的招牌,里面却坐了许多军人吸烟谈笑。天王门两边有门道,东边门上挂了"河北第一长途电话局宝坻分局"的牌子,这个方便倒是意外的,局即在东配殿,我便试打了一个电话回北平。

配殿和它南边的钟楼(第五图)鼓楼,和天王门,都是明清以后的建筑物,与正中的三大士殿比起来真是矮小得可怜。大殿之前有许多稻草。原来城内驻有骑兵一团,这草是地方上供给的马草。暂时以三大士殿做贮草的仓库(卷首图一)。

这临时仓库额曰:"三大士殿"是一座东西五间、南北四间、单檐、四阿的建筑物。斗栱雄大,出檐深远,的确是辽代的形制。骤视颇平平,几使我失望。里边许多工人正在轧马草,草里的尘土飞扬满屋,三大士像及多位侍立的菩萨,韦驮,十八罗汉等等,全在尘雾迷蒙中罗列。像前还有供桌,和棺材一口!在堆积的草里,露出多座的石碑,其中最重要的一座是辽太平五年的,土人叫做"透灵碑",是宝坻"八景"之一(第六图)。

抬头一看,殿上部并没有天花板,《营造法式》里所称"彻上露明造"的。梁枋结构的精巧,在后世建筑物里还没有看见过,当初的失望,到此立刻消失。这先抑后扬的高兴,趣味尤富。在发现蓟县独乐寺几个月后,又得见一个辽构,实是一个奢侈的幸福。

第五图　钟楼

第七图　大觉寺正殿

出大殿，绕到殿后，只见一片空场，几间破屋，洪肇楙《县志》里所说的殿后宝祥阁[1]，现在连地基的痕迹都没有了，问当地土人，白胡子老头儿也不曾赶上看到这座巍峨的高阁。我原先预定可以得到的两座建筑物之较大一座，已经全部羽化，只剩一座留待我们查记了。

正殿的内外因稻草的堆积，平面的测量颇不容易。由东到西，由南到北，都没有一线直量的地方；乃至一段一段的分量，也有许多量不着或量不开之处。我们费了许多时间，许多力量，爬到稻草上面或里面，才勉强把平面尺寸拼凑起来，仍不能十分准确。

这些堆积的稻草，虽然阻碍我们工作，但是有一害必有一利，到高处的研究，这草堆却给了我们不少的方便。大殿的后部，稻草堆的同檐一样高，我们毫不费力的爬上去，对于斗栱梁枋都得尽量的仔细测量观摩，利害也算相抵了。

三大士殿上的瓦饰，尤其是正吻，形制颇特殊；四角上的"走兽"也与清式大大不同。但是屋檐离地面6米，不是普通梯子所上得去的；打听到城里有棚铺，我们于是出了重价，用搭架的方法，扎了一道临时梯子，上登殿顶。走到正脊旁边，看不见脊那一面；正吻整整有两个半人高，在下面真看不出来。

第六图　珉碣银钩——宝坻八景之一

---

[1]《宝坻县志》卷十五："……殿后为宝祥阁，高数十尺，登眺崆峒诸山，历历在目。"——作者注。

这时候轰动了不少好事的闲人,却藉此机会上到殿顶,看看四周的风光,顷刻之间,殿顶变成了一座瞭望台。

大殿除建筑而外,殿内的塑像和碑碣也很值得我们注意。塑像共计四十五尊,主要的都经测量,并摄影;碑共计九座,除测量外,并拓得全份,但是拓工奇劣,深以为憾。

我们加紧工作三天,大致已经就绪,最后一天又到东大寺(第七图)。按县志的记载,那东大寺——大觉寺——千真万确是辽代的结构;但是现在,除去一座碑外,原物一无所存,这种不幸本不是意外,所以我们也不太失望。此外城东的东岳庙,《县志》所记的刘銮塑像,已变成比东安市场的泥花脸还不如。城北的洪福寺,更不见甚"高阁峻嶒,虬松远荫,渠水经其前"的美景,只有破漏的正殿,和丛生的荆棘。

我们绕城外走了一周,并没有新的发现。更到了城墙上,才看见立在旧城楼基上,一座丑陋不堪的小"洋房"。门上一片小木板,刻着民国十四年县知事某(?)的《重修城楼记》,据说是"以壮观瞻"等等;我们自然不能不佩服这么一位审美的县知事。

工作完了,想回北平,但因北平方面大雨,长途汽车没有开出,只得等了一天。第二天因车仍不来,想绕道天津走,那天又值开往天津汽车的全部让县政府包去。因为我们已没有再留住宝坻一天的忍耐,我们决由宝坻坐骡车到河西坞,北平天津间汽车必停之点,然后换汽车回去。

十七日清晨三点,我们在黑暗中由宝坻出南门,向河西坞出发。一只老骡,拉着笨重的轿车,和车里充满了希望的我们,向"光明"的路上走。出城不久,天渐放明,到香河县时太阳已经很高了。十点到河西坞;听说北上车已经过去。于是等南下车,满拟到天津或杨村换北宁车北返,但是来了两辆,都已挤得人满为患,我们当天到平的计划,好像是已被那老骡破坏无遗了。

当时我们只有两个办法:一个是在河西坞过夜,等候第二天的汽车,一个是到最近的北宁路站等火车,打听到最近的车站是落垡,相距四十八里,我们下了决心,换一辆轿车,加一匹驴向落垡前进。

下午一点半,到武清县城,沿城外墙根过去。一阵大风,一片乌云,过了武清不远,我们便走进蒙蒙的小雨里。越走雨越大,终了是倾盆而下。在一片大平原里,隔几里才见一个村落,我们既是赶车,走过也不能暂避。三时半,居然赶到落垡车站。那时骑驴的仆人已经湿透,雨却也停了。在车站上我们冷得发抖,等到四时二十分,时刻表定作三时四十分的慢车才到。上车之后,竟像已经回到家里一样的舒服。七点过车到北平前门,那更是超过希望的幸运。

旅行的详记因时代情况之变迁,在现代科学性的实地调查报告中,是个必要部分,因此我将此简单的一段旅程经过，放在前边也算作序。

二、寺　史

所谓"寺史"并不是广济寺九百余年来在社会上，宗教上，乃至政治活动上的历史，也不是历代香火盛衰的记录，也不是世代住持传授的世系，我们所注重的是寺建筑方面的原始，经过，和历代的修葺，和与这些有关的事项。

三大士殿内立着九座碑，在这方面可以供给一点简略的实录，此外尚未找着更详细更有趣的资料，所以关于寺的历史，多半根据碑文。

宝坻在隋唐时代本不成市镇。后唐庄宗同光年间（公元 923～926 年），"因芦台卤地置盐场……相其地高阜平阔，因置榷盐院，谓之'新仓'以贮盐。……清泰三年[①]晋祖起于并汾……以山前后燕蓟等一十六州遗辽，遂改燕京，因置新仓镇，……皇朝[②]奄有天下，混一四海，……大定十有一载[③]……銮舆巡幸于是邦，历览之余，顾谓侍臣；'此新仓镇，人烟繁庶，可改为县。'……明年，有司承命析香河东偏乡间等五千家为县。……谓盐乃国之宝，取'如坻如京'之义，命之曰宝坻，列为上县"[④]。但是近世因铁路和海河运输之便，宝坻早已失去盐业中心的位置，在河北省中并非"上县"。出产品却是以粗布为大宗，除非粗布是"国之宝"，不然宝坻顾名思义，也许要从新改名了！

广济寺创立时，燕蓟之地归辽已六、七十年了。当时佛教虽已不及唐代之盛，但新仓却正是个日新月盛的都市。宗教中心还未建立，可巧：

> "……粤有僧弘演，武清并邑出身，发蒙通远文殊阁院，落发离俗归真。幼尚忍草流芳，长唯戒珠护净。竭总持之力，振拔沉沦；弘方便之机，赞裨调御。属以新仓重镇，旧邑多人，悉谓向风，咸云渴德，载勤三请，深契四弘。此则振锡爰来，宁辞越里；彼则布金有待，永奉开基。因适愿以经营，遂立诚而兴建。……"

他生身的武清井邑，离北平不远；发蒙落发的通远，在甘肃和陕西各有同名的地方二处，到底是哪一处，乃至甘陕以外，或者还有别的通远，尚待考。

当时新仓的繁荣，是：

> "……凤城西控，日迎碣馆之宾；鳌海东邻，时揖云槎之客。而复抗榷酤之剧

[①] 后唐末帝清泰三年即后晋高祖天福元年，公元 936 年——作者注。
[②] "皇朝"指金朝——作者注。
[③] 金世宗大定十一年即宋孝宗乾道七年，公元 1171 年——作者注。
[④] 《宝坻县志》卷十八，金刘晞颜《宝坻县记》——作者注。

"……务,面交易之通衢;云屯四境之行商,雾集百城之常货。……"

地方人士和弘演法师筹得相当款项之后,立刻开始兴建。最初都由便利来往人众的设备方面下手,于是:

"……材呈而风举云摇,匠斫而雷奔电掣。乃以凿甘井,树华亭,济往来之疲羸也。建法堂,延讲座,度远近之苦恼也。或饰铸容图像,恭敬者利益而不穷也。或开精舍香厨,皈依者儋荷而无阙也。……"

在物质和精神方面,都设备很周到了。

但是到弘演法师年老的时候,全寺最重要的大殿,还没着落。法师:

"……乃谓门人道广曰,'吾以拔土匡持,踏荒成办。然稍增于缔构,奈罔备于规模。营西位之浴堂,已凭他化;砌中央之秘殿,未遇当仁'。……"

这是弘演法师未了之业,心里很怵记,所以把兴修之责,嘱咐给道广。

道广法师虽然受了其师嘱咐,但未能将计划实现,

"……会头陀僧义弘,雅好游方,巡礼将周于四国;同谐化道,致斋频会于万僧。见善则迁,与物无竞。因率维那琅琊王文袭等数十人,异口同心而请,信心不逆而来;共结良缘,将崇胜槩。繇是劳筋苦节,有广上人之率群材;贯骨穿肌,有弘长老之集众力。……"

大殿之建立,就靠道广、义弘两位法师的热心和领导,琅琊王文袭等数十人的捐助。

至于材料之选集,大匠之聘求,也是很郑重的事,所以:

"……叠水浮陆行之迹,专家至户到之心。或采异于曹吴,或访奇于殷尔。度功量费,价何啻于万缗;纠邑随缘,数须满于千室。……"

碑阴题名,除去各施主外,应有工匠之名;可惜碑文剥蚀,已不可辨。

各方面筹备终了,正殿开始兴修,头一年大半是大木的工作,将构架作成。

"……霜挥斤斧,烟迸钩绳。栾栱叠施,棼橑复结。能推歆厥,五间之藻栋虹梁;巧极雕镂,八架之文槛橑桷。……"

现在的情形,与碑文所述可以算很相似。

第二年的工作是砖瓦墙壁,装修彩画,佛像壁画,所以说:

"……及再期则可以鳞比鸳瓦,云蠹花砖。粉布圬墁,霞舒丹艧。奇标造立,三门之满月睟容;妙尽铺题,四壁之芳莲瑞相。……"

大殿完竣,第三年又修山门并塑像,所以说:

"……次于南则殊兴峻宇,正辟通门。度高低掩映之差,示出入诚严之限。屹然左右,对护法之金神;肃尔纵横,局安禅之宝地。……

……盖非一行所致,是期三年有成。……"

由上文看来，由弘演法师开山立业，直到他圆寂，可算广济寺的创始期。这时期所建置的有甘井、华亭、法堂、香厨、浴堂等等。弘演之后，道广、义弘二师，将大殿山门修完，正是辽圣宗太平五年(公元1025年)。弘演的创始期间，若以二十年计算，则寺之创始，当在太平五年以前二十年，约当圣宗统和二十三年(公元1005年)这年代可假定是广济寺创始的时代。

以上创始的历史，皆按太平五年碑。碑右侧文"皇朝建□太平十有二载仲夏五月五日立□□□□□□"。又有"重熙五年十二月二十□日受　敕前寺主□照"。按此则寺之受敕，当在重熙五年，碑之立则在太平五年，右侧所记太平十二年，不知与寺之建造有甚关系，可惜已看不清了。

碑左侧列施主名氏，有"清宁六年四月□□"以记年月，大概是辽代修葺的记录，补加碑侧。时在太平五年后之三十五年，公元1060年。

金元两朝并没有给我们留下碑碣。但万历九年碑，追述旧事，说：

"……殿后木塔，莫考其始，碣称高百八十尺，巍峙云端，为辽瞻表。辽灭金兴，完颜亮溃师于南宋，乌禄称号于辽阳。兵燹连绵，半遭煜烬。虽重新于权盐使边公，仅存十一于千百耳。……后塔成灰，遗址荒芜，寥寥数百载，无能复兴者。……"

照此则辽代建立，尚有木塔在殿后，大概是道广、义弘以后所加。碑文所称的碣，现在已无可考。而碣里所称高百八十尺的塔的寿命，也并不很长，大概与辽祀同尽；三大士殿乃是劫后余生耳。

现在山西应县佛宫寺尚有辽清宁二年(公元1056年)木塔(第八图)，为我们所知唯一孤本。塔高五层，《山西通志》称高三百六十尺，而伊东忠太博士说高不过二百五十日尺。三大士殿后的木塔，结构与形式一定与应县塔大略相同，乃至所用柱径木材大小也相同，也有可能性；因为由我们所知道的几处辽代建筑看来，辽代木材大小之标准，不唯谨严，而且极普遍，所以我们若根据佛宫寺塔来构造广济寺木塔的幻形，大概差不了很远。但就高低看来(按《志》和碣所称)，应县的高于宝坻的整整一倍，所以也许宝坻的高只三层，至于权衡和现象，一定与应县极相似的。

殿内第二座最古的碑，乃明嘉靖十三年(公元1534年)所立。去清宁六年已四百七十四年。碑文是"重修佛殿记"，说：

"……三大士殿……世远岁逝，风雨侵凌，土木朽剥，以至日损月圮，颠沛倾侵，不多日也。感邑中吏部听选省祭官赵选，士人王康、艾琛、李钧，谋请工□抽腐梁，换新柱。及有同辈人杨守道，中贵相芮元帝，出大梁二事，协力赞襄。群集议料：'此殿崩亏，邑失古场'。各捐已资，为梁柱者用焉。绘漆容

> 颜，光明者生焉。扶颠正斜，经营未竟。奇逢蓟郡盘山禅僧名圆成，号大舟和尚，年高行洁，瞻仰良久，慨叹俗辈尚修，矧我披剃空门，异域虽有古刹，不如是之雄峙。焚香矢曰，'厥功不就，没齿不归山！'寂然遁居。慕助领袖人袁得林，袁官，袁振，李琥，苦历寒暑五载，淡薄不动念。噫！倡率一启，众皆踊跃乐趋，赍助源来。工自始嘉靖八年孟冬月，渐次补修，殿宇复新，周壁塑绘五百阿罗汉，五大师菩萨，二金刚侍神，东西创置卫法二神堂。甃砌台阶，焕然完美。……其落成嘉靖十三年孟夏月吉日，竖碑题名，僧愿归山妥矣。……"

这次重修大殿，记录清清楚楚是抽梁换柱。邑人开始，而赖盘山圆成法师的募助，方得成功，前后共历五年之久。绘塑诸像也明明白白的列出。碑的后面，居然有下列诸名：

> 抽梁匠布经，徐伯川；木匠杨林，郭振，王世保；泥水李秀，袁官，李清，□□景，雷景玉，刘文清；妆屋匠徐文，程祥，镌字匠曹通，焦英；油漆匠王进；菜头高普成；水头乔龙。

这次修葺的技术人材，都在这里留名了。

其后四十七年，在比丘真宁领导之下，在殿后木塔故址，建立宝祥阁，有万历九年(1581年)碑《广济寺佛阁双成记》。据说辽金之交，兵灾之后，寺毁去一大部分(见前文)，虽得权盐使边公之重修，然仅什一于千百。

> "……废久则思兴，山门凋敝，诰赠都御史芮琦修之。三大士殿修于山僧圆成，四天王殿修于监寺真儒，皆即旧为新耳。后塔成灰，遗址荒芜，寥寥数百载，无能复兴者。比丘真宁，垂手成功，平地突起峻阁若干楹。阁势峻峭，文楶绣桷，藻栋虹梁。矗矗乎上摩层霄，俯窥八表，真平地之蓬莱也！阁成，无像何以告虔？儒师迥然发心，诣京铸造毗卢大佛一尊，下供千叶诸佛九百九十有九，共计千尊。费赍五百余缗。又塑罗汉尊者十八，圆觉菩萨十二，以周旋拱事之。圣像端严，祥云缭绕；金容昭永夜之光，莲萼逞长春之色。……"

这次兴修，完全是以阁代塔为目的，与三大士殿无关系。乾隆十年《宝坻县志》尚有："殿后为宝祥阁，高数十尺，凭阑远眺崆峒诸山，历历在目"之记载。而现在却是殿后一片平地，宝坻县人谁也不曾见过阁，乃至不知道阁之曾有。坍塌或烧毁，至少当在百年前了。宝祥阁的形状，也不难想象，最方便的例，莫如本刊三卷三期刘敦桢先生所调查的北平智化寺如来殿万佛阁(第九图)，那是明清建筑中一个可作代表的好例。

第八图 应县佛宫寺木塔

第九图 北平智化寺如来殿万佛阁

乾隆三十一年及嘉庆二十年，各有碑一座，只记檀越施舍，与建筑无关。道光九年，同年中却立了两碑，一碑文为《重修佛殿记》，一碑为《张善士碑记》，大概是记同一事项的。《张善士碑记》里说：

"……至明怀宗十三年，邑人涂其蔬茨，补其垣墉，无文可考，第于梁栋间大书信士捐资名姓。……"

这次是三大士殿明朝末次的修葺。入清以后乾隆嘉庆间大概免不了修补，但亦无文可考。道光九年重修，却记得清楚，张善士碑记接着记：

……迄今又百九十余年矣。金粉凋零，琉璃破碎，岌岌乎其势几危。而京师张公志义字慎修者，于道光癸未岁，客寓僧居，瞻依三宝。睹殿宇之屹峙崚嶒，势将倾圮，喟然曰："斯宝邑之大观也，余愿克遂，矢将此殿重修"。僧轩成曰："诸天佛祖，实监君言，僧人敢拜下风！"亦越五年，至道光戊午春，张公游宦津门，□□大遂，首捐白金二千两，以襄厥事。所□天津工匠，亦皆欢腾踊跃，日有兼功。庙峻观成，又复大出囊金，增修十八罗汉，布列森严，而诸佛之法像金身，亦遂庄严并著，璎珠焕然，金壁腾辉。呜乎盛哉。……"

这次修葺，多在装饰彩画，和修补瓦漏。现在东西对坐的十八罗汉，大概是这次增加的。

这位张善士虽然捐了二千两银子，但工程未能做完，所以重修佛殿记又说：

"……两次重修，固已涂其菆茨；今兹从事，岂止费逾万金。而庙僧轩成，毅然独任，甫修缘薄，随兴善工。……不逾年而其残基之湮没者，卓尔跋犖；旧址之倾危者，居然巍焕。……"

轩成和尚，为了要重修三大士殿，不唯出去化缘，并且出去借下了一大笔债。债主是邑绅杨超，垫了几千两银子，轩成还了十年，尚未还清，还差钱六千四百余吊。杨超后来不收了，道光十九年的碑，就是记这回事的。

有文可考的末次重修，有同治十一年（一八七二）的《重修广济寺碑文》：

"……瞻前殿而神惊，金刚努目；入正殿而首肯，菩萨低眉。法雨天花，于斯略见。当日良工心苦，功亦伟矣。然历时既久，物换星移，倾圮之形，日甚一日，……名峰上人者①，起而承之。……于道光九年间，经营伊始，告厥成功。……自时厥后，悠经四十余年，风雨摧残，丹青减色。设不预为之所，沧桑小变，朽蠹堪虞。……仗禅师之虔诚，整法门之清净。重番补救，光景长新。……"

从同治十一年，到现在又是整整一周甲。还没有大规模的重修，也无文字可考。但由彩画方面看来，至少已经过一次潦草的修理，因为现在不唯"丹青减色"，而且简直根本没有丹青，所有的木材都用极下等的油油上一遍，以免朽蠹而已。就此一点看来，可以知道修葺之简陋。

最近几年间，广济寺的各部已逐渐归了外面各种势力之支配。现在大殿是军草库；天王门是阅报处；东配殿的南二楹是长途电话局，北一楹是和尚的禅房；西配殿封闭未用。堂堂大刹，末路如此。千年古物，日就倾圮。三大士殿的命运，若社会和政府不速起保护，怕可指日而计了。

三、大　　殿

广济寺的建筑物，现在值得我们注意的，只剩这一座三大士殿。在将它作结构的分析以前，须先提出几点，求读者注意。

中国建筑的专门名词，虽然清式名称在今日比较普通，但因辽宋结构比较相近，其

---

①名峰上人者即轩成和尚，张善士碑已记着轩成和尚于道光九年重修，此地年岁既同，自是一人——作者注。

中许多为清式所没有的部分，不得不用古名。为求划一计，名词多以《营造法式》为标准，有《营造法式》所没有的，则用清名。

关于专门名词的定义，在本刊三卷二期拙著《蓟县独乐寺观音阁山门考》一文内，已经过一番注解，其势不能再在此重述。所以读者若在此点有不明了处，唯有请参阅前刊，恕不再在此解释了。

至于分析的方法，则以三大士殿与我们所知道的各时代各地方的建筑比较，所以《营造法式》与《工部工程做法》，还是我们主要的比较资料。此外河北、山西已发现的辽代建筑，也可以互相佐证。

(一) 平　面

三大士殿的间架，如太平五年碑所述，的确是五间八架（卷首图二），按清代匠人的说法，就是九檩五间。按西方的说法，就是个长的一面六柱，短的一面五柱的列柱式大厅。平面是个长方形，由柱中算，东西长约24.50米，南北18米。内围前面（南面）二柱不与左右（东西）柱成列，而向后（北）移一架（半间）之远，所以内围所包括的并非一个长方形。因这柱位之特殊，上部梁架也因而受极大的影响，成一奇特的结构。当在第四节详论之。

外围各柱之间除去前（南）面当心间及次间，与后（北）面当心间安装修外，全用砖墙垒砌。内围北面当心间次间，亦有扇面墙，做供奉佛像的背景。

内围柱之内，扇面墙之前，有砖坛，上供三大士像，及胁侍菩萨八，又朝服坐像一。台下左右各有胁侍菩萨三，卫法神一。扇面墙后有五大师像。东西稍间列十八罗汉。全部配置，左右完全均齐。内围前四柱之下，多有碑碣围立。

殿内用方砖墁地。但当心间最南一间，有类似槛垫石的白石一块，外皮与檐柱中线取齐，长1.40米，宽0.60米，稍北有大理石"拜石"一块，长2米，宽0.96米。

全建筑物立在只高于地面0.20米的极低台基上。台基前后出约2.47米，自檐墙外皮计出1.62米；两山台出2.54米，自山墙外皮计出1.70米。

台基之前为月台，与地面平，长16.5米，宽7.67米。西南角有方石一片，约0.84米见方，亦只浮放地面。月台正中有铁香炉座，香炉已不存。

(二) 立　面

三大士殿的外形（卷首图三及四，第十图）是一座东西五间，南北四间，单层，单檐，四阿（即庑殿）的建筑物。斗栱雄大，出檐深远。屋顶举折缓和，与陡峻的清式大异。因进深甚大；正脊只比当心间略长不多。脊端有硕大的正吻。全部权衡与蓟县独乐寺山门[①]

[①] 见本刊三卷二期拙著《蓟县独乐寺观音阁山门考》。——作者注。

第十图　三大士殿南面

第十一图　外檐斗栱

略同而大过之。

前面稍间，后面次稍间，和山面全部柱间阑额以下，都用雄厚的砖墙垒砌，墙面极完整，显然极近重修，也显然绝非本来面目。没墙的各间，都有整齐的装修，大概是与砖墙同时安上的。

前面正中檐下有两块匾，上一块是"三大士殿"，下一匾是"阿弥陀佛"。

外檐木料全用下等油料遍涂。柱、阑额，普拍枋（即平板枋），装修，都是红色，现已转酱红色，多处已剥脱。斗栱以上枋桁油绿色，现已苍老。

侧面立面，尤为阔矮。山墙竟低小似小围墙。斗栱与前后完全一样。

台基低小，只0.20米，原状绝不应如此。寺庭地面，几百年来必已填高许多，台基湮没，见于碑记。我沿台基边发掘下去，竟连旧基未见。现在台基四周的砖，深只一层，原物竟无可考了。

（三）柱

三大士殿共有柱二十八，柱分内外两围，外檐柱十八，内围柱十。内围南面当心间二柱，已如上文所述，不与左右柱成列，而向北移一步架。这两柱因位置特殊，所以牵动到上层梁架。

外檐柱径0.51米，高4.38米，为柱径之8.6倍。收分极少，不过25‰。檐柱侧脚，约合柱高9.15‰强，与《营造法式》所规定；"每一尺侧脚一分"的1%率相差不远。外檐次稍间几柱中，侧脚斜度竟有达高之3%者，大概是倾斜所致。就尺寸和比例看来，外檐柱与蓟县独乐寺山门外檐柱是完全相同的。

内围诸柱，除当心间二特殊柱外，都高约6.35米，径约0.54米，高为径之十一倍多；二特殊柱，高约6.75米，而径则几0.60米，比例也是11与1之比。

这许多柱，是否完全是辽代原物，尚待考。但后代抽换之可能性极少。柱头都卷杀成圆形。东面中柱的下段用石毂承接，大概是柱下端朽坏，所以用此法补救。石是不吸水的物体，可以将地下水分与柱隔离。这处用得极妥当。至于其他柱子下面都没有柱础，将柱完全放在砖地上，于力学与物料之保护，都极不合法。这种做法，大概不是原形，而是后世修葺或埋没的结果。

在内围诸柱之间，有许多补间的小柱(各图)，径约0.25米，是柁梁已呈弯曲乃至破断情态时加上去的，实在年月尚待考。

(四)梁枋及斗栱

在三大士殿全部结构中，无论殿内殿外的斗栱和梁架，我们可以大胆地说，没有一块木头不含有结构的机能和意义的。在殿内抬头看上面的梁架，就像看一张X光线照片，内部的骨干，一目了然，这是三大士殿最善最美处。

在后世普通建筑中，尤其是明清建筑，斗栱与梁架间的关系，颇为粗疏，结构尤异。但在这一座辽代遗物中，尤其是内部，斗栱与梁枋构架，完全织成一体，不能分离。但若要勉强将他们拆开，则可分外檐和内檐两大部；外檐构架，最重要的是斗栱，内檐构架，最重要的乃是梁枋。

甲 外檐构架

柱头与阑额之上，有普拍枋(清称平板枋)，所有外檐斗栱，都放在它上面。这阑额与普拍枋，是两块大小相同的木材，宽35厘米，厚18厘米。阑额窄面向上下，普拍方宽面向上下，放在阑额之上，二者之断面遂成丁字形。

普拍枋上的斗栱，可分为柱头，转角，和补间三种铺作。

1. 柱头铺作(第十一图)。按《营造法式》说法，是"出双杪重栱计心"，清式叫做"五踩重翘"。自栌斗口中，伸出华栱(翘)两跳，第一跳跳头横安瓜子栱(外拽瓜栱)，瓜子栱上安慢栱(外拽万栱)，慢栱上安罗汉方(外拽枋)。第二跳跳头安令栱(厢栱)，令栱上安替木(挑檐枋之一段)，上承橑檐槫(挑檐桁)。下层柱头方上雕出假慢栱，次层又雕泥道栱，上层不雕。各栱头和枋间在栱头方位上，都有散斗(三才升)或交互斗(十八斗)。在第二跳华栱之上，与令栱相交的是耍头，将头削成与地平作三十度之锐角，与独乐寺耍头完全相同。

斗栱后尾有华栱两跳，而没有与之相交的横栱。第二跳紧托梁下，梁头伸出外面成耍头。在这点上又与独乐寺山门的做法完全相同。

2. 转角铺作(第十二图)。除去正面和山面的各层栱枋"列栱"相交，而成九十度正角外，在屋角斜线上，有角栱三层伸出，与华栱及耍头平。与角栱成正角的又有抹角栱二跳，与华栱二跳平。所以转角铺作的平面，正是一个米形。

在柱的中线上，正面的第一跳华栱，乃是山面泥道栱伸引而成。第二跳华栱乃是山面下层柱头枋伸出。山面中层柱头枋在正面却成为耍头。转过去在山面的华栱耍头也与此一样，是正面泥道栱和柱头枋伸引而成。

各角栱和抹角栱，在平面上与华栱成四十五度角，而各栱出跳远近，和与它们同层的各跳华栱齐。角栱三跳，与华栱二跳及耍头平。抹角栱却只二跳，上有抹角耍头，和与它们同名各件同层。但是抹角栱的两端，并不与栱的本身成正角，而作四十五度角，与建筑物的表面平行；耍头也是如此。是值得注意之点。

第一跳跳头之上，有瓜子栱一道，一端与同层的角栱相交切，一端伸过第一跳抹角栱。这瓜子栱之上，亦有慢栱一道，两端的构造与它相同。

第二跳跳头之上，每栱头上有一道令栱，成为三道相连的令栱，但因地方太狭小，所以正中一道与两旁的两道共用一个散斗《营造法式》所称鸳鸯交手栱者是。这三道栱，实际上乃由一整块木材制成，而刻成假栱形。

在第二跳角栱跳头上，两面的令栱相交，承住两面的替木和橑檐槫；斜角线上，又有第三跳角栱，以承上面的角梁。

转角铺作的后尾(第十三图)，除去正面山面的各层栱枋外，在斜角线上有五跳的角栱，跳头都没有横栱，最上一跳承住正面、山面下平槫(下金桁)下襻间(枋)的相交点。与独乐寺山门完全相同。

3. 补间铺作(第十一图)。在柱头与柱头或柱头与转角铺作之间都有一朵(攒)补间铺

第十二图　转角铺作

第十三图　转角铺作后尾

作。其结构与独乐寺山门的补间铺作大致相同,唯一不同之点就是外跳是计心造而非偷心造。

补间铺作最下一层是直斗,立在普拍方上。直斗之上是大斗,大斗口中,沿建筑物正面平行的,是三层柱头枋和它们上面的承椽方。下层柱头枋上刻假泥道栱,中层刻慢栱,上层不刻。与各枋成正角者为华栱两跳。第一跳跳头有令栱,栱上承住罗汉枋;第二跳跳头无栱,只有与令栱同长的替木,托住橑檐槫。

铺作的后尾(第十五图)共计华栱四跳,与柱头枋及承椽枋相交。最上一跳托住下平槫下襻间。各层跳头都没有横栱,与独乐寺山门所见相同。

这些补间铺作的位置,都正在各间之正中,到了梢间上,后尾便发生了问题。下平槫的分位,正在檐柱与内围柱之正中,后尾最上一跳跳头应当正在下平槫相交点之下。但这点上已有转角铺作角栱后尾跳头承住,与补间铺作后尾跳头势不相容。在结构上转角铺作是重要的,所以荷载应放在它上面,而补间铺作不能不略让开,在旁边担任帮忙的工作。让开的办法,是将最上一跳的跳头,向建筑物中心方面移动,但因铺作不移,

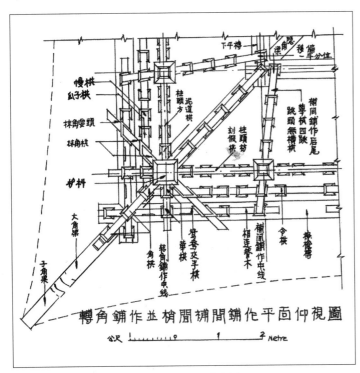

第十四图　转角铺作并梢间补间铺作平面仰视图

第十五图　补间铺作后尾

仍站在梢间之正中，所以华栱与柱头枋不成正角(第十三、十四图)，与独乐寺山门将全攒铺作移偏的办法不同。

因华栱里跳跳头向内移，所以外跳跳头向外偏。结果则与转角铺作更接近，其间容不下替木之长。于是梢间补间铺作与柱头铺作的替木相连为一。《营造法式》卷五造替木之制，小注所说"如补间铺作相近者，即相连用之"，即可以此为例。后世挑檐枋，其实就是"补间铺作相近"，替木相连的自然结果。

4. 槫枋 在柱头铺作令栱之上或补间铺作跳头之上是替木，以承橑檐槫。槫是圆木，径约0.40米。在转角处，正面槫与山面槫相交，由第三跳角栱承住。

与槫平行而在外跳慢栱上者为罗汉枋，其大小与造栱所用材同。罗汉枋并无荷载，它唯一的机能是在各朵铺作间之联络。

5. 角梁 角栱跳头上并无宝瓶或"角神"来支撑，而有略似"菊花头"一类的栱(?)伸出，又有点像角梁的模样，与独乐寺和后世所见的都大大不同。它的上面托着老角梁，梁端卷杀成三曲瓣，简单庄严，略似法式卷三十之三瓣头样。仔角梁较老角梁略小，梁端有套兽。

乙　内檐构架

内檐构架是三大士殿建筑最美最特殊之处。木材之运用，到了三大士殿，可谓已尽其所长；大匠对他所使用的材料，达到如此了解程度，也可算无负于材料了。

三大士殿内部梁枋的构架，骤看似很复杂，而实在极简单。那样大一座佛殿，只由六种梁架合成，其中主要梁架，都南北向，顺着殿的横断线安置。

1. 乳栿 清称双步梁，是三大士殿内最简单而数目最多的一种梁架(卷首图五、六、七，及第十六图)。乳栿高约45厘米，宽26厘米，长两步架。一头放在外檐柱头斗栱上，一头插在内围柱上。除去南面当心间内围二柱位置特殊，不能用乳栿外，所有檐柱与内围柱间的一周圈，都用乳栿联住。它向外一端，斫造成耍头，成为铺作之一部分，使乳栿与铺作的结合特别的密切。

乳栿之上有小木条一块，宽17厘米，厚约11厘米。这块小木之上，安放着大斗，斗内泥道栱和华栱各一跳相交，成所谓十字栱者。华栱之上放着剳牵(?清称单步梁)，泥道栱之上是襻间(枋)，其上有三个散斗，托着替木和它上面的下平槫(下金桁)。这华栱上的剳牵，向内一端放在内围柱上的斗栱上，外端放在十字栱上。剳牵的机能不在负荷上面的重量，只在剳牵住下平槫与内围柱，是名实相符的。下平槫之旁，有斜柱支撑；斜柱下端支在乳栿上承椽枋之旁，以防槫向外倾圮。在梢间转角处，除去正面和山面乳栿之外，自外檐角柱至内围角柱之间，多用递角梁一道将角部的结构加多一层的联络。独乐寺观音阁三层的构架都是如此办法。明清建筑也多如此。但是三大士殿却将递角梁省略了去，在结构上稍嫌松懈，是可批评的。

2. 三椽栿 清称三步梁，共有两架(卷首图五及第十六图)，外端在南面当心间两柱头补作上，内端插入内围南面二柱上。梁高53厘米，宽35厘米，长三步架。在下平槫步位，有十字斗栱和斜柱支撑，与乳栿上的结构完全一样。十字斗栱上也有劄牵，长一步架，内端放在中平槫分位所在的一攒斗栱上，若不因柱位变动，这斗栱就正在内围当心间柱上。

这斗栱(第十七图)的最下层是个驼峰，驼峰之上是个大斗，大斗口内有泥道栱与劄牵斫成的栱头相交。泥道栱上有枋子三层，下层刻成假慢栱，中层刻瓜子栱，上层刻翼形栱；翼形栱上是替木与槫。与下层枋相交的有劄牵(?)一道，内端直达内围柱上而成为栌斗口内的华栱；与中上两层相交的上一架的四椽栿，当在下节详论之。

3. 四椽栿 清称五架梁，共有两架(卷首图五)。高53厘米，宽35厘米，长四步架。它下面主要的支点在内围南北二柱；南面一柱因为向北移了一步架，所以四椽栿的悬空净长度只是三步架；但它仍保持四步架之长度，而将南头放在三椽栿上中平槫(中金桁)下的铺作上，与上中两层枋子相交，而它的高度，刚是两枋加上一斗的高度。

四椽栿下的两支点，北头在内围柱上柱头铺作之上。这柱头铺作，计有栌斗，放在柱头上，斗上有泥道栱一道和枋子三层，假栱的分配与三椽栿上中平槫下的斗栱同。与泥道栱和下层枋相交的有华栱两跳，由乳栿上的劄牵伸出斫成。华栱跳头没有横栱，第二跳跳头紧托住四椽栿的下面。上中两层枋却与四椽栿相交。

中平槫旁边并没有斜柱支撑，到下层梁上只有类似而极短小的，支在四椽栿头上。按《法式》卷五，侏儒柱节内，有：

"凡中下平槫缝，并于梁首向里斜安托脚，其广随材，厚三分之一，从上梁角过，抱槫出卯，以托向上槫缝。"

大概就是说的这种东西。

四椽栿之上有两攒大同小异的斗栱，它们的机能与位置与后世的金瓜柱同，但是它们的结构特殊精巧，是后世所未见过的。就梁的本身说，这两攒斗栱是放在梁上各距两端同远之点；但若就悬空净长度当梁的长度算，则靠南一攒的荷载，直接由柱上转下去，与梁无关；而靠北一攒却正在悬空净长靠北三分之一的方位，而它的荷载却有三分之二在北面柱上，三分之一在南面柱上。所以就荷载说来，南面内围柱实比北面内围所负担的多得多了。

这两攒斗栱的最下层是三个散斗，放在四椽栿上；散斗之上是一个驼峰；托着大斗。大斗口中北面一攒有泥道栱一层，枋子二层；南面一攒就只是枋子三层。这三层栱枋虽配置略异，而他们每层的高低位置却与对面的相同。在大斗口中与四椽栿平行的有小栱一道，内端做成华栱，外端却是翼形；它们的上面又有一道枋子，与四椽栿平行，两外端做成栱形紧托在三架梁之下。这道枋子与泥道栱上的枋子同高相交。再上一层的枋的下皮，就与平梁(三架梁)的下皮平。更上就是替木和上平槫了。这种以斗栱来代金瓜柱的办法，在后世虽然也有，但是制作如此灵巧的，还没有看见过。

4. 平梁(第十八图)，清称三架梁。大小与乳栿(双步梁)同，长也是两步架。平梁之正中有小驼峰，驼峰上有侏儒柱，柱上有斗，斗上有栱与翼形栱相交，再上就是襻间，替木和脊槫了。脊槫之旁，有斜柱支撑在平梁两头上。

5. 太平梁(第十九图) 这是清式的名称，宋名尚待考。上部结构与平梁完全相同，而与之平行；两者相距仅 0.97 米。太平梁的中心，正在两山前后隐角梁(由戗)与脊槫相交点之下；它的任务就在承起这三者之相交点和上面沉重的鸱尾(正吻)。这太平梁全部的重量，是经过一攒斗栱而放在顺梁(见后文)上的。

太平梁与平梁大小结构既同，又相并列，所以侏儒柱上所承的枋子，都互相联制。斗内的栱穿贯两侏儒柱上，两端卷杀成栱，中段却相连。栱上的襻间也由平梁上一直穿过了太平梁上的栱头以外。再上的替木也是相连。这是"连栱交隐"的做法，在《法式》卷五里说的很清楚的。

6. 两山上平槫及枋 清称两山上金桁。由上平槫，替木，和三层枋子合成。长两步架，也放在顺梁上。枋子三层，下层两端放在大斗口内，两端伸出作翼形；中层作栱形，托住耍头形的上层枋。在枋的中段，下层与中层间，中层与上层间，都有一个散斗。上层枋刻假泥道栱形，上面三个散斗承着替木，替木又托着槫的中段(第十九，二十

第十六图 乳栿及劄牵

第十七图 三椽栿

图)。

7. 两山中平榑及枋(第二十一图)　清称两山中金桁。若讲位置,正在次间梢间之间各柱之上。在中柱之上有柱头铺作,内围角柱之上有转角铺作,柱间阑额之上有补间铺作。柱头上有栌斗,斗口内放泥道栱,上又有柱头(?)枋三层;下层刻慢栱形,中层刻瓜子栱,上层刻翼形,再上就是替木及中平榑。与泥道栱及下层枋相交的是乳栿上劄牵的后尾,下半斫成翼形栱头,放在栌斗口内;上半做华栱,与下层枋相交。与中层枋相交的有华栱一道,向内一端长两跳,向外一端却只长一跳,上承略似耍头的木材。我们若要挑眼的话,可以说这块木材在结构和机能上是无用的,但此外再找一块也不容易了。

在转角铺作上,泥道栱和下层枋的结构与中柱上的略同,不同处唯在劄牵与他们是"相列"的。中上两层在向内一面刻成假栱,与柱头上的

第十九图　平梁及太平梁

第十八图　平梁

第二十图　顺梁

完全相同,向外一端却斫成真栱,伸出至剳牵之上。

在外檐和别处的补间铺作上,除去它上面槫所载下的荷重,差不多没有别的担负。但在中柱与内围角柱间的补间铺作上,却有极大的一个荷载,经过立斗,放在阑额之上。因为太平梁和两山上平槫都是放在顺梁上,而顺梁又是放在这补间铺作上的;所以它的负担特别的重,而阑额的安全便发生问题了。现在为解决这问题,在阑额之下,已加了一根小柱子,以匡救阑额之不逮;添置这柱子的人是根据他"立木顶千斤"的常识加上去的,但是为明了这阑额的实力,我们可以大略计算一下。

第二十二图中虚线内有斜虚线的面积的重量,都由阑额负担,南北两阑额各担其半。计每阑额所负:

面积　9.47平方米。

　　木料:椽,槫,枋,斗,替木,顺梁,隐角梁共计3.74立方米。

　　砖,泥,瓦3.85立方米。

木料重量以720公斤/米³计,砖泥瓦平均以1,800公斤/米³计,计

　　木料重　$3.74 \times 720 = 2,700$ 公斤。

　　砖泥重　$3.85 \times 1800 = 6,750$ 公斤。

　　共　重　　　　　　　9,450公斤。

现在阑额的断面宽0.18米,高0.35米。若要求阑额上的安全荷载,按下列程式

$$\text{安全荷载(磅)} = \frac{\text{梁高}^2 \times \text{梁宽} \times 67}{\text{梁长(英尺)}} ①$$

得着的数目是2820公斤,而阑额上实在的荷载竟达9450公斤,超出安全荷载3.35倍,当然不胜其任。在结构方面这阑额是三大士殿最不合理之点。以上单就死荷载计算,若加上风压雪压,则所超出更大了。

8. 顺梁　为宋式所未见的名称②,虽然用途是有的。在结构方面论,其结构之不合理,仅亚于前段所说的阑额。次间的荷载,有四分之三都在顺梁上。现在的梁是明清式,下面还加有枋子一条,显然是后来的结构(第二十图);原来的大概已换去,嘉靖间重修,明明说换了梁,大概就是这顺梁。

顺梁一端放在山面补间铺作上,一端放在四椽栿上。原物一定与现在当心间二内柱上的枋子一般大小,但上面的荷载,按上文的略计,至少超出安全荷载三倍左右,所以

---

① Kidder: The Architects' and Builders' Pocket-book, P. 629. Beam Surported at Both Ends and Loaded at Middle: Safe Load, in Pounds = $\frac{\text{breadth} \times \text{square of denth} \times A}{\text{span in feet}}$，上列方式中 A 是一个常数,是一种单位梁(unit-beam),一英寸见方一英尺长上的安全荷载:这种黄松单位梁上的A是67磅,计算时即以此代入——作者注。

② 现已判明宋代称"丁栿",《营造法式》卷五,〈梁〉条:"若在两面,则安丁栿,"即指此。清代称顺梁或顺扒梁——陈明达、傅熹年注。

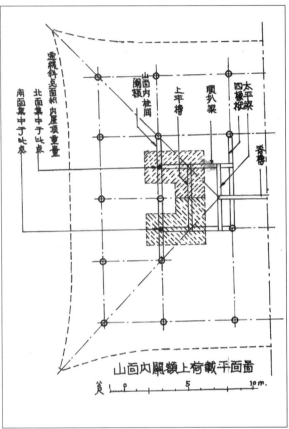

第二十二图　山面内阑额上荷载平面图

有换新的之必要。新梁大小超过原物，所以两端不能与斗栱等部织成一起；而四椽栿上加上笨重的托木，尤为难看。

9. 前后上平槫及枋　次间南北上平槫之下有枋子三道，与两山上平槫下的枋子相交，安在顺梁上的大斗口里。槫枋头上卷杀，与两山者完全一样。

当心间的上平槫，放在平梁梁头上。槫下枋子，北面两层，南面三层，与四椽栿上两攒斗栱各栱相交。南面内柱柱头间，还有阑额一道，上面有驼峰，托住上面三层枋和枋上所刻的假栱形(第十八图)。北面两枋间有小斗，托住上层上刻的假栱。

10. 前后中平槫及枋　除去南面当心间次间之外，都在内围柱上，有柱头铺作和补间铺作支撑。柱头上有栌斗口内的泥道栱，和栱上三层枋。下层枋刻假泥道栱，中层慢栱，上层令栱，再上是替木承着中平槫。泥道栱下，原来有直斗或驼峰，现已失去，代以小柱(第二

第二十一图　山面内柱斗栱及中平槫

第二十三图　内檐补间铺作

十三图)。

11. 下平槫 一周在乳栿中十字斗栱上。槫放在劄牵头上，下有一道襻间(第十六图)。

综上所述，在大殿大木用材上，有一个主要的特征，就是木材之标准化。这里取材之单位，如蓟县独乐寺所见，及《营造法式》所述，就是"材"与"栔"。读者恕我再郑重录下《营造法式》卷四大木作制度：

"凡构屋之制，皆以材为祖。材有八等，度屋之大小，因而用之。……各以其材之广，分为十五分，以十分为其厚。凡屋宇之高深，名物之短长，曲直举折之势，规矩绳墨之宜，皆以所用材之分以为制度焉。"

又说：

"栔广六分，厚四分。材上加栔者谓之足材。"

这材就是结构上所用的基本度量单位。全建筑的各木材皆以这"材"之倍数或其分数"栔"定大小①。《法式》所谓"皆以所用材之分以为制度焉"，就是指此。

这里又有一个问题，未得解决的。宋式之栔与材之比例为六与十五之比；材之宽与高为二与三之比，记载得很明白。至于辽式，我们虽知道这几种比例之必有定法，但以何为比例，则未得知。我们虽已仔细测量过多数的材，但木质经千年的变化，气候风雨之侵蚀，没有两块同大小的材，而且相差极巨。幸而独乐寺的材，与广济寺的材，显然是同一等的。两处三建筑的材，最大的高 0.25 米，宽 0.165 米，最小的 0.205 米×0.155 米；但平均计算，可以假定 0.24 米×0.16 米为标准材，则其横断面也是二与三之比，是很明显的。然而辽栔的尺寸，其厚若按各层栱间的空档算，则大者 0.14 米，小者 0.10 米，平均 0.124 米；其广则与材之厚同。但若用《营造法式》的方法，将辽材尺寸计算，则栔之厚当是 0.064 米与实在尺寸相差一半，所以材栔之比例，辽代与宋代显然不同，但在未得更多数实物来比较以前，不敢乱下定语，还待下次实测来佐证或反驳。

这里更有一个问题，也不妨提出讨论。按《法式》"材有八等……第一等广九寸，厚六寸；右殿身九间至十一间则用之。第二等广八寸二分五厘，厚五寸五分；右殿身五间至七间则用之。第三等广七寸五分，厚五寸，……"辽材大小虽尚无考，但《朱子家礼》所载尺及宋三司布帛尺，约合 0.2825 米，谅与辽尺无大出入。若按宋尺计，0.24 米适合宋尺八寸五分，0.16 合宋尺五寸七分。在第一、第二等材之间，而较近于第二等。若是《法式》所定以第二等材用于殿身五间七间之法是从唐辽所传，则独乐寺广济

---

①据后来研究，《法式》结构上所用的基本度量单位，实际是"分"。即材高的十五分之一——陈明达注。

寺所用当属二等材，而它们的大略尺寸是广 0.24 米，厚 0.16 米，对于辽宋尺之研究，在这里又是一条门径。

至于梁枋他部的尺寸，虽大小略有出入，但可分为下列六种标准材。

甲	0.53×0.35	两材四分
乙	0.45×0.26	两材弱(?)
丙	0.40×0.16	一材一栔三分弱
丁	0.35×0.18	一材一栔(足材)
戊	0.24×0.16	一材
己	0.16×0.12	一栔

这几种尺寸，虽不能与所定材栔十分符合，但相去却不远。在《法式》卷五造梁之制，小注中有

"……凡方木小须缴贴令大，如方木大不得裁减……"

这通融办法，可以省工，并不费料，而大梁木材尺寸之稍有不同，这也是一个原因。但在这几种材之中，如丁为甲之三分之一，己为戊之一半，也是极明显的[①]。

至于柱径，与甲略同。以三大士殿之大，结构之精，而用材(连柱)只有六种大小，于设计，估价，及施工上，都能使工作大大的简单化。这是建筑工程方面宜注意之点。

(五) 举 折

除去斗栱梁枋的本身以外，它们相互垒构出来的结果，举折的权衡——屋盖的轮廓，是这座建筑物外观上最有特征，最足注意之点。

三大士殿举折的角度，与独乐寺观音阁山门大致相同。按《营造法式》，殿阁楼台举高合进深三分之一；瓪瓦厅堂则举四分之一，再加百分之八。清式举架所得角度，若用法式的方法计算，也约合三分之一强。而三大士殿前后橑檐槫间距离 18.5 米，举高约 4.85 米，适为四与一之比；独乐寺的举折也是如此。我们虽只实测过这两三座的辽物，一时还没有更多实例来佐证，但是根据这三个完全相同的实例，在发现别的反证以前，暂时武断的假定辽式举屋之制，在殿阁上所用的角度，与《法式》所规定普通厅堂的角度减去特加之百分率的举度相同——就是四分之一的举度。

《法式》所规定殿阁三分举一的角度，与清式的角度大致很相近；而辽式殿阁的举度，竟较宋式厅堂还低，是我们极应注意的。

至于折屋之法，《法式》卷五说：

"以举高尺丈，每尺折一寸，每架自上递减半为法。如举高二丈，即先从脊槫

[①] 系按截面面积计——陈明达注。

背取平下至橑檐方背；其上第一缝折二尺。又从上第一缝槫背取平下至橑檐方背；于第二缝折一尺。若槫数多，即逐缝取平，皆下至橑檐方背，每缝并减上缝之半。"

若以三大士殿举高及前后橑檐槫间尺寸，按上录方法取折，则所得断面的轮廓，与实物差不多符合（第二十四图）。时间风雨的侵蚀，施工时之不精确，都足以使建筑物略变原形。所以又暂时假定三大士殿折屋之法与《法式》所定是相同的。

根据上述两假定，我们又可以说：举屋之法，辽宋虽同是以举高之度为先决问题，但因所定高度不同，其结果宋式反与用另一个方法定举架的清式相似，而辽式较宋清的举度都和缓。至于折屋之法，辽宋是完全相同的。然则宋式在辽清之间，与它们各有一个相同之点，其间蜕变的线索，仿佛又清楚了一点了。

(六) 屋　　盖

椽子以上遮承雨雪的部分，统包括在屋盖之内。

三大士殿的屋盖构造法，是在椽子上放砖，以代望板；换句话说，就是用砖做望板。但这种做法，只限于四周承椽枋以内，承椽枋以外，一直到檐边，还是用木质做望板。

望板以上，照例有苦背——垫瓦的草泥。我们虽未得揭瓦检查其内有无，但总不能有例外的。

苦背之上是板瓦，板瓦之上覆筒瓦。筒瓦东西九十陇，南北七十陇，都是整齐的数目。筒瓦长44厘米，径21厘米；清式琉璃瓦二样筒瓦长一尺三寸五分，径六寸五分，

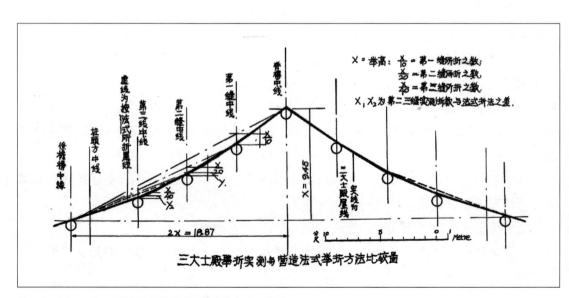

第二十四图　三大士殿举折实测与营造法式举折方法比较图

与这数目相差不远。各陇中至中约 38 厘米。

瓦上的正脊，垂脊，鸱尾，垂兽，走兽，形制都极特殊。与清式大大的不同。

正脊的尺寸，由地上肉眼观看，是看不出实在大小的。由瓦沟至脊上皮，计高 1.53 米，约有一人高，一般长短的人，在脊的那一面便看不见这一面。脊的结构乃由多块的砖垒成，两旁刻有行龙的雕饰(第二十五图)。

正脊之长只比当心间长一点，在雄大缓和的屋顶上，尤显得短促雄壮，所呈的现象与后代建筑是完全不同的。

正脊之两端有庞大的鸱尾，既不似明清之吻，更不像唐代的尾。它的形式可以说约略像一块上小下大的长方形，顶上微有斜坡，由较高的一面生出微曲而短小的尾。尾上有多数的鳍伸出，鸱尾之上斜插宝剑一把，宝剑的形是极写实的，不像明清的"程式化"。鸱尾的下端是龙头，张着大嘴衔住正脊。嘴的唇线，嘴里的舌头，和腮上的须毛，都十分的苍老古劲。鸱尾上半段戏珠的双龙，也极古雅有力(第二十六图)。

垂脊由素砖砌成，上下起几条圆线，并无雕饰。但是垂兽的图案，却特殊有趣。明清常见的垂兽，都以垂脊当龙身，而垂兽仿佛是龙头，面向外角。三大士殿所见，则向内一面，做法略似鸱尾，张着大嘴咬住垂脊，而同时向外一面，又有清式的另一个龙头向上仰起(第二十七图)，实是一种特殊的图案。

垂兽以下，计有走兽九件(第二十八图)，形制与后世的大大不同。其中有清秀的天马和凤，倒立的鱼(第二十九图)，都是罕有的古例。瓦角上的拂菻(仙人)，是甲胄武士，举起右臂，坐在檐头，与独乐寺所见一样。法式所谓屋角的"嫔伽"，就是他的女性。不似清式的仙人之带有浓厚的道教色彩。

(七) 墙　壁

正面两梢间，背面次梢间，和山面东西各四间，都用极厚的砖墙垒砌。墙厚约 1.16 米，上部略有收分，大概是清末所修，现在墙砖还完整如新。墙之内面原来大概是有壁画的，至少我们知道嘉靖十三年"周壁塑绘五百罗汉"，现在却一点痕迹都没有了。

(八) 装　修

南面当心间次间，都有完整的装修，计每间装格扇六扇。扇心的棂子，是极简单的小方格。阑额之下，格扇之上，有中槛一道；中槛之上安有横披，也是方格，但较小，斜角安置。各斗栱之间，安垫栱板的分位，也用斜格装修，但方格较大。这些装修大概都是后世重修所做，原物已无可稽了(第三十图)。

(九) 塑　像

殿的主人翁就是殿名所称的"三大士"。在广大的砖坛上，当心间及次心间各供一位。坛上有朝服像一尊，胁侍八尊，坛下有侍立菩萨像六尊，卫法神（金刚、韦驮各一?）像二尊。梢间沿东西山墙下有十八罗汉像。扇面墙北面有五大师菩萨并挟侍共七尊。共计像四十五尊。

若按手法定时代，殿内诸像显然可分别出两种不同的手法来。三大士像及侍立诸菩萨像属于一种；朝服像，卫法神，十八罗汉，五大师菩萨是属于又一种。按县志卷十五："其中三大士暨诸天神像，貌一一奇古，不类近代装；或曰乃刘元所改塑也。"按刘元乃元代最有名的塑像师，通称"刘銮塑"，宝坻人。就地理上看来，刘元改塑之说是很有可能性的。史有刘銮其人，实即刘元，非两人也。至于按手法来定时代，则刘元之说，也像很合。现在我们若以几个唐，辽，宋，元，明，清的佛像比列相较，则其变化程序，自易分晓，而广济寺塑像在时代上的位置，自然也很明了了。第三十一图 a 乃作者藏唐代造像，眉弯鼻楔，细腰挺腹，是最足以代表唐代的作品。cd 是独乐寺辽代重塑观音及胁侍像，尚具唐风。宋代佛像，如法国罗浮美术馆藏 b 像，衣褶不甚流丽，而生气不如唐像。e 是智化寺明代佛像，一方因密宗的传入，衣饰大异，而其笨拙，尤为明清造像最大的劣点。

三大士像（第三十二，三十三，三十四图）面部骤视，较之图三十一 abcd 略嫌笨拙，尤其是下颔两腮，颇感太肥；但五官各部仔细分析，眉目鼻，都极"唐式"，唯有口边没有唐式慈祥的微笑，致使精神大异，使我们感着他稍带尘俗之气。至于衣褶流丽，雕饰精巧，在明清雕塑难找可与比较的作品。而三大士的手，精美绝伦，可说是殿中雕塑最精彩处。

这三尊像，大致相似，而姿态衣饰略有不同；他们的手势，三位各异。所谓"三大士"者，说法很多，最普通的是观音，文殊，普贤。钢和泰先生的意思，认为正中者是观音，左（东）文殊，右（西）普贤。文殊手中原先拿著书卷之类，现虽失去，但是两手一上一下，还表示捧着东西的姿势。至于他们的衣饰虽各不同，而精美则一，显然不是一个普通的匠人所能做的。

像座三个差不多完全相同，下面是八角须弥座，每面有伏狮承驮，在辽宁义县辽塔上有那种做法。须弥座之上是莲座，被后世彩色乱涂，丑怪得很。

每位大士像之前，都有两尊胁侍菩萨像，而中央像旁，更有两位侍立童子（?）和一尊朝服像（这像是后来添塑，这里暂不讨论）。坛下左右也有四菩萨二童子（?）（第三十五图），菩萨像高约 4.20 米，童子像高约 3.10 米。这十尊侍立像，都是细腰挺腹，衣褶流丽，所保存的唐风，较中央像尤多。若不小心，几乎可以说大像与侍像是属于两个时代的。

在所有艺术发达的程序上，陪衬的部分，差不多总要比主要的部分落后一点；主要部分已充分的表现某时代色彩，而陪衬部分尚保持前期特征，已成了一种必然的趋势。

第二十五图　正脊

第二十七图　垂兽

第二十八图　走兽全部

第二十九图　鱼凤

第二十六图　鸱尾

第三十图　装修及匾

第三十一图　(a)著者藏唐造像　　(b)法国罗浮美术馆藏宋造像　　(e)智化寺明代像

(c)独乐寺辽塑十一面观音像　　(d)独乐寺辽塑胁侍菩萨像

因为主要的部分，多由当代大师塑绘，而次要部分则由门徒们帮同动手，大师多为时代先驱，开风气之先，而徒弟们往往稍微落后。在欧洲各时代的作品，尤其在哥德式庙堂雕饰上，这种趋势最为明显。至于我国古艺术，单以独乐寺十一面观音像为例，这一点已极明显，胁侍两菩萨的确比中央大像"唐式"得多。三大士像及"侍立诸天神"，也足以做这种趋势的代表。

属于另一种手法的是左右卫法二神，正中朝服像，十八罗汉及五大师。他们的特征是一种显然笨拙而不自然的样子。其中较精的一尊是西面卫法神像(第三十六图)。它是一位红脸的武士，右手执戟，面部的塑法颇为写实的而稍带俗气，但全部不失为一件精美的塑像。东面一位白脸的(第三十七图)，合掌侍立，面部手部都呆板无生气，大概都是近代所补塑。十八罗汉无一佳作。五大师像及二侍者堆在草中。密宗影响尤重，不足以列于艺术。

(十) 匾

殿正额曰"三大士殿"，是个华带牌，心高1.60米，宽0.64米。书法近颜体，与独乐寺"观音之阁"极相似，就说同出一手，也极有可能性。

正额下有横额一方，"阿弥陀佛"行书四字，康熙四十八年白某所献。

(十一) 碑　碣

三大士殿内共有碑九座，对于广济寺的沿革，记载颇详尽；我们所愿知道建筑修葺的经过尤多。普通的碑碣，向来只发哲学论，记而不"记"；而这里九座碑，竟不落俗套，将三大士殿的建筑沿革详细的告诉我们，是我们对于当时撰碑文的先生们所极感激的。

第三十二图　当心间大士像

第三十三图　东次间大士像

第三十四图　西次间大士像

第三十五图　西次间胁侍菩萨像

第三十六图　西面卫法神像

第三十七图　东面卫法神像

第三十八图　辽太平五年碑

其中最重要最古的一座，当推辽太平五年(公元1025年)碑(第三十八图)，俗称透灵碑，为宝坻八景之一，称"珉碣银钩"，亦称"文灿灵碑"《县志》卷十四谓"其碑光莹澄澈，对面可鉴，叩之有声铿然"。这许多特殊之点，可惜我们俗眼凡胎，都看不出来。碑下贔屃古劲，碑额雕龙精美，式样与明清碑碣不同。朱先生说北平附近诸山产石如汉白玉，青白石，艾叶青，灰石，磨石，红沙石，豆渣石，皆不宜于镌刻。讲究碑碣摹刻勾画，不失黍粟，最好为泗州之灵壁，或卫辉之铜操石。此石坚贞，磨之莹彻，扣之声如钟磬，所谓珉碣银钩，文灿灵碑，其为泗滨之物欤。这碑叙述寺的原始和殿之建立。

次古的是明嘉靖十三年(公元1534年)碑，叙述圆成和尚发起募捐修葺，并抽梁换柱事，和周围侍神罗汉之塑立。

万历九年(公元1581年)碑《佛阁双成记》述殿后宝祥阁之建立，以代辽代原有的木塔，可惜这阁已无踪迹可考。

此外清碑六座，或记殿宇之修葺，或记檀越之施舍，计乾隆三十一年(公元1766年)碑一；嘉庆二十年(公元1815年)碑记寺退还香火地与某施主；道光九年及十九年两碑记轩成之修理大殿。最后一碑乃同治十一年住持礼吉建，述三大士殿之修葺，此后的历史就没有记载了。

(十二) 佛　　具

殿内佛具只馀供桌三张，铁磬一口，尚稍有古趣(第三十二，四图)。供桌方整，前面用梿子分为方格，颇雅洁，有现代木器之风，不似普通所见的滥用曲线。

当心间左侧有铁磬一口，径60厘米，高50厘米，文曰：

宝坻县僧会司广济寺铸铁磬一口重二百五十斤

募缘比丘德善十方施主梅旺李全张宇

王奉　梅得时　康文　刘通　蓝奉　韩康　贾山　惠石

　　　　　　　　　　　　　　　　　　　弘治十年四月吉日造

此外尚有一口在殿内，径53厘米，高48厘米，文不可考，大概也是明物。

四、结　　论

就上文所论，综合数点，聊代结论。

(一)寺建于辽圣宗朝，弘演是开山祖。在第二世道广及义弘领导之下，于太平五年(1025年)完成大殿。嘉靖八年至十三年间换去腐梁。除去蓟县独乐寺观音阁山门外，是中国古木建筑已发现中之最古者。

(二)广济寺伽蓝配置中之诸部,其中重要的如天王门,木塔,及明代的宝祥阁,已一无所存,现在所见的东西配殿及天王门,在历史上艺术上都没有位置可言。

(三)在结构方面,斗栱雄大,计心重栱,与他处已发现的辽式相同。内部梁枋结构精巧,似繁实简,极用木之能事,为后世所罕见。而木材之标准化,和材栔之施用,与《营造法式》所述,在原则上是相同的。

(四)瓦上雕饰奇特,庞大的鸱尾,和奇异的垂兽走兽,大概都是原物(?)。

(五)主要佛像是刘元所塑之说,在手法上,时代上,地理上,都有可能性;可惜未能得真确已定的刘元塑像来比较一下。

最后一句牢骚话,关于三大士殿的保护。木造建筑怕的是火和水,现在屋盖已漏,不立刻补葺,木材朽腐,大厦将颓。至于内部堆积的稻草,尤其危险万分,非立刻移开不可。若要讲保护三大士殿,首须从这两点下手。

钢和泰先生,社长朱先生,社友刘敦桢林徽因二君,在分析研究上的指导;王先泽、莫宗江二君——尤其是王君,在眼病甚剧的时候——仔细制图,都是思成所极感谢的。

故宫文渊阁楼面修理计划[①]

蔡方荫[②] 刘敦桢[③] 梁思成

曩者故宫紫禁城角楼年久倾圮，经本社派员会同各关系机关修理，实为本社修理古建筑初次经验。其修理多在倾斜部分之复整，及涂其墍茨，于建筑物之结构及实用方面，问题较为简单。今秋十月，故宫博物院总务处长俞星枢先生复以文渊阁楼面之凹陷见告，嘱为检查，以便修理。查文渊阁东西五间，西梢间之西，复设楼梯一间，共计大小六间。其下层中央三间，辟为大厅，上层五间皮藏四库全书，系仿宁波范氏天一阁制度。社长朱先生偕同刘敦桢、梁思成前往勘查，则见：（一）各层书架之上部向前倾倚，大有颠扑之势，（二）上层地板中部向下凹陷，（三）各层内外柱及墙壁，大体完整，无倾斜崩陷之现象，而（一）项现象尤为明显。故宫当局因（一）种情况之危险，已早期将四库全书全部取下，另用木箱装贮，存入别库。但骤然观察，则（一）实似（二）之自然结果，二者似有因果关系，而（二）之补救，实为修理之主要问题，固无疑义也。

因外部观察之不足恃，故认为有拆卸楼板，检查柁梁楞木之必要。遂经拆除二层次间天顶，以查三层地板下之结构，经余等再度检查。其实况如次：

（一）楼板　厚 $2\frac{3}{4}$″（第一图）

（二）龙骨　东西向排列，高 $11\frac{3}{4}$″，宽 $10\frac{1}{4}$″，中心距离二呎二吋半。各龙骨间无十字木（Bridgging）联络。除中央大书架下之龙骨向下垂曲一吋又八分之一吋外，余无弯曲情状。至龙骨中有一二裂缝较长者，系材料本身缺点，与荷重无关。

（三）大柁　承重大柁系南北向排列，南北二金柱间之空档距离为二十呎七吋半，即柁身净长二十呎七吋半。高 $2'-\frac{3}{4}$″，宽 $1'-7\frac{1}{4}$″。柁与柱之接榫处宽 $6\frac{3}{4}$″。

柁身非整材，系包镶拼合而成。明间之柁，下垂 $2\frac{3}{8}$″，次间者 $1\frac{3}{4}$″。盖明间面阔二十七呎，与次梢诸间面阔十八呎半比，其荷载面积几增加三分之一，故其弯曲度亦较大。然此数字亦非十分精确，以调查时适架上书籍全部移藏库房，减轻荷重不少，否则其弯曲度（Deflection）当更超越上述数字。按拼合之梁，其载重力远不逮整块巨材，且依拼合接榫之方法，与木数多寡，及木之种类性质，其载重力至不一律。此次虽未拆毁各柁，详究其拼合状况，但就外表观之，其施工殊潦草。而铁箍仅厚四分之一吋，宽三吋，每隔三呎四吋置一条，致各柁之中部皆向下垂曲，为楼面下陷之主要原因。

（四）书架　书架之倾斜，非由于地板之凹陷，乃因书架皆倚木板隔断墙放置，而此项板

[①]本文原载 1932 年《中国营造学社汇刊》第三卷第四期——傅熹年注。
[②]蔡方荫（1901～1963）江西省南昌县人。1925 年毕业于清华学堂。同年考入美国麻省理工学院研究生。获硕士学位后，任美国迪·享德森事务所顾问工程师。1930 年回国后，历任东北大学、清华大学、西南联大、江西中正大学、省工专教授、系主任、院长等。解放后任南昌大学校委会副主任，中科院学部委员，重工业部顾问工程师，建工部建筑科学研究院副院长兼总工程师，土木学会常务理事，《土木工程学报》主编等。发表过学术专著 40 多篇，其中《变截面刚构分析》荣获 1956 年首次自然科学三等奖。
[③]刘敦桢（1897～1968 年），湖南省新宁人。1913 年留学日本，1921 年毕业于东京高等工业学校建筑科。1925～1931 年先后任教于苏州工业专科学校及中央大学。1931～1943 年任中国营造学社理及文献部主任。1943～1968 年先后任中央大学、南京工学院教授、建筑系主任、工学院院长。1955 年当选为中国科学院技术科学部学部委员。其著作主要有：《苏州古典园林》、《刘敦桢文集》（四卷）等。

故宫文渊阁

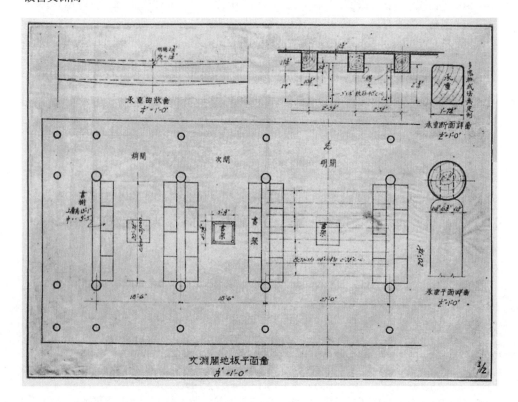

第一图　文渊阁地板平面图

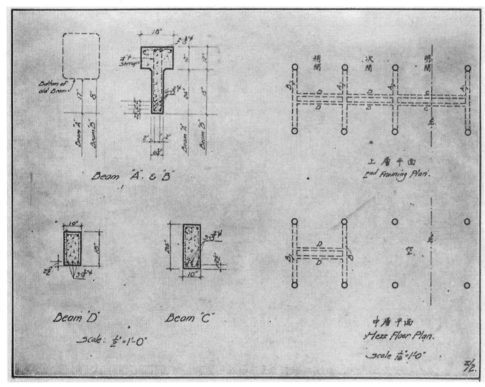

第二图　文渊阁水泥梁计划

墙面皆用麻刀灰涂抹。麻刀灰以内之泥质，因干燥后收缩之故，与木板分离，逐渐坠下，百余年来，此项泥土遂大部积于板墙脚部，而将书架挤斜，于楞木地板之凹陷实无关系。

其验算之结果；

（一）龙骨　书架系楠木制，重量较杉松二者为巨，但四库全书为宣纸抄本，每立方呎仅重二十六磅，不及洋纸书籍之重，且架大书小，空间甚多，为计算便利计，暂以书架之体积为标准，即包括书架书籍架内空间三者于内，平均每立方呎之重量，假定为二十六磅。其楼板龙骨柁梁等皆系黄松，每立方呎之死荷载为四十四磅，楼面之活荷载，每一平方呎定为四十磅，则明间中央大书架下之龙骨；

龙骨净长 $l = 25' - 4\frac{3}{4}'' = 25.39425'$

平均荷载（Uniformly load）

　　楼板死荷载 $= 1' \times 2' - 3\frac{1}{2}'' \times 2\frac{3}{4}'' \times 44^{lbs} \rightleftharpoons 23^{lbs}/\text{per linear ft}$

$$龙骨死荷载 = 1' \times 11\frac{3}{4}" \times 10\frac{1}{4}" \times 44^{lbs} \rightleftharpoons 38^{lb8}/\text{per linear ft}$$
$$\underline{楼面活荷载 = 1' \times 2' - 3\frac{1}{2}" \times 40^{lbs} \rightleftharpoons 92^{lbs}/\text{per linear ft}}$$
$$共计 = 153^{lbs}/\text{per linear ft}$$

$$挠曲转矩\ M_1 = \frac{wl^2}{8} \times 12" = \frac{153^{lbs} \times 25.39425^2 \times 12"}{8} = 129600""^{lbs}$$

中央集中荷载(Concentrated load at center)

$$书架 = 2' - 3\frac{1}{2}" \times 5' - 5/8" \times 13' \times 26^{lbs} = 3910^{lbs}$$

$$挠曲转矩\ M_2 = \frac{wl}{4} \times 12" = \frac{3910^{lbs} \times 25.39425' \times 12"}{4} = 298000""^{lbs}$$

两端集中荷载(Concentrated load at both ends)

$$书架 = 2' - 3\frac{1}{2}" \times 2.4' \times 13' \times 26^{lbs} = 1860^{lbs}$$
$$挠曲转矩\ M_3 = Pa = 1860^{lbs} \times 1.2' \times 12" = 26800""^{lbs}$$
$$故\quad 总挠曲转矩\ M = M_1 + M_2 + M_3 = 454400""^{lbs}$$
$$龙骨之荷载力\ S = M \times \frac{6}{bd^2} = \frac{454400 \times 6}{10\frac{1}{4}" \times 11\frac{3}{4}"^2} = 1942^{lbs}/\square" > 1200^{lbs}/\square"$$

按黄松之安全应张力度，每平方时为一千二百磅，此则超出二分之一，宜其中部发主弯曲之病。但前述黄松应张力度，尚有安全率(Factor of safety)不在估计之列，故此项龙骨虽中部下垂，而卒无折毁危险者，职是故也。至于明间南北二侧之龙骨，无中央书架之集中荷载，其每平方时之荷载力在一千二百磅以内，故十分安全。其算式如次：

$$总挠曲转矩\ M = M_1 + M_3 = 129600 + 26800 = 156400""^{lbs}$$

$$龙骨荷载力 = \frac{6M}{bd^2} = \frac{6 \times 156400}{10\frac{1}{4}" \times 11\frac{3}{4}"^2} = 668^{lbs}/\square" < 1200^{lbs}/\square"$$

(二)大柁　明次梢各间大柁，以明间面阔较巨，所载重量最大，兹验算明间大柁之荷载力如次。柁上间壁之死荷载，每平方呎定为二十磅，余同前。

$$柁长 = 20' - 7\frac{1}{4}" = 20.6225'$$

平均荷载

$$楼板死荷载 = 20.6225' \times 22.75' \times 2\frac{3}{4}" \times 44^{lbs} = 2530^{lbs}$$
$$龙骨死荷载 = 9 \times 22.75' \times 11\frac{3}{4}" \times 10\frac{3}{4}" \times 44^{lbs} = 2530^{lbs}$$
$$柁本身死荷载 = 20.6225' \times 1' - 7\frac{1}{4}" \times 2' - 3/4" \times 44^{lbs} = 2900^{lbs}$$
$$间壁死荷载 = 20.6225' \times 13' \times 20^{lbs} = 5300^{lbs}$$

靠壁之书架 = 20.6225' × 4.8' × 13' × 26^{lbs} = 33430^{lbs}

楼面活荷载 = 20.6225 × 22.75' × 40^{lbs} = 9960^{lbs}

                 共计 = 62950^{lbs}

挠曲转矩 $M_1 = \dfrac{W1}{8} = \dfrac{62950^{lbs} \times 20.6225' \times 12"}{8} = 1997400"^{lbs}$

中央集中荷载

中央书架 = $4' - 7\frac{5}{8}" \times 5' - 5/8" \times 13' \times 26^{lbs} = 8120^{lbs}$

挠曲转矩 $M_2 = \dfrac{W1}{4} = \dfrac{8120^{lbs} \times 20.6225' \times 12"}{4} = 502400"^{lbs}$

总挠曲转矩 $M = M_1 + M_2 = 2499800"^{lbs}$

大柁荷载力 = $\dfrac{6M}{bd^2} = \dfrac{4 \times 2499800}{1' - 7\frac{1}{4}" \times 2' - 3/4^2} = 1214^{lbs}/□"$

以上计算，系依照现存大柁之断面积为之，其荷载力略与黄松安全应张力度相等。然现有之柁系拼合而成，非整块巨材，其应张力度，至多只能认为整块黄松之半。换言之，每平方时之荷载宜在六百磅以内。然现有大柁，每平方时承受一千二百余磅之荷载，超过容许(Allowable)荷载力约一倍，宜其柁身向下弯曲，发生楼面下陷之现象也。至于柁之铁箍过少，与两端接榫过狭，且无雀替补助，皆不失为次要原因。

综上勘查验算之结果，中央书架下之龙骨，及南北向大柁所受荷载，皆较容许荷载力更大，自宜设法早日掉换新料，代替业已垂曲之旧材。掉换之法，不外用(甲)木柁，(乙)工字钢梁，(丙)Trussed Girder，(丁)Tie-rods，(戊)钢筋水泥梁数种。惟按修理旧建筑物之原则，在美术方面，应以保存原有外观为第一要义。在结构方面，当求不损伤修理范围外之部分，以免引起意外危险，尤以木造建筑物最须注意此点。故选择修理方法，当以简便而无危险性者为标准。而上列各修理法；

(甲)木柁 虽不难觅购巨材，然木材究属有机物，其干节腐节裂缝等，须加精密检查，良材十不获一二。其尤困难者，无如接榫之不易。盖金柱上部直径约二呎，新柁两端插入柱内，其榫最少须为直径之半，即每端须插入一呎，始臻稳固。但修理时以不惊动柱架为主要条件，当然不能因新柁接榫之故，移动柱身，实际上亦丝毫不能移动。故木柁之榫，一端插入金柱内，其另一端势非凿去金柱一部分，始能装入柱内，其违反上项修理原则，不能采用可知。若于柁两端之下，添方形建柱，承受柁端，未始非补救之一策，但柁两端之榫，仍不及全都插入柱身内之稳固。且建柱须以铁箍固定于金柱之侧，不仅外观不佳，金柱须重加油饰，亦不合算。

(乙)工字钢梁 就材料本身论，其优点固较木柁为多，但其两端不能完全插入柱身内，与木柁同一情状。且工字钢梁之上下 Flange 颇阔，为容纳 Flange 计，势非凿毁柱身不可。而梁两端插入金柱处，因所载荷重甚大，不能仅以水泥填塞了事，须用螺丝多具与金柱联络，始能安稳。但现有金柱亦系包镶，为势绝难增凿多数之螺丝孔，增其危险，故此法亦不适用。至于市场上不易求购此项材料，尤其余事。

(丙) Trussed Girden，再次则求不掉换现有之木柁 仅于柁下加斜钢条，构成 Trussed girder，增加其应张力度，或于柁上之间壁处，就现柁之上，加构 Truss。但柁柱均系包镶，不仅钢条螺丝等凿孔不易，Truss 两端尤无交代，均非宜于此项修理工作。同时 Trussed girden 下部之斜钢条，露出过大，有碍观瞻，亦非修理古物所宜采用。

(丁) Tie-rods 将现有垂曲之柁，用钢绳及钢杆吊于上部屋架大柁下，无论后者不能胜此重量，即使胜任，下部包镶之柁，亦不宜多开孔洞。若于金柱之顶，另构 Truss 代替屋架之大柁，则 Truss 两端之斜分力，恐将金柱向外侧推出，危险更甚。

(戊)钢筋水泥梁 其施工视前述数种较为简便合用。修理时将旧柁拆下后，即装置壳子板(From)板内安配钢条，灌入水泥，其与柱身接榫，毫无困难可言，施工时亦无震动柱架之危险，而水泥本身非如木柁易受气候影响，发生腐蚀破裂及虫伤诸弊，更为一劳永逸。仅柱之榫口须预涂防腐剂，如 Coal-tar 或 Creosote 之类，免水泥未干时，木柱吸收水泥内之水分，发生腐蚀耳。

就以上各种修理方法观之，当以钢筋水泥最为适当。故拟将上层明次梢各间大柁六根，一律易为丁字型钢筋水泥梁，两端附以雀替。(第二图)盖丁字型较矩形切断面之梁，更为经济合算，且可利用上部 Flange 承载龙骨，一举两得，无逾于此。同时下部 Web 之宽，可照原有旧柁榫口之宽度，不必增凿，致损柱身，仅榫口之下部加凿尺许，容纳 Web 及雀替。如柁身过高，露出天花之外，可用木材包镶，上施彩画，雀替之形，亦期与普通形式符合。至于中央大书架下之龙骨二根，亦改为矩形钢筋水泥龙骨，此项龙骨除承载书架外，并可联络各柁不使孤立。(第二图)其余南北二侧龙骨及楼板之尺寸，均可仍旧，不必更换。

左右梢间之中层皮书处，其楼板亦稍凹陷，自宜同时掉换钢筋水泥梁及钢筋水泥龙骨。(第二图)修理时须将柁上之间壁，及楼板龙骨大柁等，一律拆下。同时宜将其余梁架，临时用木柱支撑，俾金柱所受荷载，较平时减少，并使工作期间内，不因震动发生危险。其楼板拆下后，恐毁损过半，不能再用，可乘此机会换用企口板。各间壁拆后，亦须重添新料，仅龙骨多数仍可照旧使用耳。

上述修理计划，已由本社向故宫方面详为报告。将来如经采纳施行，则施工之经过及结果，当在本刊继续发表。

平郊建筑杂录(上)

梁思成　林徽音

北平四郊近二三百年间建筑遗物极多，偶尔郊游，触目都是饶有趣味的古建。其中辽金元古物虽然也有，但是大部分还是明清的遗构；有的是煊赫的"名胜"，有的是消沉的"痕迹"；有的按期受成群的世界游历团的赞扬，有的只偶尔受诗人们的凭吊，或画家的欣赏。

这些美的存在，在建筑审美者的眼里，都能引起特异的感觉，在"诗意"和"画意"之外，还使他感到一种"建筑意"的愉快。这也许是个狂妄的说法——但是，甚么叫做"建筑意"？我们很可以找出一个比较近理的含义或解释来。

顽石会不会点头，我们不敢有所争辩，那问题怕要牵涉到物理学家，但经过大匠之手艺，年代之磋磨，有一些石头的确是会蕴含生气的。天然的材料经人的聪明建造，再受时间的洗礼，成美术与历史地理之和，使它不能不引起赏鉴者一种特殊的性灵的融会，神志的感触，这话或者可以算是说得通。

无论哪一个巍峨的古城楼，或一角倾颓的殿基的灵魂里，无形中都在诉说，乃至于歌唱，时间上漫不可信的变迁；由温雅的儿女佳话，到流血成渠的杀戮。他们所给的"意"的确是"诗"与"画"的。但是建筑师要郑重郑重的声明，那里面还有超出这"诗"、"画"以外的"意"存在。眼睛在接触人的智力和生活所产生的一个结构，在光影可人中，和谐的轮廓，披着风露所赐与的层层生动的色彩；潜意识里更有"眼看他起高楼，眼看他楼塌了"凭吊与兴衰的感慨；偶然更发现一片，只要一片，极精致的雕纹，一位不知名匠师的手笔，请问那时锐感，即不叫他做"建筑意"，我们也得要临时给他制造个同样狂妄的名词，是不？

建筑审美可不能势利的。大名煊赫，尤其是有乾隆御笔碑石来赞扬的，并不一定便是宝贝；不见经传，湮没在人迹罕到的乱草中间的，更不一定不是一位无名英雄。以貌取人或者不可，"以貌取建"却是个好态度。北平近郊可经人以貌取舍的古建筑实不在少数。摄影图录之后，或考证它的来历，或由村老传说中推测他的过往——可以成一个建筑师为古物打抱不平的事业，和比较有意思的夏假消遣。而他的报酬便是那无穷的建筑意的收获。

---

①本文原载 1932 年《中国营造学社汇刊》第三卷第四期，由梁思成、林徽音(后改名徽因)合写。图号是校注时新编的——罗哲文注。

②林徽因(1904～1955 年)，女，原名徽音，福建省闽侯人。1916 年入北京培华女子中学，1920 年随父林长民游历欧洲，并入伦敦圣玛利女校读书。1921 年回国后复入培华女中读书。1924 年留学美国宾夕法尼亚大学美术学院，选修建筑系课程。1927 年获美术学士学位，同年入美国耶鲁大学戏剧学院学习舞台美术设计。1928 年 3 月与梁思成在加拿大渥太华结婚。1929 年出任东北大学建筑系副教授。1931 年～1946 年在中国营造学社研究中国古建筑。1946 年后任清华大学建筑系教授。

有关建筑学的主要论著有《论中国建筑之几个特征》、《平郊建筑杂志》、《清式营造则例》第一章绪论、《中国建筑史》(辽、宋部分)。

主要文学作品有《谁爱这不息的变幻》、《笑》、《情原》、《昼梦》、《瞑想》等诗篇几十首；散文《窗子以外》、《一片阳光》等。天津百花出版社出版有《林徽因文集》(文学卷和建筑卷)。

一、卧佛寺的平面

　　说起受帝国主义的压迫，再没有比卧佛寺委曲的了。卧佛寺的住持智宽和尚，前年偶同我们谈天，用"叹息痛恨于桓灵"的口气告诉我，他的先师老和尚，如何如何的与青年会订了合同，以每年一百元的租金，把寺的大部分租借了二十年，如同胶州湾，辽东半岛的条约一样。

　　其实这都怪那佛一觉睡几百年不醒，到了这危难的关点，还不起来给老和尚当头棒喝，使他早早觉悟，组织个佛教青年会西山消夏团。虽未必可使佛法感化了摩登青年，至少可藉以繁荣了寿安山……，不错，那山叫寿安山……，又何至等到今年五台山些少的补助，总能修葺开始残破的庙宇呢！

　　我们也不必怪老和尚，也不必怪青年会……其实还应该感谢青年会。要是没有青年会，今天有几个人会知道卧佛寺那样一个山窝子里的去处。在北方——尤其是北平——上学的人，大半都到过卧佛寺。一到夏天，各地学生们，男的，女的，谁不愿意来消消夏，爬山，游水，骑驴，多么优哉游哉。据说每年夏令会总成全了许多爱人儿们的心愿，想不到睡觉的释迦牟尼，还能在梦中代行月下老人的职务，也真是佛法无边了。

　　从玉泉山到香山的马路，快近北辛村的地方，有条岔路忽然转北上坡的，正是引导你到卧佛寺的大道。寺是向南，一带山屏障似的围住寺的北面，所以寺后有一部分渐高，一直上了山脚。在最前面，迎着来人的，是寺的第一道牌楼，那还在一条柏荫夹道的前头。当初这牌楼是什么模样，我们大概还能想象，前人做的事虽不一定都比我们强，却是关于这牌楼大概无论如何他们要比我们大方得多。现有的这座只说他不顺眼已算十分客气，不知哪一位和尚化来的酸缘，在破碎的基上，竖了四根小柱子，上面横钉了几块板，就叫它做牌楼。这算是经济萎衰的直接表现，还是宗教力渐弱的间接表现？一时我还不能答复。

　　顺着两行古柏的马道上去，骤然间到了上边，才看见另外的鲜明的一座琉璃牌楼在眼前。汉白玉的须弥座，三个汉白玉的圆门洞，黄绿琉璃的柱子，横额，斗拱，檐瓦。如果你相信一个建筑师的自言自语，"那是乾嘉间的作法"。至于《日下旧闻考》所记寺前为门的如来宝塔，却已不知去向了。

　　琉璃牌楼之内，有一道白石桥，由半月形的小池上过去（第一图）。池的北面和桥的旁边，都有精致的石栏杆，现在只余北面一半，南面的已改成洋灰抹砖栏杆。这也据说是"放生池"，里面的鱼，都是"放"的。佛寺前的池，本是佛寺的一部分，用不着我们小题大做的讲。但是池上有桥，现在虽处处可见，但它的来由却不见得十分古远。在许多寺池上，没有桥的却较占多数。至于池的半月形，也是个较近的做法，古代的池大半都是方的。池的用途多是放生，养鱼。但是刘士能先生①告诉我们说南京附近有一处律宗的寺，利用山中溪水为月牙池，和尚们每斋都跪在池边吃，风雪无阻，吃完在池中洗碗。幸而卧佛寺的和尚们并不如律宗的苦行，不然放生池不唯不能放生，怕还要变成脏水坑了。

与桥正相对的是山门。山门之外，左右两旁，是钟鼓楼，从前已很破烂，今年忽然大大的修整起来。连角梁下失去的铜铎，也用二十一号的白铅铁焊上，油上红绿颜色，如同东安市场的国货玩具一样的鲜明。

第一图 卧佛寺桥图录

山门平时是不开的，走路的人都从山门旁边的门道出入。入门之后，迎面是一座天王殿，里面供的是四天王——就是四大金刚——东西梢间各两位对面侍立，明间面南的是光肚笑嘻嘻的阿弥陀佛，面北合十站着的是韦驮。

再进去是正殿，前面是月台，月台上（在秋收的时候）铺着金黄色的老玉米，像是专替旧殿着色。正殿五间，供三位喇嘛式的佛像。据说正殿本来也有卧佛一躯，雍正还看见过，是旃檀佛像，唐太宗贞观年间的东西。却是到了乾隆年间，这位佛大概睡醒了，不知何时上哪儿去了。只剩了后殿那一位，一直睡到如今，还没有醒。

从前面牌楼一直到后殿，都是建立在一条中线上的。这个在寺的平面上并不算稀奇，罕异的却是由山门之左右，有游廊向东西，再折而向北，其间虽有方丈客室和正殿的东西配殿，但是一气连接，直到最后面又折而东西，回到后殿左右。这一周的廊，东西（连山门和后殿算上）十九间，南北（连方丈配殿算上）四十间，成一个大长方形。中间虽立着天王殿和正殿，却不像普通的庙殿，将全寺用"四合头"式前后分成几进。这是少有的。在这点上，本刊上期刘士能先生在智化寺调查记中说："唐宋以来有伽蓝七堂之称。惟各宗略有异同，而同在一宗，复因地域环境，互相增省……"现在卧佛寺中院，除去最后的后殿外，前面各堂为数适七，虽不敢说这是七堂之例，但可藉此略窥制度耳（第二图）。

这种平面布置，在唐宋时代很是平常，敦煌画壁里的伽蓝都是如此布置，在日本各地也有飞鸟平安时代这种的遗例。在北平一带（别处如何未得详究），却只剩这一处唐式

---

①刘士能先生即刘敦桢见本卷第287页。

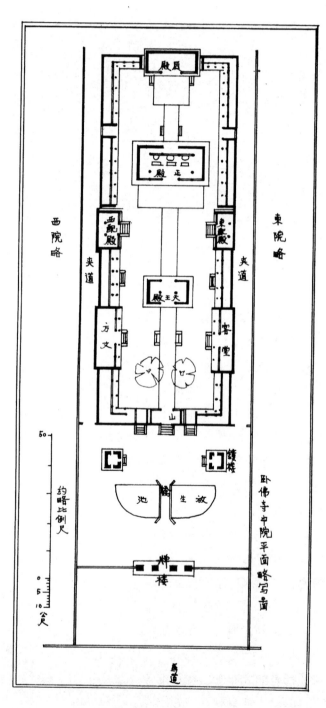

第二图　卧佛寺平面略图

平面了。所以人人熟识的卧佛寺，经过许多人用帆布床"卧"过的卧佛寺游廊，是还有一点新的理由，值得游人将来重加注意的。

卧佛寺各部殿宇的立面（外观）和断面（内部结构）却都是清式中极规矩的结构，用不着细讲。至于殿前伟丽的娑罗宝树，和树下消夏的青年们所给与你的是什么复杂的感觉，那是各人的人生观问题，建筑师可以不必参加意见。事实极明显的，如东院几进宜于消夏乘凉；西院的观音堂总有人租住；堂前的方池——旧籍中无数记录的方池——现在已成了游泳池，更不必赘述或加任何的注解。

"凝神映性"的池水，用来做锻炼身体之用，在青年会道德观之下，自成道理——没有康健的身体，焉能有康健的精神？——或许！或许！但怕池中的微生物杂菌不甚懂事。

池的四周原有精美的白石栏杆，已拆下叠成台阶，做游人下池的路。不知趣的，容易伤感的建筑师，看了又一阵心酸。其实这不算稀奇，中世纪的教皇们不是把古罗马时代的庙宇当石矿用，采取那石头去修"上帝的房子"吗？这台阶——栏杆——或也不过是将原来离经叛道"崇拜偶像者"的迷信废物，拿去为上帝人道尽义务。"保存古物"，在许多人听去当是一句迂腐的废话。"这年头！这年头！"每个时代都有些人在没奈何时，喊着这句话出出气。

二、法海寺门与原先的居庸关①

法海寺在香山之南，香山通八大处马路的西边不远。一个很小的山寺，谁也不会上那里去游览的。寺的

---

① 文中所指居庸关，为居庸关云台，此台系元代一座过街塔的塔座——罗哲文注。

本身在山坡上，寺门却在寺前一里多远山坡底下。坐汽车走过那一带的人，怕绝对不会看见法海寺门一类无系轻重的东西的。骑驴或走路的人，也很难得注意到在山谷碎石堆里那一点小建筑物。尤其是由远处看，它的颜色和背景非常相似。因此看见过法海寺门的人我敢相信一定不多。

特别留意到这寺门的人，却必定有。因为这寺门的形式是与寻常的极不相同；有圆拱门洞的城楼模样，上边却顶着一座喇嘛式的塔——一个缩小的北海白塔（《法海寺图》）。这奇特的形式，不是中国建筑里所常见。

这圆拱门洞是石砌的。东面门额上题着"敕赐法海禅寺"，旁边陪着一行"顺治十七年夏月吉日"的小字。西面额上题着三种文字，其中看得懂的中文是"唵巴得摩鸟室尼渴华麻列吽登吒"，其他两种或是满蒙各占其一个。走路到这门下，疲乏之余，读完这一行题字也就觉得轻松许多！

门洞里还有隐约的画壁，顶上一部分居然还勉强剩出一点颜色来。由门洞西望，不远便是一座石桥，微拱的架过一道山沟，接着一条山道直通到山坡上寺的本身。

门上那座塔的平面略似十字形而较复杂。立面分多层，中间束腰石色较白，刻着生猛的浮雕狮子。在束腰上枋以上，各层重叠像阶级，每级每面有三尊佛像。每尊佛像带着背光，成一浮雕薄片，周围有极精致的琉璃边框。像脸不带色釉，眉目口鼻均伶俐秀美，全脸大不及寸余。座上便是塔的圆肚，塔肚四面四个浅龛，中间坐着浮雕造像，刻工甚俊。龛边亦有细刻。更上是相轮（或称刹），刹座刻作莲瓣，外廓微作盆形，底下还有小方十字座。最顶尖上有仰月的教徽。仰月徽去夏还完好，今秋已掉下。据乡人说是八月间大风雨吹掉的，这塔的破坏于是又进了一步。

这座小小带塔的寺门，除门洞上面一围砖栏杆外，完全是石造的。这在中国又是个少有的例。现在塔座上斜长着一棵古劲的柏树，为塔门增了不少的苍姿，更像是做他的年代的保证。为塔门保存计，这种古树似要移去。怜惜古建的人到了这里真是彷徨不知所措；好在在古物保存如许不周到的中国，这忧虑未免神经过敏！

法海寺门特点却并不在上述诸点，石造及其年代等等，主要的却是他的式样与原先的居庸关相类似。从前居庸关上本有一座塔的[1]，但因倾颓已久，无从考其形状。不想在平郊竟有这样一个发现。虽然在《日下旧闻考》里法海寺只占了两行不重要的位置；一句轻淡的"门上有小塔"，在研究居庸关原状的立脚点看来，却要算个重要的材料了（第三图、第四图）。

---

[1] 居庸关云台上原有三座喇嘛塔，元末明初时被毁——孙大章注。

第三图　法海寺门上塔

第四图　法海寺塔门

三、杏子口的三个石佛龛

由八大处向香山走，出来不过三四里，马路便由一处山口里开过。在山口路转第一个大弯，向下直趋的地方，马路旁边，微偻的山坡上，有两座小小的石亭。其实也无所谓石亭，简直就是两座小石佛龛。两座石龛的大小稍稍不同，而他们的背面却同是不客气的向着马路。因为他们的前面全是向南，朝着另一个山口——那原来的杏子口。

在没有马路的时代，这地方才不愧称做山口。在深入三四十尺的山沟中，一道唯一的蜿蜒险狭的出路；两旁对峙着两堆山，一出口则豁然开朗一片平原田壤，海似的平铺着，远处浮出同孤岛一般的玉泉山，托住山塔。这杏子口的确有小规模的"一夫当关，万夫莫敌"的特异形势。两石佛龛既据住北坡的顶上，对面南坡上也立着一座北向的，相似的石龛，朝着这山口。由石峡底下的杏子口望上看，这三座石龛分峙两崖，虽然很小，却顶着一种超然的庄严，镶在碧澄澄的天空里，给辛苦的行人一种神异的快感和美感。

现时的马路是在北坡两龛背后绕着过去，直趋下山。因其逼近两龛，所以驰车过此地的人，绝对要看到这两个特别的石亭子的。但是同时因为这山路危趋的形势，无论是由香山西行，还是从八大处东去，谁都不愿冒险停住快驶的汽车去细看这么几个石佛龛

第五图　杏子口北崖石佛龛

第六图　杏子口南崖石佛龛

第七图　西龛西面刻画

第八图　西龛东面刻字

子。于是多数过路车客,全都遏制住好奇爱古的心,冲过去便算了。

假若作者是个细看过这石龛的人,那是因为他是例外,遏止不住他的好奇爱古的心,在冲过便算了不知多少次以后发誓要停下来看一次的。那一次也就不算过路,却是带着照相机去专程拜谒;且将车驶过那危险的山路停下,又步行到龛前后去瞻仰丰采的。

在龛前,高高的往下望着那刻着几百年车辙的杏子口石路,看一个小泥人大小的农人挑着担过去,又一个带朵鬓花的老婆子,夹着黄色包袱,弯着背慢慢的踱过来,才能明白这三座石龛本来的使命。如果这石龛能够说话,他们或不能告诉得完他们所看过经过杏子口底下的图画——那时一串骆驼正在一个跟着一个的,穿出杏子口转下一个斜坡。

北坡上这两座佛龛是并立在一个小台基上,它们的结构都是由几片青石片合成——(每面墙是一整片,南面有门洞,屋顶每层檐一片)。西边那座龛较大,平面约 1 米余见方,高约 2 米。重檐,上层檐四角微微翘起,值得注意。东面墙上有历代的刻字,跑着的马,人脸的正面等等(第五、七、八图)。其中有几个年月人名,较古的有"承安五年四月二十三日到此",和"至元九年六月十五日□□□贾智记"。承安是金章宗年号,五年是公元 1200 年。至元九年是元世祖的年号,元顺帝的至元到六年就改元了,所以是公元 1272 年。这小小的佛龛,至迟也是金代遗物,居然在杏子口受了七百多年以上的风雨,依然存在。当时巍然顶在杏子口北崖上的神气,现在被煞风景的马路贬到盘坐路旁的谦抑;但它们的老资格却并不因此减损,那种倚老卖老的倔强,差不多是傲慢冥顽了。西面墙上有古拙的画——佛像和马——那佛像的样子,骤看竟像美洲土人的 Totam-Pole(第七图)。

龛内有一尊无头趺坐的佛像,虽像身已裂,但是流利的衣褶纹,还有"南宋期"的遗风。

台基上东边的一座较小,只有单檐,墙上也没字画。龛内有小小无头像一驱,大概是清代补作的。这两座都有苍绿的颜色。

台基前面有宽 2 米长 4 米余的月台,上面的面积勉强可以叩拜佛像。

南崖上只有一座佛龛,大小与北崖上小的那座一样。三面做墙的石片,已成纯厚的深黄色,像纯美的烟叶。西面刻着双钩的"南"字,南面"无"字,东面"佛"字,都是径约 80 厘米。北面开门,里面的佛像已经失了(第六图)。

这三座小龛,虽不能说是真正的建筑遗物,也可以说是与建筑有关的小品。不止诗意画意都很充足,"建筑意"更是丰富,实在值得停车一览。至于走下山坡到原来的杏子口里望上真真瞻仰这三龛本来庄严竣立的形势,更是值得。

关于北平掌故的书里,还未曾发现有关于这三座石佛龛的记载。好在对于他们年代的审定,因有墙上的刻字,已没有什么难题。所可惜的是他们渺茫的历史无从参考出来,为我们的研究增些趣味。

四、天宁寺塔建筑年代之鉴别问题 ①

一年来，我们在内地各处跑了些路，反倒和北平生疏了许多，近郊虽近，在我们心里却像远了一些，北平广安门外天宁寺塔的研究的初稿竟然原封未动。许多地方竟未再去图影实测，一年半前所关怀的平郊胜迹，那许多美丽的塔影，城角，小楼，残碣于是全都淡淡的，委曲的在角落里初稿中尽睡着下去。

我们想国内爱好美术古迹的人日渐增加，爱慕北平名胜者更是不知凡几，或许对于如何鉴别一个建筑物的年代也常有人感到兴趣，我们这篇讨论天宁寺塔的文字或可供研究者的参考。

关于天宁寺塔建造的年代，据一般人的传说及康熙乾隆的碑记，多不负责的指为隋建，但依塔的式样来做实物的比较，将全塔上下各部逐件指点出来，与各时代其他砖塔对比，再由多面引证反证所有关于这塔的文献，谁也可以明白这塔之绝对不能是隋代原物。

国内隋唐遗建，纯木者尚未得见，砖石者亦大罕贵，但因其为佛教全盛时代，常留大规模的图画雕刻教迹于各处，如敦煌云冈龙门等等，其艺术作风，建筑规模，或花纹手法，则又为研究美术者所熟审。宋辽以后遗物虽有不载朝代年月的，可考者终是较多，且同时代，同式样，同一作风的遗物亦较繁伙，互相印证比较容易。故前人泥于可疑的文献，相传某物为某代原物的，今日均不难以实物比较方法，用科学考据态度，重新探讨，辩证其确实时代。这本为今日治史及考古者最重要亦最有趣的工作。

我们的《平郊建筑杂录》，本预定不录无自己图影或测绘的古迹，且均附游记，但是这次不得不例外。原因是《艺术周刊》已预告我们的文章一篇，一时因图片关系交不了卷，近日这天宁寺又尽在我们心里欠伸活动，再也不肯在稿件中间继续睡眠状态，所以决意不待细测全塔，先将对天宁寺简略的考证及鉴定，提早写出，聊作我们对于鉴别建筑年代方法程序的意见，以供同好者的参考。希望各处专家读者给以指正。

广安门外天宁寺塔，是属于那种特殊形式，研究塔者竟有常直称其为"天宁式"的，因为此类塔散见于北方各地，自成一派，天宁则又是其中最著者(第九图)。此塔不仅是北平近郊古建遗迹之一，且是历来传说中，颇多误认为隋朝建造的实物。但其塔型

---

①以下作为《平郊建筑杂录》(下)，原载1935年《中国营造学社汇刊》第五卷第四期，由林徽因、梁思成合著。图号按上文续编下来(原文为图版号)。——罗哲文注。

显然为辽金最普通的式样,细部手法亦均未出宋辽规制范围,关于塔之文献方面材料又全属于可疑一类,直至清代碑记,及《顺天府志》等,始以坚确口气直称其为隋建。传说塔最上一层南面有碑①,关于其建造年代,将来或可在这碑上找到最确实的明证,今姑分文献材料及实物作风两方面讨论之。讨论之前,先略述今塔的形状如下。

简略的说,塔的平面为八角形,立面显著的分三部:一,繁复之塔座;二,较塔座略细之第一层塔身;三,以上十三层支出的密檐。全塔砖造高 57.80 米,合国尺 17 丈有奇。

塔建于一方形大平台之上,平台之上始立八角形塔座。座甚高,最下一部为须弥座,其"束腰"②有壸门花饰,转角有浮雕像。此上又有镂刻着壸门浮雕之束腰一道。最上一部为勾栏斗栱俱全之平座一围,阑上承三层仰翻莲瓣(第十图)。

第一层塔身立于仰莲座之上,其高度几等于整个塔座,四面有拱门及浮雕像,其他四面又各有直棂窗及浮雕像。此段塔身与其上十三层密檐是划然成塔座以上的两个不同部分,十三层密檐中,最下一层是属于这第一层塔身的,出檐稍远,檐下斗栱亦与上层稍稍不同。

上部十二层,每层仅有出檐及斗栱,各层重叠不露塔身。宽度则每层向上递减,递减率且向上增加,使塔外廓作缓和之卷杀。

塔各层出檐不远,檐下均施双杪斗栱。塔的转角为立柱,故其主要的柱头铺作,亦即为其转角铺作。在上十二层两转角间均用补间铺作两朵。唯有第一层只用补间铺作一朵。第一层斗栱与上各层做法不同之处在转角及补间均加用斜栱一道。

塔顶无刹,用两层八角仰莲,上托小须弥座,座承宝珠。塔纯为砖造,内心并无梯级可登。

历来关于天宁寺的文献,《日下旧闻考》中,殆已搜集无遗,计有《神州塔传》,《续高僧传》,《广宏明集》,《帝京景物略》,《长安客话》,《析津日记》,《燕志》,《艮斋笔记》,《明典汇》,《冷然志》,及其他关于这塔的记载,以及乾隆重修天宁寺碑文及各处许多的诗。(康熙天宁寺《礼塔碑记》并未在内。)所收材料虽多,但关于现存砖塔建造的年代,则除却年代最后的那个乾隆碑之外,综前代的文献中,无一句有确实性的明文记载。

不过《顺天府志》将《日下旧闻考》所集的各种记述,竟然自由草率的综合起来,以确定的语气说:"寺为元魏所造,隋为宏业,唐为天王,金为大万安,寺当元末兵火荡尽,

---

① 《日下旧闻考》引《冷然志》——罗哲文注。
② 须弥座中段板称"束腰",其上有拱形池子称壸门——罗哲文注。

第九图　北平天宁寺塔

第十图　天宁寺塔详部

明初重修，宣德改曰天宁，正统更名广善戒坛，后复今名，……寺内隋塔高二十七丈五尺五寸……"等。

按《日下旧闻》中文多重复抄袭及迷信传述，有朝代年月，及实物之记载的，有下列重要的几段。

（一）《神州塔传》："隋仁寿间幽州宏业寺建塔藏舍利。"此书在文献中年代大概最早，但传中并未有丝毫关于塔身形状材料位置之记述，故此段建塔的记载，与现存砖塔的关系完全是疑问的。仁寿间宏业寺建塔，藏舍利，并不见得就是今天立着的天宁寺塔，这是很明显的。

（二）《续高僧传》："仁寿下敕召送舍利于幽州宏业寺，即元魏孝文之所造，旧号光林……自开皇末，舍利到前，山恒倾摇……及安塔竟，山动自息。……"《续高僧传》，唐时书，亦为集中早代文献之一。按此则隋开皇中"安塔'"但其关系与今塔如何则仍然如《神州塔传》一样，只是疑问的。

（三）《广宏明集》："仁寿二年分布舍利五十一州，建立灵塔。幽州表云，三月二十六日，于宏业寺安置舍利，……"这段仅记安置舍利的年月也是与上两项一样的与今塔

(即现存的建筑物)并无确实关系。

(四)《帝京景物略》:"隋文帝遇阿罗汉授舍利一囊……乃以七宝函致雍岐等十三州建一塔,天宁寺其一也,塔高十三寻,四周缀铎万计,……塔前一幢,书体遒美,开皇中立。"这是一部明末的书,距隋已隔许多朝代。在这里我们第一次见到隋文帝建塔藏舍利的历史与天宁寺塔串在一起的记载。据文中所述高十三寻缀铎的塔,颇似今存之塔,但这高十三寻缀铎的塔,是否即隋文帝所建,则仍无根据。此书行世在明末,由隋至明这千年之间,除唐以外,辽金元对此塔既无记载,隋文帝之塔,本可几经建造而不为此明末作者所识。且六朝及早唐之塔,据我们所知道的,如《洛阳伽蓝记》所述之"胡太后塔,"及日本现存之京都法隆寺塔,均是木构①。且我们所见的邓州大兴国寺,仁寿二年的舍利宝塔下铭,铭石圆形,亦像是埋在木塔之"塔心柱"下那块圆础下层石,这使我们疑心仁寿分布诸州之舍利塔均为隋时最普遍之木塔,这明末作者并不及见那木构原物,所谓十三寻缀铎的塔倒是今日的砖塔。至于开皇石幢,据《析津日记》(亦明人书)所载,则早已失所在。

(五)《析津日记》:"寺在元魏为光林,在隋为宏业;在唐为天王,在金为大万安,宣德修之曰天宁,正统中修之曰万寿戒坛,名凡数易。访其碑记,开皇石幢已失所在即金元旧碣亦无片石矣。盖此寺本名宏业,而王元美谓幽州无宏业,刘同人谓天宁之先不为宏业,皆考之不审也。"

《析津日记》与《帝京景物略》同为明人书,但其所载"天宁之先不为宏业?"及"考之不审也"这种疑问态度与《帝京景物略》之武断恰恰相反,且作者"访其碑记"要寻"金元旧碣"对于考据之慎重亦与《景物略》不同,这个记载实在值得注意。

(六)《隩志》:不知明代何时书,似乎较以上两书稍早。文中:"天王寺之更名天宁也,宣德十年事也;今塔下有碑勒更名敕,碑阴则正统十年刊行藏经敕也。碑后有尊胜陀罗尼石幢,辽重熙十七年五月立。"

此段记载,性质确实之外,还有个可注意之点,即辽重熙年号及刻有些年号之实物,在此轻轻提到,至少可以证明两桩事:(一)辽代对于此塔亦有过建设或增益;(二)此段历史完全不见记载,乃至于完全失传。

(七)《长安客话》:"寺当元末兵火荡尽;文皇在潜邸,命所司重修。姚广孝曾居焉。宣德间敕更今名。"这段所记"寺当元末兵火荡尽,"因下文重修及"姚广孝曾居焉"等语气,似乎所述仅限于寺院,不及于塔。如果塔亦荡尽,文皇(成祖)重修时岂不还要重建塔?如果真的文皇曾重建个大塔则作者对于此事当不止用"命所司重修"一句。且《长安客话》距

---

① 日本京都法隆寺五重塔,乃"飞鸟"时代物,适当隋代,其建造者乃由高丽东渡的匠师,其结构与《洛阳伽蓝记》中所述木塔及云冈石刻中的塔多符合——罗哲文注。

元末，至少已两百年，兵火之后到底什么光景，那作者并不甚了了，他的注意处在诤扬文皇在潜邸重修的事耳。

(八)《冷然志》：书的时代既晚，长篇的描写对于塔的神话式来源又已取坚信态度，更不足凭信。不过这里认塔前有开皇幢，或为辽重熙幢之误。

关于天宁寺的文献，完全限于此种疑问式的短段记载。至于康熙乾隆长篇的碑文，虽然说得天花乱坠，对于天宁寺过去的历史，似乎非常明白，毫无疑问之处，但其所根据，也只是限于我们今日所知道的一把疑云般的不完全的文献材料，其确实性根本不能成立。且综以上文献看来，唐以后关于塔只有明末清初的记载，中间要紧的各朝代经过，除辽重熙立过石幢，金大定易名大万安禅寺外，并无一点记述，今塔的真实历史在文献上可以说并无把握。

文献资料既如上述的不完全，不可靠，我们唯有在形式上鉴定其年代。这种鉴别法，完全赖观察及比较工作所得的经验，如同鉴定字画金石陶瓷的年代及真伪一样，虽有许多为绝对的，且可以用文字笔墨形容之点，也有一些是较难，乃至不能言传的，只好等观者由经验去意会。

其可以言传之点，我们可以分作两大类去观察：(一)整个建筑物之形式(也可以说是图案之概念)；(二)建筑各部之手法或作风。

关于图案概念一点，我们可以分作平面及立面讨论。唐以前的塔，我们所知道的，平面差不多全作正方形。实物如西安大雁塔(第十一图甲)，小雁塔，玄奘塔(第十一图乙)香积寺塔，嵩山永泰寺塔，及房山云居寺四个小石塔……河南山东无数唐代或以前高僧墓塔，如山东神通寺四门塔，灵岩寺法定塔，嵩山少林寺法玩塔……等等等等。刻绘如云冈，龙门石刻，敦煌壁画等等，平面都是作正方形的。我们所知的唯一的例外，在唐以前的，唯有嵩山嵩岳寺塔，平面作十二角形，这十二角形平面，不唯在唐以前是例外，就是在唐以后，也没有第二个，所以它是个例外之最特殊者，是中国建筑史中之独例(第十二图甲)。除此以外，则直到中唐或晚唐，方有非正方形平面的八角形塔出现，这个罕贵的遗物即嵩山会善寺净藏禅师塔(第十二图乙)。按禅师于天宝五年圆寂，这塔的兴建，绝不会在这年以前，这塔短稳古拙，亦是孤例，而比这塔还古的八角形平面塔，除去天宁寺——假设它是隋建的话——别处还未得见过。在我们今日，觉得塔的平面或作方形，或作多角形，没甚奇特。但是一个时代的作者，大多数跳不出他本时代盛行的作风或规律以外的——建筑物尤甚——所以生在塔平面作方形的时代，能做出一个平面不作方形的塔来，是极罕有的事。

至于立面方面我们请先看塔全个的轮廓之所以形成。天宁寺的塔，是在一个基坛之

第十一图 甲 陕西西安大雁塔

第十一图 乙 陕西西安玄奘塔

第十二图 甲 河南嵩山嵩制岳寺塔

第十二图 乙 河南嵩山净藏禅师塔

上立须弥座，须弥座上立极高的第一层，第一层以上有多层密而扁的檐的。这种第一层高，以上多层扁矮的塔，最古的例当然是那十二角形嵩山嵩岳寺塔，但除它而外，是须到唐开元以后才见有那类似的做法，如房山云居寺四小石塔。在初唐期间，砖塔的做法，多如大雁塔一类各层均等递减的（见第十一图甲）。但是我们须注意，唐以前的这类上段多层密檐塔，不唯是平面全作方形而且第一层之下无须弥座等等雕饰，且上层各檐是用砖层层垒出，不施斗栱，其所呈的外表，完全是两样的。

所以由平面及轮廓看来，竟可证明天宁寺塔为隋代所建之绝不可能，因为唐以前的建筑师就根本没有这种塔的观念。

至于建筑各部的手法作风，则更可以辅助着图案概念方面不足的证据，而且往往更可靠，更易于鉴别。我们不妨详细将这塔的每个部分提出审查。

建筑各部构材，在中国建筑中占位置最重要的，莫过于斗栱。斗栱演变的沿革，差不多就可以说是中国建筑结构法演变史。在看多了的人，差不多只须一看斗栱，对一座建筑物的年代，便有七八分把握。建筑物之用斗栱，据我们所知道的，是由简而繁。砖塔石塔最古的例如北周神通寺四门塔[①]及东魏嵩岳寺十二角十五层塔，都没有斗栱。次古的如西安大雁塔及香积寺砖塔，皆属初唐物，只用斗而无栱。与之略同时或略后者如西安兴教寺玄奘塔（第十一图乙），则用简单的一斗三升交蚂蚱头在柱头上。直至会善寺净藏塔（第十二图乙），我们始得见简单人字栱的补间铺作。神通寺龙虎塔建于唐末，只用双杪偷心华栱。真正用砖石来完全模仿成朵复杂的斗栱的，至五代宋初始见，其中便是如我们所见的许多"天宁式"塔。此中年代确实的有辽天庆七年的房山云居寺南塔，金大定二十五年的正定临济寺青塔（第十三图甲、乙）辽道宗太康六年（公元1079年）的涿县普寿塔，见本刊本期刘士能先生《河北省西部古建筑调查记略》（图版拾伍乙），还有蓟县白塔，等等。在那时候还有许多砖塔的斗栱是木质的，如杭州雷峰塔、保俶塔、六和塔等等。

天宁寺塔的斗栱，最下层平坐，用华栱两跳偷心，补间铺作多至三朵。主要的第一层，斗栱出两跳华栱，角柱上的转角铺作，在大斗之旁，用附角斗，补间铺作一朵，用四十五度斜栱。这两个特点，都与大同善化寺金代的三圣殿相同。第二层以上，则每面用补间铺作两朵；补间铺作之繁重，亦与转角铺作相埒，都是出华栱两跳，第二跳偷心的。就我们所知，唐以前的建筑，不唯没有用补间铺作两朵的，而且虽用一朵，亦只极简单，纯处于辅材的地位的直斗或人字栱等而已。就斗栱看来，这塔是绝对不能早过辽宋时代的。

承托斗栱的柱额，亦极清楚的表示它的年代。我们只须一看年代确定的唐塔或六朝

[①] 参见 P141 注 ①

塔，凡是用倚柱的，如嵩岳寺塔，玄奘塔，净藏塔，都用八角形（或六角？）柱，虽然有一两个用扁柱的，如大雁塔，却是显然不摹仿圆或角柱形。圆形倚柱之用在砖塔，唐以前虽然不能定其必没有，而唐以后始盛行。天宁寺塔的柱，是圆的。这圆柱之上，有额枋，额枋在角柱上出头处，斫齐如辽建中所常见，蓟县独乐寺，大同下华岩寺都有如此的做法。额枋上的普拍枋，更令人疑它年代之不能很古，因为唐以前的建筑，十之八九不用普拍枋，上文所举之许多例，率皆如此。但自宋辽以后，普拍枋已占了重要位置。这额枋与普拍枋，虽非绝对证据，但亦表示结构是辽金以后而又早于元时的极高可能性。

在天宁寺塔的四正面有圆拱门，四隅面有直棂窗。这诚然都是古制，尤其直棂窗，那是宋以后所少用。但是圆门券上，不用火焰形券饰，与大多数唐代及以前佛教遗物异其趣旨。虽然，其上浮雕璎珞宝盖略作火焰形，疑原物或照古制，为重修时所改。至于门扇上的菱花格棂，则尤非宋以前所曾见，唐五代砖石各塔的门及敦煌画壁中我们所见的都是钉门钉的板门。

栏杆的做法，又予我们以一个更狭的年代范围。现在常见的明清栏杆，都是每两栏板之间立一望柱的。宋元以前，只在每面转角处立望柱而"寻杖"特长①。天宁寺塔便是如此，这可以证明它是明代以前的形制。这种的栏杆，均用斗子蜀柱②分隔各栏板，不用明清式的荷叶墩。我们所知道的辽金塔，斗子蜀柱都做得非常清楚，但这塔已将原形失去，斗子与柱之间，只马马虎虎的用两道线条表示，想是后世重修时所改。至于栏板上的几何形花纹，已不用六朝隋唐所必用的特种卍字纹，而代以较复杂者。与蓟县独乐寺观音阁内栏板及大同华岩寺壁藏上栏板相同。凡此种种，莫不倾向着辽金原形而又经明清重修的表示。

平坐斗栱之下，更有间柱及壶门。间柱的位置，与斗栱不相对，其上力神像当在下文讨论。壶门的形式及其起线，软弱柔圆，不必说没有丝毫六朝刚强的劲儿，就是与我们所习见的宋代扁桃式壶门也还比不上其健稳。我们的推论，也以为是明清重修的结果。

至于承托这整个塔的须弥座，则上枋之下用枭混而我们所见过的须弥座，自云冈龙门以至辽宋遗物，无一不是层层方角叠出，间或用四十五度斜角线者。枭混之用，最早也过不了五代末期，若说到隋，那更是绝不可能的事。

关于雕刻，在第一主层上，夹门立天王，夹窗立菩萨，窗上有飞天，只要将中国历代雕刻遗物略看一遍，便可定其大略的年代。由北魏到隋唐的佛像飞天，到宋辽塑像画

---

①、②每段栏杆之两端小柱，高出栏杆者称望柱，栏杆最上一条横木称寻杖。在寻杖以下部分名栏板，栏板之小柱称蜀柱。隔于栏板及寻杖之间之斗称斗子，明清以后无此制。——罗哲文注。

第十三图 甲 河北正定临济寺青塔

第十三图 乙 北平房山县云居寺南塔

第十四图 甲 通州砖塔

第十四图 乙 北平慈寿寺塔

壁，到元明清塑刻，刀法笔意及布局姿势，莫不清清楚楚的可以顺着源流鉴别的。若与隋唐的比较，则山东青州云门山，山西天龙山，河南龙门，都有不少的石刻。这些相距千里的约略同时的遗作，都有几个或许多共同之点，而绝非天宁寺塔像所有。近来有人竟说塔中造像含有犍陀罗风，其实隋代石刻，虽在中国佛教美术中算是较早期的作品，但已将南北朝时所含的犍陀罗风味摆脱得一干二净，而自成一种淳朴古拙的气息。而天宁寺塔上更是绝没有犍陀罗风味的。

至于平坐以下的力神，狮子，和垫栱板上的卷草西番莲一类的花纹，我想勉强说它是辽金的作品，还不甚够资格，恐怕仍是经过明清照原样修补的，虽然各像衣褶，仍较清全盛时单纯静美，无后代繁褥云朵及俗气逼人的飘带。但窗楞上部之飞仙已类似后来常见之童子，与隋唐那些脱尽人间烟火气的飞天，不能混做一谈。

综上所述，我们可以断定天宁寺塔绝对绝对不是隋宏业寺的原塔。而在年代确定的砖塔中，有房山云居寺辽代南塔(第十三图甲)与之最相似，此外涿县普寿寺辽塔及确为辽金而年代未经记明的塔如云居寺北塔，通州塔(第十四图甲)及辽宁境内许多的砖塔，式样手法都与之相仿佛。正定临济寺金大定二十五年的青塔也与之相似，但较之稍清秀。

与之采同式而年代较后者有安阳天宁寺八角五层砖塔，虽无正确的文献纪其年代，但是各部作风纯是元明以后法式。北平八里庄慈寿寺塔(第十四图乙)，建于明万历四年，据说是仿照天宁寺塔建筑的，但是细查其各部，则斗栱，檐椽，格栊，如意头，莲瓣，栏杆(望柱极密)，平坐，枭混，圭脚，——由顶至踵，无一不是明清官式则例。

所以天宁寺塔之年代，在这许多类似砖塔中比较起来，我们可暂时假定它与云居寺南塔时代约略相同，是辽末(十二世纪初期)的作品，较之细瘦之通州塔及正定临济寺青塔稍早，而其细部则有极晚之重修。在未得到文献方面更确实证据之前，我们仅能如此鉴定了。

我们希望"从事美术"的同志们，对于史料之选择及鉴别，须十分慎重，对于实物制度作风之认识尤绝不可少，单凭一座乾隆碑，追述往事，便认为确实史料，则未免太不认真，以前的皇帝考古家尽可以自由浪漫的记述，在民国二十四年以后一个老百姓美术家说句话都得负得起责任的。

最后我们要向天宁寺塔赔罪，因为急于辩证它的建造年代，我们竟不及提到塔之现状，其美丽处，如其隆重的权衡，淳和的色斑，及其他细部上许多意外的美点，不过无论如何天宁寺塔也绝不会因其建造时代之被证实，而减损其本身任何的价值的。喜欢写生者只要不以隋代古建，唐人作风目之，误会宣传此塔之古，则当仍是写生的极好题材。

(罗哲文　校注)

祝东北大学建筑系第一班毕业生[①]

诸君！我在北平接到童先生[②]和你们的信，知道你们就要毕业了。童先生叫我到上海来参与你们毕业典礼，不用说，我是十分愿意来的，但是实际上怕办不到，所以写几句话，强当我自己到了。聊以表示我对童先生和你们盛意的感谢，并为你们道喜！

在你们毕业的时候，我心中的感想正合俗语所谓"悲喜交集"四个字，不用说，你们已知道我"悲"的什么，"喜"的什么，不必再加解释了。

回想四年前，差不多正是这几天，我在西班牙京城，忽然接到一封电报，正是高惜冰先生发的，叫我回来组织东北大学的建筑系，我那时还没有预备回来，但是往返电商几次，到底回来了，我在八月中由西伯利亚回国，路过沈阳，与高院长一度磋商，将我在欧洲归途上拟好的草案讨论之后，就决定了建筑系的组织和课程。

我还记得上了头一课以后，有许多同学，有似青天霹雳如梦初醒，才知道什么是"建筑"。有几位一听要"画图"，马上就溜之大吉，有几位因为"夜工"难做，慢慢的转了别系，剩下几位有兴趣而辛苦耐劳的，就是你们几位。

我还记得你们头一张 Wash Plate，头一题图案，那是我们"筚路蓝缕，以启山林"的时代，多么有趣，多么辛苦，那时我的心情，正如看见一个小弟弟刚学会走路，在旁边扶持他，保护他，引导他，鼓励他，惟恐不周密。

后来林先生来了[③]，我们一同看护小弟弟，过了他们的襁褓时期，那是我们的第一年。

以后陈先生[④]，童先生和蔡先生[⑤]相继都来了，小弟弟一天一天长大了，我们的建筑系才算发育到青年时期，你们已由二年级而三年级，而在这几年内，建筑系已无形中型成了我们独有的一种 Tradition，在东北大学成为最健全，最用功，最和谐的一系。

去年六月底，建筑系已上了轨道，童先生到校也已一年，他在学问上和行政上的能力，都比我高出十倍，又因营造学社方面早有默约，所以我忍痛离开了东北，离开了我那快要成年的兄弟，正想再等一年，便可看他们出来到社会上做一分子健全的国民，岂料不久竟来了蛮暴的强盗，使我们国破家亡，弦歌中辍！幸而这时有一线曙光，就是在童先生领导之下，暂立偏安之局，虽在国难期中，得以赓续工作，这时我要跟着诸位一同

[①]此文发表于《中国建筑》创刊号，1932年，11月。东北大学建筑系于1928年由梁思成先生创办于沈阳。1931年日本发动"九一八"事变，东北沦陷。1932年第一届毕业生在上海结业。梁思成先生特撰此文以为贺——孙大章注。
[②]童先生指童寯教授（1900~1983），曾任南京东南大学建筑系教授——孙大章注。
[③]林先生指林徽因（1904—1955年），梁思成夫人，曾任清华大学建筑系教授——孙大章注。
[④]陈先生指陈植，曾任建工部上海市民用建筑设计院院长兼总建筑师——孙大章校注。
[⑤]蔡先生指蔡方荫，见本卷第285页。

向童先生致谢的。

现在你们毕业了,毕业二字的意义。很是深长,美国大学不叫毕业,而叫"始业"(Commencement)。这句话你们也许已听了多遍,不必我再来解释,但是事实还是你们"始业"了,所以不得不郑重的提出一下。

你们的业是什么,你们的业就是建筑师的业,建筑师的业是什么,直接的说是建筑物之创造,为社会解决衣食住三者中住的问题,间接的说,是文化的记录者。是历史之反照镜,所以你们的问题是十分的繁难,你们的责任是十分的重大。

在今日的中国,社会上一般的人,对于"建筑"是什么,大半没有什么了解,多以(工程)二字把他包括起来,稍有见识的,把他当土木一类,稍不清楚的,以为建筑工程与机械,电工等等都是一样,以机械电工问题求我解决的已有多起,以建筑问题,求电气工程师解决的,也时有所闻。所以你们(始业)之后,除去你们创造方面,四年来已受了深切的训练,不必多说外,在对于社会上所负的责任,头一样便是使他们知道什么是'建筑',什么是'建筑师'。

现在对于'建筑'稍有认识,能将他与其他工程认识出来的,固已不多,即有几位其中仍有一部分对于建筑,有种种误解,不是以为建筑是'砖头瓦块'(土木),就以为是'雕梁画栋'(纯美术),而不知建筑之真义,乃在求其合用,坚固,美。前二者能圆满解决,后者自然产生,这几句话我已说了几百遍,你们大概早已听厌了。但我在这机会,还要把他郑重的提出,希望你们永远记着,认清你的建筑是什么,并且对于社会,负有指导的责任,使他们对于建筑也有清晰的认识。

因为什么要社会认识建筑呢,因建筑的三原素中,首重合用、建筑的合用与否,与人民生活和健康,工商业的生产率,都有直接关系的,因建筑的不合宜,足以增加人民的死亡病痛,足以增加工商业的损失,影响重大,所以唤醒国人,保护他们的生命,增加他们的生产,是我们的义务,在平时社会状况之下,固已极为重要,在现在国难期中,尤为要紧,而社会对此,还毫不知道,所以是你们的责任,把他们唤醒。

为求得到合用和坚固的建筑,所以要有专门人材,这种专门人材,就是建筑师,就是你们!但是社会对于你们,还不认识呢,有许多人问我包了几处工程。或叫我承揽包工,他们不知道我们是包工的监督者,是业主的代表人,是业主的顾问,是业主权利之保障者,如诉讼中的律师或治病的医生,常常他们误认我们为诉讼的对方,或药铺的掌柜——认你为木厂老板,是一件极大的错误,这是你们所必须为他们矫正的误解。

非得社会对于建筑和建筑师有了认识。建筑不会得到最高的发达。所以你们负有宣传的使命,对于社会有指导的义务,为你们的事业,先要为自己开路,为社会破除误解,然后才能有真正的建设,然后才能发挥你们创造的能力。

祝东北大学建筑系第一班毕业生

你们创造力产生的结果是什么，当然是'建筑'，不只是建筑，我们换一句说话，可以说是'文化的记录'——是历史，这又是我从前对你们屡次说厌了的话，又提起来，你们又要笑我说来说去都是这几句话，但是我还是要你们记着，尤其是我在建筑史研究者的立场上，觉得这一点是很重要的，几百年后，你我或如转了几次轮回，你我的作品，也许还供后人对民国廿一年中国情形研究的资料，如同我们现在研究希腊罗马汉魏隋唐遗物一样。但是我并不能因此而告诉你们如何制造历史，因而有所拘束顾忌，不过古代建筑家不知道他们自己地位的重要，而我们对自己的地位，却有这样一种自觉，也是很重要的。

我以上说的许多话，都是理论，而建筑这东西，并不如其他艺术，可以空谈玄理解决的，他与人生有密切的关系，处处与实用并行，不能相离脱，讲堂上的问题，我们无论如何使他与实际问题相似，但到底只是假的，与真的事实不能完全相同，如款项之限制，业主气味之不同，气候，地质，材料之影响，工人技术之高下，各城市法律之限制……等等问题，都不是在学校里所学得到的，必须在社会上服务，经过相当的岁月，得了相当的经验，你们的教育才算完成，所以现在也可以说，是你们理论教育完毕，实际经验开始的时候。

要得实际经验，自然要为已有经验的建筑师服务，可以得着在学校所不能得的许多教益，而在中国与青年建筑师以学习的机会的地方，莫如上海，上海正在要作复兴计划的时候，你们来到上海来，也可以说是一种凑巧的缘分，塞翁失马，犹之你们被迫而到上海来，与你们前途，实有很多好处的。

现在你们毕业了，你们是东北大学第一班建筑学生，是'国产'建筑师的始祖，如一只新舰行下水典礼，你们的责任是何等重要，你们的前程是何等的远大! 林先生与我两人，在此一同为你们道喜，遥祝你们努力，为中国建筑开一个新纪元!

梁思成
民国廿一年七月

闲谈关于古代建筑的一点消息[①]

（外 通讯一 ~ 四）

在这整个民族和他的文化，均在挣扎着他们重危的运命的时候，凭你有多少关于古代艺术的消息，你只感到说不出的难受。艺术是未曾脱离过一个活泼的民族而存在的；一个民族衰败湮没，他们的艺术也就跟着消沉僵死。知道一个民族在过去的时代里，曾有过丰富的成绩，并不保证他们现在仍然在活跃繁荣的。

但是反过来说，如果我们到了连祖宗传留下来的家产都没有能力清理，或保护；乃至于让家里的至宝毁坏散失，或竟拿到旧货摊上变卖；这现象却又恰恰证明我们这做子孙的没有出息，智力德行已经都到了不能堕落的田地。睁着眼睛向旧有的文艺喝一声"去你的，咱们维新了，革命了，用不着再留丝毫旧有的任何知识或技艺了。"这话不但不通，简直是近乎无赖！

话是不能说到太远，题目里已明显的提过有关于古建筑的消息在这里，不幸我们的国家多故，天天都是迫切的危难临头，骤听到艺术方面的消息似乎觉到有点不识时宜，但是，相信我——上边已说了许多——这也是我们当然会关心的一点事，如果我们这民族还没有堕落到不认得祖传宝贝的田地。

这消息简单的说来，就是新近有几个死心眼的建筑师，放弃了他们盖洋房的好机会，卷了铺盖到各处测绘几百年前他们同行中的先进，用他们当时的一切聪明技艺，所盖惊人的伟大建筑物，在我投稿时候正在山西应县辽代的八角五层木塔前边。

山西应县的辽代木塔，说来容易，听来似乎也平淡无奇，值不得心多跳一下，眼睛睁大一分。但是西历一〇五六到现在，算起来是整整的八百七十七年。古代完全木构的建筑物高到二百八十五尺，在中国也就剩这一座，独一无二的应县佛宫寺塔了。比这塔更早的木构已经专家看到，加以认识和研究的，在国内的只不过五处[②]而已。

中国建筑的演变史在今日还是个灯谜，将来如果有一天，我们有相当的把握写部建筑史时，那部建筑史也就可以像一部最有趣味的侦探小说，其中主要人物给侦探以相当方便和线索的，左不是那几座现存的最古遗物。现在唐代木构在国内还没找到一

[①] 本文原载1933年10月7日天津《大公报·文艺副刊》第5期，署名：林徽音，原标题尾有"（一）"，当时计划还要有连载续辑。
此文内通讯1~4系梁思成致林徽音信的摘录。《全集》编定后，又发现此文，故补排于此。

[②] 蓟县独乐寺观音阁及山门，辽统和二年，公元984年
大同下华严寺薄伽教藏，辽重熙七年，1038年。
宝坻广济寺三大士殿，辽太平五年，1025年。
义县奉国寺大雄宝殿，辽开泰九年，1020年。

个,而宋代所刊营造法式又还有困难不能完全解释的地方,这距唐不久,离宋全盛时代还早的辽代,居然遗留给我们一些顶呱呱的木塔,高阁,佛殿,经藏,帮我们抓住前后许多重要的关键,这在几个研究建筑的死心眼人看来,已是了不起的事了。

我最初对于这应县木塔似乎并没有太多的热心,原因是思成自从知道了有这塔起,对于这塔的关心,几乎超过他自己的日常生活。早晨洗脸的时候,他会说"上应县去不应该是太难吧",吃饭的时候,他会说"山西都修有顶好的汽车路了"。走路的时候,他会忽然间笑着说,"如果我能够去测绘那应州塔,我想,我一定……"他话常常没有说完,也许因为太严重的事怕语言亵渎了。最难受的一点是他根本还没有看见过这塔的样子,连一张模糊的相片,或翻印都没有见到!

有一天早上,在我们少数信件之中,我发现有一个纸包,寄件人的住址却是山西应县××斋照相馆——这才是侦探小说有趣的一页——原来他想了这么一个方法,写封信"探投山西应县最高等照相馆",弄到一张应州木塔的相片。我只得笑着说阿弥陀佛,他所倾心的幸而不是电影明星!这照相馆的索价也很新鲜,他们要一点北平的信纸和信笺作酬金,据说因为应县没有南纸店。

时间过去了三年让我们来夸他一句"有志者事竟成"吧,这位思成先生居然在应县木塔前边——何止,竟是上边,下边,里边,外边——绕着测绘他素仰的木塔了。

通讯(一)

"……大同工作已完,除了华严寺处都颇详尽。今天是到大同以来最疲倦的一天,然而也就是最近于道途应县的一天了,十分高兴。明晨七时由此塔公共汽车赴岱,由彼换轮车"起早",到即电告。你走后我们大感工作不灵,大家都用愉快的意思回忆和你各处同作的畅顺,悔惜你走得太早。我也因为想到我们和应塔特殊的关系,悔不把你硬留下同去瞻仰。家里放下许久实在不放心,事情是绝对没有办法,可恨。应县工作约四、五日可完,然后再赴×县……"

通讯(二)

"昨晨七时由同乘汽车出发,车还新,路也平坦,有时竟走到每小时五十里的速度,十时许到岱岳。岱岳是山阴县一个重镇,可是雇车费了两个钟头才找到,到应县时已八点。

离县二十里已见塔,由夕阳返照中见其闪烁,一直看到它成了剪影,那算是我对于这塔的拜见礼。在路上因车摆动太甚,稍稍觉晕,到后即愈。县长养有好马,回程当借匹骑走，可免受晕车苦罪。

....

今天正式的去拜见佛宫寺塔，绝对的 Drewbelming，好到令人叫绝，喘不出一口气来半天！

塔共有五层，但是下层有副塔（注：重檐建筑之次要一层，宋式谓之副塔），上四层，每层有平座，（实算共十层）因梁架斗栱之间，每层须量俯视，仰视，平面各一；共二十个平面图要画，塔平面是八角，每层须做一个正中线和一个斜中线的断面。斗栱不同者三四十种，工作是意外的繁多，意外的有趣，未来前的"五天"工作预示恐怕不够太多。

塔身之大，实在惊人。每面三开间，八面完全同样。我的第一个感触，便是可惜你不在此同我享此眼福，不然我真不知你要几体投地的倾倒！回想在大同善化寺暮色里面向着塑像瞪目咋舌的情形，使我愉快得不愿忘记那一刹那人生稀有的，由审美本能所触发的锐感。尤其是同几个兴趣同样的人，在同一个时候浸在那锐感里边。士能忘情时那句"如果元明以后有此精品，我的刘字倒挂起来了"，我时常还听得见。这塔比起大同诸殿更加雄伟，单是那高度已可观。士能很高兴他竟听我们的劝说没有放弃这一处同来看看，虽然他要不待测量先走了。

应县是个小小的城，是一个产盐区。在地下掘下不深就有咸水，可以煮盐，所以是个没有树的地方，在塔上看全城，只数到十四棵不很高的树！

工作繁重，归期怕要延长得多，但一切吃住都还舒适，住处离塔亦不远，请你放心……

....

通讯(三)

"士能[①]已回，我同莫君[②]留此详细工作，离家已将一月却似更久。想北平正是秋高气爽的时候。非常想家！

像片已照完，十层平面全量了，并且非常精细，将来眷画正图时可以省事许多。明天起，量斗栱和断面，又该飞檐走壁了。我的腿已有过厄运，所以可以不怕。现在做熟了，希望一天可以做两层，最后用仪器测各檐高度和塔刹，三四天或可竣工。

这塔真是个独一无二的伟大作品。不见此塔，不知木构的可能性到了什么程度。我佩服极了，佩服建造这塔的时代，和那时代里不知名的大建筑师，不知名的匠人。

[①] 指刘敦桢先生。
[②] 指莫宗江先生。

这塔的现状尚不坏,虽略有朽裂处。八百七十余年的风雨它不动声色的承受了,并且它还领教过现代文明:民国十六、七年间冯玉祥攻山西时,这塔曾吃了不少的炮弹,痕迹依然存在,这实在叫我脸红。第二层有一根泥道栱竟为打去一节,第四层内部阑额内尚嵌着一弹未经取出,而最下层西面两檐柱都有碗口大小的孔,正穿通柱身,可谓无独有偶。此外枪孔无数,幸而尚未打倒,也算是这塔的福气。现在应县人士有捐钱重修之议,将来回平后将不免为他们奔走一番,不用说动工时还须再来应县一次。

×县至今无音信,虽然前天已发电去询问,若两三天内回信来,与大同诸寺略同则不去,若有唐代特征如人字栱(!)鸱尾等等,则一步一磕头也要去的!……"

通讯(四)

"……这两天工作颇顺利,塔第五层(即顶层)的横断面已做了一半,明天可以做完。断面做完之后将有顶上之行,实测塔顶相轮之高;然后楼梯,栏杆,格扇的详样;然后用仪器测全高及方向;然后抄碑;然后检查损坏处以备将来修理。我对这座伟大建筑物目前的任务,便暂时告一段落了。

今天工作将完时,忽然来了一阵'不测的风云'。在天晴日美的下午五时前后狂风暴雨,雷电交作。我们正在最上层梁架上,不由得不感到自身的危险,不单是在二百八十多尺高将近千年的木架上,而且紧在塔顶铁质相轮之下,电母风伯不见得会讲特别交情。我们急着爬下,则见实测记录册子已被吹开,有一页已飞到栏杆上了。若再迟半秒钟,则十天的功作有全部损失的危险。我们追回那一页后,急步下楼——约五分钟——到了楼下,却已有一线骄阳、由蓝天云隙里射出,风雨雷电已全签了停战协定了。我抬头看塔仍然存在,庆祝它又避过了一次雷打的危险,在急流成渠的街道(?)上回到住处去。

我在此每天除爬塔外,还到××斋看了托我买信笺的那位先生。他因生意萧条,现在只修理钟表而不照相了……

这一段小小的新闻,抄用原来的通讯,似乎比较可以增加读者的兴趣,又可以保存朝拜这古塔的人的工作时印象和经过,又可以省却写这段消息的人说出旁枝的话。虽然在通讯里没讨论到结构上的专门方面,但是在那一部侦探小说里也自成一章,至少那××斋照相馆的事例颇有始有终,思成和这塔的姻缘也可称圆满。

关于这塔,我只有一桩事要加附注。在佛宫寺的全部平面布置上,这塔恰恰在全寺的中心,前有山门,钟楼,鼓楼,东西两配殿,后面有桥道平台,台上还有东西两配殿和大殿。这是个极有趣的布置,至少我们疑心古代的伽蓝有许多是如此把高塔放在当中的。

《中国雕塑史》注

　　《梁思成文集》及《梁思成全集》中均把梁的中国雕塑史讲课提纲视为他的专著。最近我读到赖德霖博士的《梁思成中国雕塑史与喜龙仁》一文感到十分欣喜，他纠正了我们的错误。

　　梁思成在自己的《中国雕塑史》——也即1930年他在东北大学开设同名课程时所编的讲义——的前言中也说："外国各大美术馆，对于我国雕塑多搜罗完备，按时分类，条理井然，便于研究。著名学者，如日本之大村西崖、常盘大定、关野贞、法国之伯希和 (Paul Pelliot)、沙畹 (Edouard Chavannes)、瑞典之喜龙仁 (Osvald Siren) 等，俱有著述，供我南车。而国人之著述反无一足道者，能无有愧？今在东北大学讲此，不得不借重于外国诸先生及各美术馆之收藏，甚望日后战争结束，得畅游中国，以补订斯篇之不足也。"而喜仁龙的《5至14世纪的中国雕塑》当系梁所"借重"的诸多前人著作中最重要的一部。

　　《中国雕塑史》以朝代为叙事结构，从"上古"一直介绍到"元、明、清"。其中重点是"南北朝"至"宋"，——在《梁思成全集》第一卷刊登的该书31页文字中，这部分内容共占20页。它们共有525行，而自喜龙仁著作翻译或节译的内容至少有150行。

　　1932年梁思成加入中国营造学社之后有了更多的机会实地考察中国古代的雕塑。但中国的现代历史最终没能让他对自己在29岁时编写的讲义继续"补订"，从而加入更多自己搜集的材料和自己的创见。或许更为令他的在天之灵不安的是，由于他的译文"过于"自然、生动和流畅，后人竟误以为所有内容均为他的独创，而将这本讲义手稿视为他的专著。现在，还是让我们帮助梁先生改正这一历史的误会，重新把《中国雕塑史》定作他的"编译增补"之作，并一起欣赏一些他简练传神的译文吧（中文中的斜体字为梁所增加的内容，英文中的删节号为梁未译的内容）。——林洙（2011.10.17 注）

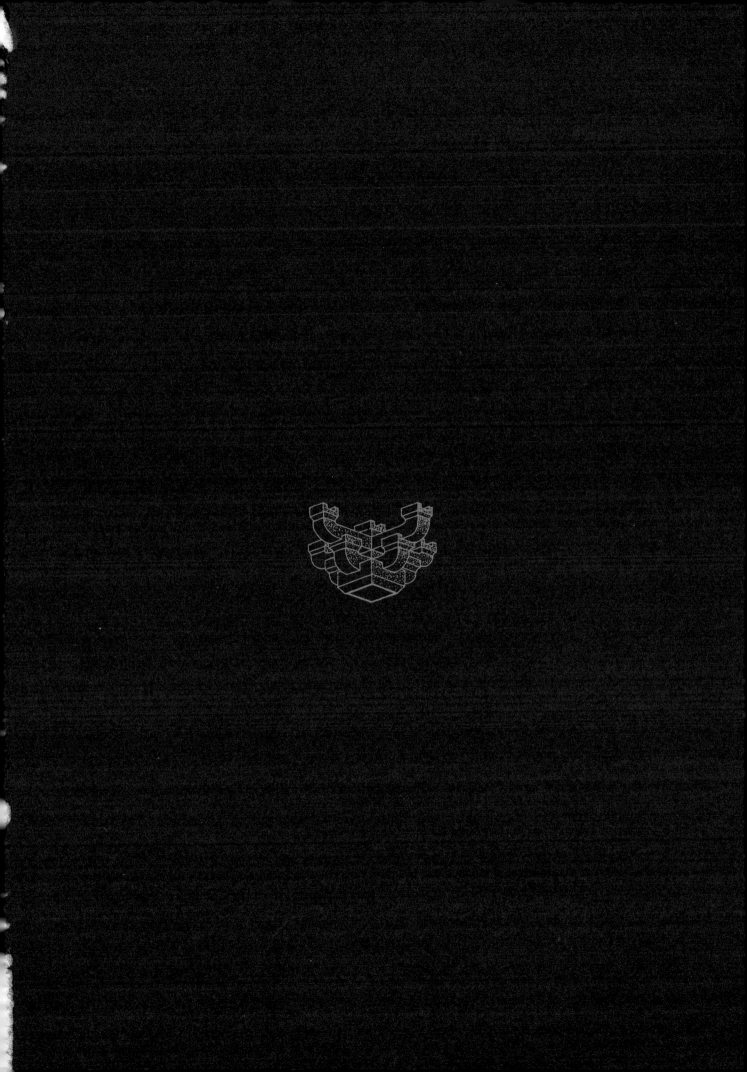